U0178676

中国出生缺陷干预救助基金会

科学育儿百问百答

Questions and Answers for Scientific Parenting

儿科专家指导
教你从容面对
困惑

主编　傅君芬

人民卫生出版社
·北　京·

图书在版编目（CIP）数据

科学育儿百问百答 / 傅君芬主编. — 北京：人民卫生出版社，2023.3（2023.7 重印）
ISBN 978-7-117-34367-1

Ⅰ. ①科… Ⅱ. ①傅… Ⅲ. ①婴幼儿－哺育－问题解答 Ⅳ. ①TS976.31-44

中国版本图书馆 CIP 数据核字（2022）第 258104 号

科学育儿百问百答
Kexue Yu'er Baiwen Baida

主　　编：傅君芬
出版发行：人民卫生出版社（中继线 010-59780011）
地　　址：北京市朝阳区潘家园南里 19 号
邮　　编：100021
E - mail：pmph @ pmph.com
购书热线：010-59787592　010-59787584　010-65264830
印　　刷：北京顶佳世纪印刷有限公司
经　　销：新华书店
开　　本：889 × 1194　1/32　　印张：10.5
字　　数：272 千字
版　　次：2023 年 3 月第 1 版
印　　次：2023 年 7 月第 2 次印刷
标准书号：ISBN 978-7-117-34367-1
定　　价：79.00 元
打击盗版举报电话：010-59787491　E-mail：WQ @ pmph.com
质量问题联系电话：010-59787234　E-mail：zhiliang @ pmph.com
数字融合服务电话：4001118166　E-mail：zengzhi @ pmph.com

主　编

傅君芬

副主编

陈志敏　邵　洁　徐红贞

编　委（按姓氏汉语拼音排序）

蔡志波	陈　菲	陈　洁	陈理华
陈晓春	陈晓飞	陈英虎	董关萍
钭金法	杜立中	冯惠贞	付　勇
高　峰	高向波	龚方戚	黄国兰
黄玉芬	金国萍	李东燕	李云玲
马　鸣	毛建华	裘　妃	阮文华
邵菡清	沈美萍	沈志鹏	史彩平
唐达星	王颖硕	吴　芳	吴　磊
徐　霞	徐晓军	许丽琴	叶　芳
叶文松	应　燕	虞露艳	曾　艳
张超琅	张晨美	张秀春	章　毅
赵　雄	赵国强	郑　燕	郑智慧
周莲娟	朱建美	诸纪华	竺智伟

插　画

杨文欣（317 护）

前言

儿童健康关系着千万家庭的幸福，也维系着社会的稳定，因此儿童健康是祖国的未来，是中国梦的起点。在大健康时代背景下，社会对全生命周期具有全新的认识，如何更科学地育儿成为老百姓关注的重要话题。

儿童不是成人的缩影。儿童是一个特殊的年龄阶段，从出生到成人，人的各个系统和器官都经历着日新月异的变化，身高、体重不断增加，内脏功能不断健全，免疫功能不断成熟。年轻的新手爸妈，怀着期待又紧张的心情迎接新生命的到来，在等待与抚育新生命的过程中，有惊喜，有疑问，有慌张，在这些时刻他们迫切需要专业及科学的指导。

本书依托国家儿童健康与疾病临床医学研究中心、国家儿童区域医疗中心，主编及编者均来自浙江大学医学院附属儿童医院专家团队，凝聚专家团队多年来的临床经验，以问题为导向解答孩子从出生到青少年养育过程中的一系列热点问题，涉及新生儿、呼吸、消化、内分泌、保健、心理、外科、中医等专科的 170 个典型案例，包括医护答疑、常用药物指导等。内容深入浅出、通俗易懂，从实际生活场景出发，注重实际指导效果，并配以原创图片，旨在最大程度上帮助家长快速掌握及应用育儿知识，帮助每一位孩子健康快乐成长。

由于经验和篇幅有限，在内容上难免存在疏漏，本书出版之际，恳切希望广大读者在阅读过程中不吝赐教，欢迎将批评和建议发送邮件至邮箱 renweifuer@pmph.com，或扫描封底二维码，关注“人卫儿科学”，对我们的工作提出批评指正，以期再版修订时进一步完善，欢迎家长们在使用本书后提出合理化建议。

傅君芬

2023 年 3 月

目录

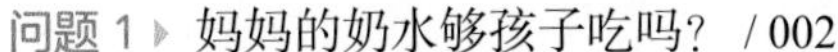

儿童保健篇

二 疾病防治篇

三 合理用药篇

中医篇

一
儿童保健篇

案例 1

男，30 天，出生体重 3.0kg，现在体重 4.5kg。出生后一直母乳喂养。妈妈说孩子总是一直在吃奶，每次吃半小时以上，然后，不到 1 小时又要吃奶。妈妈怀疑是不是她的奶水不够，不知道怎么去判断孩子究竟有没有吃饱。

问题 1 ▸ 妈妈的奶水够孩子吃吗？

护理专家答疑（叶芳）

母乳亲喂的孩子，妈妈看不到孩子吃了多少奶，常常会担心自己的奶水不够孩子吃。30 天大的孩子这种吃奶方式尤其容易让妈妈担忧。根据生长曲线图，该孩子的体重处于同年龄同性别儿童生长曲线图的第 50 个百分位，也就是说，是同龄孩子体重的平均水平，体重增长的趋势属正常范围。因此，可以推断妈妈的奶水是满足孩子生长发育需求的。

需要告诉妈妈的是，吃奶不仅是孩子获取营养，也是获得和外界链接的方式。孩子频繁吸吮、寻找乳头有时只是满足吸吮的心理需求，不一定是饿了。孩子因为需要安慰、获得亲密感、满足吸吮欲、无聊（没其他事做）、习惯以及想睡觉等而吸吮。

妈妈也可以观察下面这些情形来判断自己的奶水是否足够：

1. 哺乳前乳房有胀满感，哺乳后乳房比哺乳前松软了一些。不过，喂奶前后乳房松软程度的差别会随着孩子长大逐渐减小，直到妈妈产奶量和孩子生长发育需要的营养和能量达到供需平衡状态，不能完全用有无奶胀来判断奶量多少。

2. 哺乳时，母乳充足，孩子有深而慢地吸吮、吞咽动作或吞咽声。

3. 评估孩子每日大小便次数。一般孩子每日小便次数在6次以上，大便黄色糊状，每日2～3次。但大便次数、颜色有较大的个体差异。有些孩子3～4天才大便1次，每次量很多，有些孩子大便次数很多，每次吃奶都解一点点大便。如果尿的颜色很深，24小时尿片少于6块（纸质尿片一半显蓝色算1块尿片），表明小便少于6次，需要评估孩子摄入的奶量是否足够。如果孩子大便干硬、量少，或者大便长期呈绿色稀便，尤其是体重增加变缓，需要考虑孩子摄入奶水不足。

4. 测量喂奶前后孩子体重的变化是评估孩子摄入奶量较精准的方法。倘若家里有精确到小数点后两位的体重秤，只要喂奶前用秤测量体重，喂完奶后再测量一下（保持前后2次称体重时孩子的尿片及穿着不变），两个数值的差值就是孩子吃进去的奶量。

5. 判断妈妈的奶量是否满足孩子生长发育需求的“金标准”是监测孩子的体格生长速度。如果孩子的体重增长良好，就不用担心自己的奶水不够。

如果确实存在母乳不足，尤其是体重增加缓慢，考虑摄入不足的可采用补授法，即每次先亲喂母乳，妈妈乳房空虚但孩子还在吸吮，可以酌情补授配方奶。

案例2

孩子3个月，一直母乳亲喂，需要给孩子喂水吗？尤其是夏天，天气很热，不给孩子喂水孩子不会口渴吗？

问题2 ▸ 纯母乳喂养孩子需要喂水吗？

护理专家答疑（叶芳）

正常情况下，1岁以内的孩子每天需水量为120～160ml/kg。

例如，体重 5kg 的孩子，每日需水量 =（120 ~ 160）×5=600 ~ 800ml。而母乳里面 87.6% 的成分是水，母乳量达到 600 ~ 800ml/d，母乳里的含水量就可以满足孩子需要的水分，因此不需要额外喂水。

孩子对水的需求也受身体活动状况、代谢、气候、环境温度与湿度等因素影响。但孩子很聪明，会通过吸吮母乳来调节保持体液动态平衡。妈妈会发现，孩子有时要吃奶，但只吃了几口又不吃了，可能就是为了解渴。

中国营养学会的婴儿喂养指南，以及世界卫生组织、联合国儿童基金会的《婴幼儿喂养全球策略》都推荐孩子 6 个月内纯母乳喂养，满 6 个月开始添加安全且营养充足的辅食，并继续母乳喂养到 2 岁或以上。也就是说，对于 6 个月内的孩子，母乳能提供安全的、包括水在内的全部营养物质，只要给孩子吃奶，就不需要喂水、果汁或其他液体饮料或食物。

案例 3

男，5 天，足月剖宫产，出生体重 3.3kg。妈妈说她的奶水很少，乳房没有胀过，她已经喝了鲫鱼汤、猪蹄汤、鸡汤等各种催奶汤。催奶师也说她的乳房小，奶水少。她知道母乳喂养好，很想喂母乳，但是没办法，只能给孩子吃奶粉，想知道给孩子吃什么奶粉最好。

问题 3 ▸ 妈妈没有奶怎么办？给孩子吃什么奶粉好？

护理专家答疑（叶芳）

孕哺育是一个连续的过程，妈妈的乳房从孕期开始至哺乳期前 6 个月，都一直在发育增大，为哺乳准备。胎盘娩出后，乳房就接到生产奶水的“订单”，孩子的吸吮是促进乳汁分泌的最好方法，充分足够地吸吮刺激，就如同下达了生产的指令，奶就“下来”了。并不需要专门喝一些“催奶汤”，也不需要让催奶师催奶，妈妈怀里的孩子就是最好的“催奶师”。

产后前几天是初乳，量很少，又浓又稠，不容易用吸奶器吸出来，让妈妈误以为自己“没奶”。其实，这个阶段妈妈的产奶量是和孩子的胃容量一致的。

出生时孩子的胃容量仅 5 ~ 7ml，到第 3 天时，约为 22 ~ 27ml，到了第 5 天，大约是 43 ~ 57ml。倘若与常见食物对比，刚出生时孩子的胃容量就如一颗樱桃大小，第 3 天像一颗核桃那么大；到了第 5 天增大到如同一颗李子（表 1-1）。直到出生 1 周以后，孩子的胃也只有一个鸡蛋大小。

表 1-1　婴儿胃容量与常见物品对比图

婴儿出生日龄	第 1 天	第 2 天	第 3 天	第 4 天	第 5 天
婴儿胃容量 /ml	5 ~ 7	10 ~ 13	22 ~ 27	36 ~ 46	43 ~ 57
与胃容量相似食物		/		/	

因为乳房不是储存奶的容器，而更像是“产奶工厂”。孩子一边吃奶，乳房一边生产奶水，源源不断。奶量多少和乳房的大小没有必然联系。根据乳房胀与不胀，或者是吸奶器吸出的奶量来判断奶水的多少是不太准确的。

那怎样做让妈妈的乳房生产足够的奶量呢？妈妈可以尝试以下这几点：

1. **母婴同室**　让孩子和妈妈待在一起，母婴频繁的肌肤接触有助于产奶。

2. **按需哺乳**　坚持让孩子多吃奶多吸吮，并确保孩子衔乳正确，吸吮时间足够长。24 小时至少喂奶 8 ~ 12 次，甚至更多；每侧乳房吸 15 分钟以上，晚上也一样。

3. **保证乳房乳汁充分排空**　有特殊情况妈妈和孩子必须

分离时，采用手挤奶或者吸奶器吸奶，每次 20 分钟左右，频率也是 24 小时 8 ~ 12 次。

4. 充分休息，合理营养 妈妈可以与未满月孩子同步休息保证充足的睡眠；进食一些容易消化、蛋白质丰富的食物，如瘦猪肉、鲫鱼豆腐、黄芪炖鸡等，但避免喝大量的汤水和进食油腻的食物，以免发生乳汁瘀滞乳管堵塞。

5. 积极处理一些特殊情况 如妈妈剖宫产用了麻醉镇痛药物，奶水可能会比正常产妇晚来 24 小时；妈妈精神压力大或者患有糖尿病、肥胖、卵巢黄体囊肿、多囊卵巢综合征，或是产后出血较多考虑有胎盘残留等问题，需要及时处理并增加哺乳次数，刺激乳房产奶。

对孩子来说，妈妈的奶水是“私人定制”的，是孩子最天然的食物，可以让孩子获得最适宜的生长发育。当妈妈的奶水真的很少，确实不够孩子吃，对于 1 岁内的孩子，可以选择正规厂家生产的婴儿配方奶粉作为母乳替代品满足孩子的需求。婴儿配方奶粉在功能上模拟母乳，选择时注意查看营养成分表及冲调方法。同时，只要妈妈愿意喂奶，可以寻求专业的哺乳支持，随着吸吮增加奶量就会多起来，逐步实现全母乳喂养。

需要提醒的是，很多时候，母乳即使吃饱了，孩子还能够再吃下去 50ml 左右的奶粉。这时，如果妈妈给孩子再吃奶粉，孩子的胃就撑得太大了，而且，奶粉中的异种蛋白质从新生孩子还没有完全关闭的肠间隙漏进去，可能增加孩子过敏风险等；在妈妈以为“没有奶”的同时，孩子可能已经被过度喂养了。而母乳喂养和奶瓶喂养的孩子动用的口腔肌肉不同，一旦孩子用吃奶瓶的方法衔乳，在妈妈乳房喂养时，不仅会弄疼妈妈，也不能有效地排空乳房。孩子吃了奶粉，在妈妈乳房上吃奶的次数就减少，那后面母乳真的会越来越少了。

案例 4

孩子 3 个半月，一直母乳亲喂。现在妈妈感冒了，还有发热症状，体温 38.6℃，感觉没力气，还能给孩子喂奶吗?

问题 4 ▸ 妈妈感冒发热了可以继续喂奶吗?

护理专家答疑（叶芳）

妈妈感冒了一般情况下可以继续给孩子喂奶。因为感冒大部分是由病毒引起的，病毒是通过飞沫传播而不是奶水。而且，奶水中还有很多免疫物质，继续喂奶能给孩子最好的保护。妈妈需要注意的是接触孩子前必须洗手和戴口罩，否则在妈妈流鼻涕、咳嗽时，病毒就可能通过飞沫或手接触传染给孩子。感冒的妈妈需要家人的协助和陪伴以得到更好的休息和照顾，可以选择半躺式哺乳的姿势来节省体力（图 1-1）。如果感冒的妈妈出现了发热和全身不舒服的症状，建议暂停母乳喂养。

图 1-1　半躺式哺乳

虽然绝大部分感冒药、退热药的服用不影响母乳喂养，但有少部分药物，可能会影响母乳喂养。去医院看病时，应主动告知医生自己是哺乳期妈妈。有疑问时，可向相关医护人员咨询治疗及用药方面的专业建议。确实需要用药时，和医生讨论，也可以通过《药物与母乳喂养》及其数据库查询药物的哺乳风险等级和安全用药信息。妈妈服用大多数药物不需要停母乳，即使必须暂停母乳，也应该采用手挤奶或泵奶来保持泌乳通畅，等药物代谢或者疾病痊愈后恢复母乳喂养。

案例 5

孩子 1 个月，混合喂养。妈妈想知道，吃母乳的孩子抵抗力是不是一定比吃奶粉的孩子抵抗力强?

问题 5 ▸ 吃母乳的孩子比吃奶粉的孩子抵抗力强吗?

护理专家答疑（叶芳）

人们常说的“抵抗力”就是防御病毒、细菌，保证人体健康的能力。自然界有成千上万种细菌、病毒，孩子可以从母乳中获得妈妈面对这些病菌的抗体。迄今为止，母乳中经研究发现的营养成分已经有 400 多种，还有很多未经研究发现的。其中，有许多生物活性成分，例如免疫球蛋白 sIgA 在母乳中含量非常丰富，可随乳汁进入孩子胃肠道，且不受胃酸和消化酶破坏，直接黏附在孩子的黏膜上发挥抗体的作用，防止病原微生物的入侵。

母乳中含有大量的巨噬细胞、中性粒细胞、淋巴细胞等，这些免疫细胞通过吞噬作用、分泌细胞因子和趋化因子等方式发挥抗感染作用。还有乳铁蛋白、乳凝集素、溶菌酶、乳清蛋白和酪蛋白以及大量的促生长因子等活性物质，可以提供孩子

生命最早期的免疫物质，帮助孩子抵抗病菌感染，促进胃肠道发育、屏障功能形成、黏膜免疫系统成熟，抑制过度炎症反应，并处理衰老、损伤、死亡、变性的自身细胞以及识别和处理体内突变细胞和病毒感染细胞。更关键的是，母乳中的免疫保护成分在6个月之内的母乳，尤其是初乳中更丰富，在早产妈妈的乳汁中含量更多。而且，母乳的这种保护作用呈剂量-效应关系，对保障孩子近远期健康都有不可或缺的作用。

奶粉是牛奶去除其中的动物脂肪，加入植物油，然后经高温处理，调整乳清蛋白与酪蛋白的比例，并添加一些母乳中已知的长链多不饱和脂肪酸、核苷酸、维生素等成分制作而成的。虽然婴儿配方奶粉经过改良，但其营养成分和功能远不能与母乳比拟，任何婴儿配方奶粉不含母乳中的生物活性因子和任何保护性抗体，不能保护孩子免受病菌侵害。

笔者说了那么多母乳对孩子生长发育和健康的优势，是希望妈妈和大家理解，母乳喂养才是自然状态，可以帮助新生宝宝获得正常、自然的免疫力，不仅减少孩子的患病风险（如中耳炎、肺炎、白血病），同时又有利于孩子大脑发育和远期的健康，减少成年期代谢性疾病（如肥胖、糖尿病、高脂血症等）的发病风险。

孩子5个月，一直吃母乳，再过2周妈妈要上班了，现在奶水还比较多，想留一点起来，该怎么储存呢？

问题 6 ▸ 母乳如何储存？

护理专家答疑（叶芳）

储存母乳首先要准备吸奶器和储奶袋/储奶瓶。建议冷藏使用储奶瓶，冷冻用塑料储奶袋（不含双酚 A），不要使用会吸附母乳活性成分的金属制品。手挤奶可以直接用专用的干净容器。可以根据储存奶的目的决定储存方式。如果妈妈离开孩子的时间不长，上班离家比较近或者是临时有事外出，可以在前一天或在外出前将母乳挤出，冷藏储存，但应在相应时间内吃完（表 1-2）。同时适当冷冻一些母乳做备用，以便妈妈有特殊状况（如出差或者生病）时给孩子吃。

挤出的母乳，先分别放在冰箱里冷藏，温度一样后，时间跨度不超过 8 小时的奶可以混合在一起，记录储存时间以最早的乳汁为准。为避免浪费母乳，建议按照孩子每餐的吃奶量为单位储存奶。在储奶容器上标注奶量及吸奶时间。冷藏的母乳准备长时间储存的，应在 48 小时内移放至冷冻室。冷冻室里的储奶袋平放更方便整理。注意不要将储奶袋容量装满，防止冷冻结冰胀破。

给孩子吃储存奶，先喝最新鲜的，即日期最近的奶。母乳冷藏后脂肪分离，奶会出现分层现象，加热后轻轻旋转摇匀即恢复正常。解冻冷冻奶可以移到冷藏室，或者常温下，也可以直接用热水隔着奶瓶温烫至合适温度，但不能用微波炉加热，不能直接烧煮加热，也不要长时间放在控温功能的温奶器里面。解冻后的母乳在室温的放置时间不应超过 2 小时。冷冻的母乳未完全解冻时，仍可再冻一次。加热过的母乳，即使孩子没有吃完，放置 1～2 小时后也需要丢弃。表 1-2 是母乳储存时间。

表 1-2　母乳储存时间

方式	温度	时间
室温	≤ 25℃	4～6 小时
单独放置的冷藏袋	15～4℃	24 小时
冰箱冷藏	< 4℃	3～8 天

续表

方式	温度	时间
单门冰箱独立冷冻室	－15℃	2周
双门冰箱独立冷冻室	－18℃	3～6个月
专门的冷柜	－20℃	6～12个月

母乳储存对于健康足月的孩子，可以简单记成“4-4-4”，即储存奶室温放置时间为4小时，冷藏4天，冷冻4个月；对于早产儿或生病儿童则记忆成“3-3-3”，即储存奶室温放置时间为3小时，冷藏3天，冷冻3个月。冷藏、冷冻、加热、巴氏消毒法对母乳中免疫蛋白质等活性营养物质是有影响的，但营养成分和价值依然比奶粉高很多。

案例7

孩子6个月，已经添加辅食，妈妈来月经了，要给孩子断奶吗？孩子什么时候断奶比较好？

问题7 妈妈来月经要不要断奶？什么时候断奶合适？

护理专家答疑（叶芳）

来月经是女性在哺乳期的一个正常生理现象，大多数纯母乳亲喂的妈妈会在产后半年以上来月经。在月经来临之后，可以继续给孩子母乳喂养，不用断奶。不过，因为受雌激素水平的影响，乳汁的成分会有些许改变，如蛋白质增加，水分、奶量及脂肪含量减少等，有些敏感的孩子会觉察到其中的变化而不适应，但因为体内催乳素的存在，总体奶量还是足够孩子吃饱。妈妈应注意经期的出血量是否正常，可以适当增加含铁丰富的食物和饮水量。

“断奶”是一个过程，从孩子第 1 次接触母乳以外的食物开始，结束于最后一次的吃奶。可能需要几天、几周，甚至数月。期间，妈妈的奶量缓慢渐进性地减少。我国孩子通常在 1 岁以前断奶，但从大部分的人类史和世界上多数的地区看来，孩子自然地断奶时间在 2 ~ 7 岁都可以。

但对每一对母婴来说，断奶是孩子成长过程中的一个阶段，母乳吃到多少岁，是妈妈和孩子两个人的事，决定权在母婴双方。妈妈可以倾听自己内心的声音，自己决定给孩子吃多久的母乳，也可以尊重孩子，去体会孩子发出的信号，以孩子自己的成长时间表决定断奶时间，将断奶变成孩子值得庆贺的成长历程。不用担心孩子会“永远吃妈妈的乳汁”。同时，鼓励爸爸在孩子断奶过程中扮演积极的角色。

如果是妈妈想给孩子断奶，而孩子没有准备好，建议采用有计划的渐进式断奶。即每两三天减少 1 次日常的哺乳，从最不重要的那一次开始减，约 2 周后，孩子 1 天的哺乳次数就会降为 2 ~ 3 次，妈妈的奶量也缓慢地减少。同时，根据孩子的年龄选择母乳替代品、喂养方式及次数。注意孩子的反应并尊重孩子的偏好。如果孩子出现行为上的改变或退化，如半夜醒来、变得更为黏人、出现害怕分离或较以前更加明显或出现咬人等之前从未发生过的行为，以及身体上的症状如便秘等，表示断奶速度太快。给孩子更多的拥抱和关注，在孩子要求吃奶前提供替代品与分散注意力的事物。

如果是因为一些特殊情况必须突然给孩子断奶，建议妈妈穿戴比平常大一号且能提供支撑的结实胸罩；减少盐分的摄取（不需要限制液体的摄入）；定时挤出一部分奶缓解乳房不适；逐渐减少挤奶的频率使奶量缓慢下降来减轻自己身体上的不适。尽量不要悬崖式断奶，坚决反对断奶又“断妈”的隔离方式。断奶的孩子最需要的是确认自己仍然被妈妈爱着。断奶之

前需要跟孩子有更多的亲密互动，让孩子知道没有母乳，妈妈依然会陪着他 / 她。

案例 8

孩子 10 个月，还在吃奶，妈妈突然发现自己又怀孕了，要给大宝断奶吗？

问题 8 ▸ 妈妈怀第二个宝宝了，大宝要断奶吗？

护理专家答疑（叶芳）

如果妈妈是正常怀孕，身体健康，怀孕期哺乳是安全的。即使妈妈有早孕反应，恶心呕吐，吃不下去饭，妈妈的身体也会动员体内储存的营养来保障大宝的哺乳和小宝的生长发育。妈妈奶水中的抗体继续保护着大宝的免疫防御系统，奶水里面有少量的孕激素，对大宝是安全的，并无害处。但妈妈要摄入更多的食物，一般在孕期正常饮食的基础上每天额外再摄入 500 卡路里左右的食物（相当于一顿正餐）。

有的妈妈怀孕了，喂奶会有不适，主要表现在孕早期，也有的妈妈怀孕期间都感觉有乳头敏感甚至疼痛，奶量减少，可能会有孕吐反应；孕晚期母乳的味道也可能发生改变，大宝可能出现不适应，有部分较大的孩子可能在此时会自然放弃母乳。但吃奶过程满足了大宝和妈妈的情感依附。

怀孕期喂奶不会增加自然流产或早产风险。妈妈可能担心喂奶会引发子宫收缩，事实上，在怀孕的整个过程中，子宫的保护机制表现得更为强大，只有在分娩前数小时才对催产素敏感。

哺乳期怀孕是否选择继续母乳喂养，没有绝对的答案，妈妈要做的就是权衡利弊，听从自己的心声！有些妈妈克服不适，继续母乳喂养；有些则是选择离乳；有些暂时离乳，等小宝出生后，大宝小宝可以同时喂养，称“串联喂养”或“手足奶”。但如果妈妈有自然流产史、有发生宫缩或阴道出血、由于喂奶体重明显下降，建议怀孕期暂停哺乳。

案例 9

足月出生的小丽，现在已经满 3 个月了，只要妈妈平着抱她就哭闹不止，竖着抱起来就不哭了，妈妈疑惑了，老人总说：“孩子还小，不能竖着抱”，为什么孩子看起来更喜欢竖着抱呢？可不可以竖着抱呢？

问题 9 “孩子还小，不能竖着抱”，这个说法对吗？

医生答疑（竺智伟）

未满月的新生宝宝俯卧时，只会将头偏向一侧；满月以后，头可以稍稍抬起片刻，随着月龄增长和后天的运动锻炼，颈背部肌肉的力量逐步提升，大约在孩子 3 月龄左右，俯卧时，头可抬离平面 45° 及以上，同时抬头后能有控制地低头，而不会无力下垂。因此，建议孩子从出生开始经常练习俯卧抬头；满月开始试着竖抱（图 1-2，图 1-3），同时家长一定要注意保护好孩子的头颈部；满 3 个月，绝大多数孩子在竖抱时，可以稳定控制头部，可以经常竖抱。假如孩子的发育较慢，满 3 个月还不会俯卧抬头、竖抱时头部不稳，建议到发育行为科就诊。

孩子喜欢被竖起来抱，是孩子大脑发育的正常需求。平抱（图 1-4）和斜抱（图 1-5）时，孩子仰面朝天，看到的只是天花板，进入视线的信息非常有限；而竖起来抱，则可以看到更

广阔的空间和更多的人脸和物品，可以满足孩子探索世界的需求，促进孩子大脑的发育，从而提高孩子的认知水平。另外，俯卧抬头练习可以为孩子提供机会，学习控制自己的头部，促进运动神经的发育，从而为竖抱创造条件，也为接下来将要发展的翻身、独坐、爬行等运动能力打下基础。

图 1-2　竖抱 1

图 1-3　竖抱 2

图 1-4　平抱

图 1-5　斜抱

名医金句

孩子喜欢竖着抱，视野广阔看得多；
托住孩子头颈部，保证安全随心抱。

护理专家答疑（张秀春）

孩子的抱姿主要分为平抱、斜抱和竖抱。对于易吐奶的孩子建议选择斜抱，可以防止或减轻吐奶的程度。竖抱有两种姿势可以选择：一种是孩子头和背贴靠在成人的前胸，成人的另一只手绕孩子的前胸部和腹部给予环抱；另一种是孩子与成人面对面，孩子的胸部紧贴成人的前胸和肩部，或者孩子靠在成人的肩膀上，成人的一只手臂托住孩子的臀部和腰部，另一只手托住孩子的头颈、背部，抱孩子拍嗝时常用这种抱姿。不管哪一种抱姿，都要保证孩子的舒适、安全。对于3个月内的孩子，竖抱时注意保护孩子头颈部稳定，一般以平抱和斜抱为主，满3个月的孩子能保持头部稳定以后，可经常采取竖抱和斜度较大的斜抱。家长要仔细观察孩子的反应，如果孩子有哭闹、不安的情绪，提示需要换个姿势了。

案例 10

小丽10个月，胃口好，睡眠香，身高、体重都在正常范围内。今天妈妈带她去发育行为科做发育评估。医生经评估发现，小丽坐得稳，翻身灵活，可以扶着墙壁站立片刻，但是不会爬，让她趴着时不能让身体向前移动。妈妈说："不会爬没关系，我们已经开始学走路了"，医生却告诉妈妈，爬行是非常重要的技能，为什么呢？

问题 10 “孩子不用学会爬，直接学走路就好了”，是这样吗？

医生答疑（竺智伟）

爬行是直立行走的基础。爬行可以促进全身动作的协调发展，既可以锻炼胸腹、腰背、四肢等全身大肌肉的力量，又可以有利于视觉、听觉、触觉、空间位置和深度视知觉等感觉运动的协调发展；爬行使孩子能随自己的意志移动身体，扩大了孩子认识世界的范围，既促进孩子自信心的发展，又促进认知能力的发展，也有利于思维和记忆的训练。学习爬行好处多多，千万不要错过。那么到底如何让孩子学习并掌握爬行技能呢？

当孩子 7～8 个月左右，自己坐得稳，会翻滚身体时，就可以学习爬行了。可以让球滚动，让孩子移动身体学习匍匐爬行。孩子的腹部贴地，身体向前蠕动，这是让孩子学习获得上肢力量的好机会。家长可以多陪孩子在地板上趴着玩，自由地移动身体；当孩子双上臂可以撑起身体时，也可将宽毛巾放在孩子胸腹部，然后提起毛巾，使孩子的胸腹部离开地面，全身重量落在手和膝上；在玩耍中示范并协助孩子双手交替向前，经过反复练习，孩子就会逐渐掌握要领，脱离帮助也能够利用手掌和膝盖向前爬行了。此后，家长可以增加一些有趣的障碍物，引导孩子“翻山越岭”练习爬行。

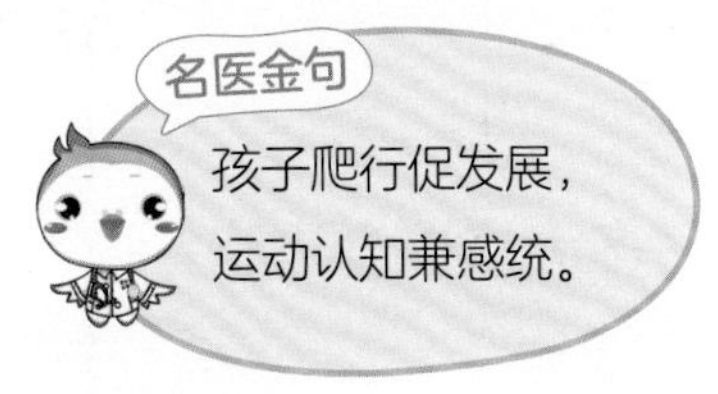

护理专家答疑（张秀春）

孩子学习爬行时要注意以下几个方面：

1. 要给孩子创造一个舒适的爬行环境，爬行的地方最好软硬适中，摩擦力不可过大或过小，可以选择在地板上，也可铺设塑胶垫等辅助用品。

2. 孩子应选择穿着宽松舒适的连体衣或爬服。

3. 学习爬行过程中，要注意安全。孩子爬行时家长一定要在旁边看守，一刻也不能离开，随时防止意外发生。

4. 学习爬行，获得灵活、协调的身体技能，需要反复练习，经过家长的示范和耐心引导，孩子不懈地摸索，一定可以学会爬行。

温馨贴士：

爬行好处多多，孩子不要错过。

案例 11

14 个月的淘淘，长得非常可爱，平时体检身高、体重都完全达标，嘴巴也很甜，会称呼家里所有人，也认识很多物品，大人都觉得孩子非常聪明，唯一担心的就是淘淘 8 个月就开始爬了，现在爬得也非常快，站得也稳，能扶着东西走，也能牵着大人的手走，就是不肯自己一个人走，只要手一放开就不走了。看到别的同龄小朋友爬得都比淘淘晚，现在都已经会走好几个月了，妈妈非常担心，不知道淘淘会不会有什么问题导致不会走路？于是带着淘淘到发育行为科咨询。

问题 11 ▸ 孩子多大应该会走路？

医生答疑（竺智伟）

这个孩子爬得很溜，站得很稳，能扶着东西走，能牵着一只手走，按目前的年龄来讲运动发育处于正常范围。一般来说儿童的运动发育遵循一定的规律，先抬头再翻身，然后会坐、会爬、会站，最后会走。由于存在个体差异性，每个孩子这些运动能力的发展速度并不完全一致，只要不超过一定的范围，笔者认为都是正常的。就拿孩子独走来举例，正常情况下，独走年龄可早至 10 个月，也可晚至 15 个月，大多数孩子 1 周岁左右会独走。一般来说，孩子如果超过 15 月龄还不能独走，那么需要考虑运动发育迟缓，建议去医院做进一步检查，以排除器质性疾病。当然，这并不是说15月龄内能独走，运动发育就一定是正常的。如痉挛性偏瘫的脑瘫孩子在15月龄内可以学会独走，但是步态异常，走路姿势不协调。因此，家长在观察孩子的运动发育能力时，除了观察孩子运动发育时间，还需要观察运动的质量。建议家长多让孩子自由地扶东西走，推着小车走，尽可能少牵孩子的手走，让孩子在扶物行走过程中，不断摸索、学习掌控平衡身体的技能。

名医金句

二抬四翻六会坐，
七滚八爬周会走（图1-6）。

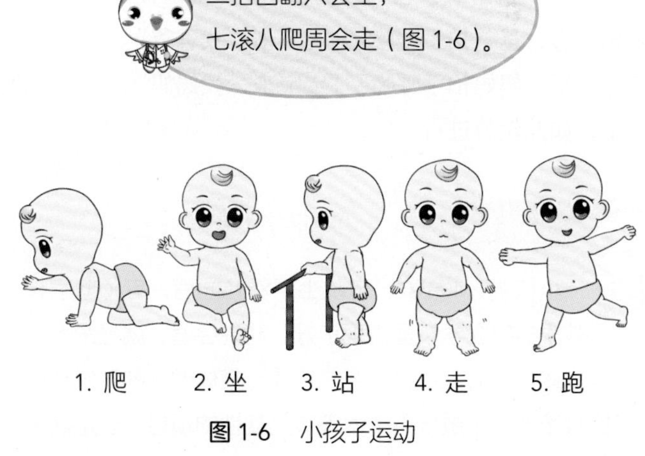

图1-6 小孩子运动

护理专家答疑（张秀春）

孩子学走路过程中应该注意的几个方面

（1）避免用“学步车”“学步带”，推荐学步推车。

（2）学步要循序渐进。孩子从爬行到站立到独走是一个循序渐进的过程，当孩子爬得好，扶着栏杆能站稳并移动时，就可以开始学走路了。刚开始，可以让孩子扶着栏杆或沙发行走、爬上爬下，当孩子越走越稳，家长可以蹲下身体，伸出双手鼓励孩子自己独走，一旦孩子能蹒跚独走，要夸奖孩子，鼓励他更多地尝试。在这个过程中，家长要根据孩子的发育水平，尽可能少地给予帮助，但随时注意孩子的安全，让孩子逐渐学会掌控自己身体的平衡。

（3）家长要提供给孩子一个安全学步的环境。

温馨贴士：巧用亲子游戏，轻轻松松学走路。

（1）大脚小脚游戏：孩子和家长面对面站好，用双手拉着孩子的手，孩子的小脚踩在家长的大脚上，家长边唱儿歌边走，带动孩子向前迈步。

（2）送小动物回家游戏：给孩子一辆小推车，车上装上孩子喜欢的毛绒玩具，引导孩子把推车推到小动物的家。

（3）抱一抱游戏：爸爸妈妈相距1米面对面蹲好，孩子站在妈妈身边，爸爸拍手呼唤："宝宝来，找爸爸"。孩子蹒跚扑向爸爸怀里。妈妈拍手呼唤："宝宝来，找妈妈"，孩子扑进妈妈怀中，如此轮替进行。

案例12

小核桃，4周岁，自从上了幼儿园后，老师向家长反映小核桃在学校里表现良好，能说会道，就是跟小伙伴追逐打闹时跑不稳，经常摔跤，集体做操的时候动作比较笨拙，不敢玩平衡木等有挑战性的项目，于是家长带着孩子到发育行为科进一步咨询。

问题12 ▸ 孩子跑步容易摔跤有问题吗？

医生答疑（竺智伟）

孩子一般10～15个月开始独走，18个月开始会跑步，不过比较笨拙，容易摔跤，3～4岁跑步能力增强，会结合身体转动及手臂摆动。孩子跑步需要一定的肌力、协调能力及平衡

感，这些是建立在早期（0 ~ 3 岁）充分运动练习的基础上。因此，建议家长在孩子学习抬头、翻身、坐、爬、走、跑的各个阶段，为孩子提供安全、可靠、丰富的可探索的环境，鼓励孩子早期进行运动探索，能够提高孩子的肌肉力量、协调能力及平衡感。反之，早期如果没有充分地锻炼机会，等孩子上了幼儿园就会发现跑步不协调、容易摔跤；将来到了学龄期，可能会发展为发育性协调障碍，或者合并注意缺陷多动障碍，甚至影响学业成绩、社会适应等。

目前孩子正处于活泼好动的学龄前期，喜欢跑来跑去，但是平衡能力欠佳，跑步容易摔跤，从而影响到孩子的日常活动参与，这种情况需要进行专业的评估，以了解孩子当前的运动发育水平，结合详细的运动发育史，排除可能的器质性问题，如神经肌肉性疾病等，以便有针对性地进行干预。

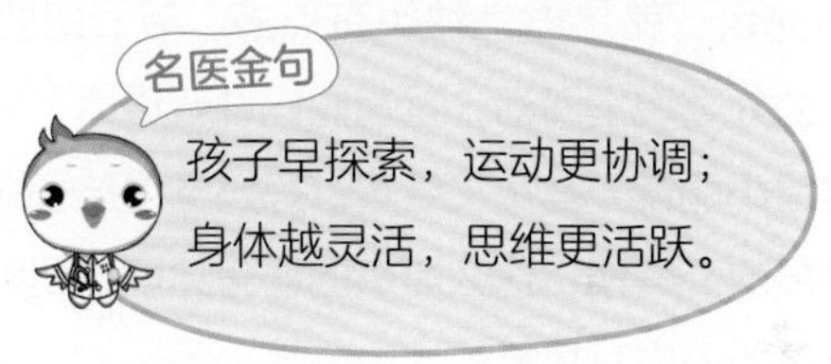

护理专家答疑（张秀春）

平衡性差、动作不协调的孩子养育时应该注意：

1. 给孩子一个安全的环境，鼓励孩子从小进行各种运动探索，如攀爬、上下楼梯、抛接球、踢球、玩耍平衡车、荡秋千等（图 1-7）。

2. 鼓励孩子参与感兴趣的运动，并协助他 / 她获得成功，以提高其自信心。

3. 积极鼓励孩子参与日常生活的方方面面，成为家长的小助手。

温馨贴士：多放手多鼓励，孩子更能干。

图 1-7　大孩子运动

案例 13

小丽，快 1 岁半了，长得活泼可爱，家里照顾孩子的人力充足，就是语言种类有点多，爷爷奶奶说杭州话，外公外婆说上海话，爸爸妈妈说普通话，另外，还时不时给小丽读一些英文绘本。妈妈觉得孩子即将进入语言发展的高峰期，这么复杂的语言环境，到底会不会影响孩子的语言发育呢?

问题 13 ▸ 多种语言环境会影响孩子说话吗?

医生答疑（竺智伟）

现代社会的快速发展，带来了文化的融合，很多家庭都面临多种语言的境况，再加上很多家庭对英文的重视，孩子常常在 1 岁前就开始接触外语。多种语言环境（图 1-8）的问题也得到了医学界和教育界的普遍重视。最新研究发现双语环境的孩子尽管有时候会很容易混淆双语的发音，会将一种语言的语法和词汇用到另外一种语言中，但到了 3 岁，他们就会清楚地意识到两种语言相对独立的系统。因此，影响孩子语言发育的并不是语言种类，而是能否提供充足有效的语言环境，比语言种类的意义更大。

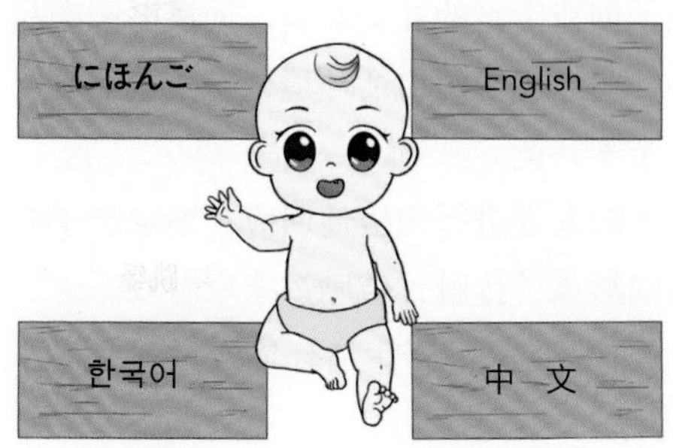

图 1-8 孩子各种语言环境

孩子对语言的关注其实在生命早期就存在。出生第 1 天，妈妈的声音就能引发孩子大脑左半球的脑电活动。几周后，孩子就已经能辨别一些重要的语音差异。不少研究者通过对双胞胎的研究发现，人类语言的获得是由基因决定的。语言基因决定了语言中枢的神经元数量以及神经连接的复杂程度和可塑性。倘若在语言发育的关键时期，语言相关基因程序被激活，就会启动孩子学习母语及其他语言的能力；相反，如果缺乏语言环境的暴露，语言相关基因就会被抑制，从而使孩子错失语言学习的能力。生命早期学习语言比较容易。孩子早期在学会母语之后习得第二语言，也可以在第二语言上获得与母语相近的语言技能。多种语言环境不会影响孩子语言发育，不良的语言环境对孩子影响更大。

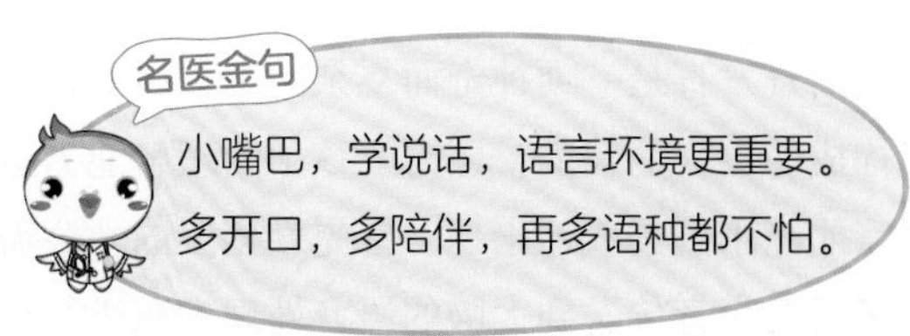

护理专家答疑（张秀春）

促进孩子语言发展，爸爸妈妈们可以这么做：

1. 为孩子创造丰富的社交环境，远离电子产品。
2. 提供舒适、愉悦的说话环境，多陪孩子玩耍。
3. 鼓励亲子共读。
4. 对孩子的发音进行积极地回应，增加亲子互动。
5. 多与同龄孩子接触，鼓励过家家游戏。

温馨贴士：语言来源于生活环境，只有多陪伴才能真正帮助孩子发展语言。

案例 14

小丽，3 周岁，妈妈觉得孩子什么都懂，就是不肯说话。她从 18 个月开口叫妈妈、爸爸后，能说的单字增加了几个，如“抱抱”“不要”等，但是一直不会说句子，平常也都能听得懂指令，也会用手势来表达需求。家里老人一直觉得“贵人语迟”，孩子爸爸也是 2 岁多才开口说话，认为大了就好了，但是妈妈有点不放心，于是带到孩子去儿童医院发育行为科咨询医生。

问题 14 ▸ 孩子说话晚该怎么处理？

医生答疑（竺智伟）

儿童的语言发育是一项神奇而复杂的工程，不仅需要所有参与语言构成的器官的辅助，还需要孩子的理解能力达到一定水平，语言才能水到渠成地出现。首先，孩子的耳朵需要接收到声音，然后将声音传送到大脑的语言处理中枢进行加工，再将需要表达的内容发送到口、鼻、咽喉部，通过口、鼻、咽喉部相关肌肉的协同运动输出语音，慢慢地，这些语音在不同的文化背景下变成了有意义的单词，从而孩子就学会了说话。因此，当上述各个器官出现问题时，或者因为各种原因孩子的认知水平落后时，都有可能造成语言发展的落后。

就像案例中的孩子，已经3岁了还只能讲很少的几个词语，语言表达能力明显落后于同龄孩子，需要进行专业的检查和评估，以了解原因，如听力问题、大脑发育疾病、孤独症等；同时，要评估语言发育落后的程度，及时为孩子制订适宜的康复训练计划，尽早帮助孩子赶上同龄正常儿童的水平，防止将来影响孩子的学习能力。

另外，家庭语言环境对孩子语言的发展至关重要。建议爸爸妈妈耐心陪伴孩子，在日常的吃饭、喝奶、穿衣、洗澡、换尿布等活动中为孩子配音，给孩子阅读或讲故事。孩子看到什么或做什么，爸爸妈妈就说什么；当孩子具备了一定的理解能力以后，会试着发出声音进行沟通，比如“爸爸妈妈”“拿”“抱抱”等，这时候，爸爸妈妈要积极地回应，激发孩子发更多的音。

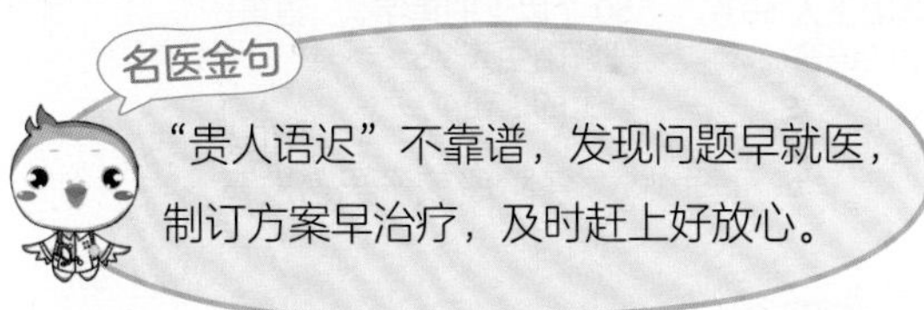

护理专家答疑（张秀春）

语言是孩子很重要的能力，需要长时间的耐心陪伴和帮助，家长可以这么做：

1. 平时要限制电子产品的使用，增加全心全意的陪伴。
2. 定期体检，及时了解孩子的语言水平（图1-9）。
3. 观察孩子除了讲话晚之外，还有无其他方面的落后。
4. 发现语言发育落后的时候，及时寻求专科医生的帮助。
5. 全家统一态度，一起积极帮助孩子进步。

温馨贴士：早发现早干预，及时帮助孩子赶上同龄儿童（正常孩子的语言发育进程见图 1-9）。

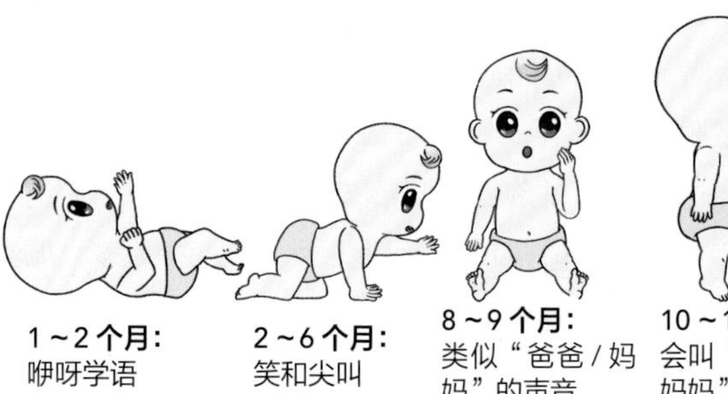

1～2 个月：
咿呀学语

2～6 个月：
笑和尖叫

8～9 个月：
类似“爸爸 / 妈妈”的声音

10～12 个月：
会叫“爸爸 / 妈妈”

18～20 个月：
20～30 个简单字；理解陌生人 50% 以上的语言

22～24 个月：
连续两个字的短语；50 个以上的单字；理解陌生人 75% 以上的语言

30～36 个月：
理解陌生人全部的语言

图 1-9　各阶段孩子语言发育

案例 15

4 岁孩子，特别喜欢看电视、玩电子产品，小手在屏幕上很会操作，好多奶奶都不会的功能，孩子都玩得可好了，邻居们都夸孩子聪明。爷爷奶奶觉得儿童电视节目、电子游戏可以促进孩子智力发展，让孩子多看多玩并无大碍，而且，孩子看电视或玩游戏的时候，爷爷奶奶可以做自己的事情，相当于多了一个“电子保姆”。爸爸妈妈觉得不放心，于是去儿童医院咨询发育行为科医生。

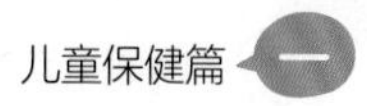

问题15 ▶ 孩子过分依赖手机等电子化设备怎么办？

医生答疑（竺智伟）

随着科技的进步和社会的快速发展，电子屏幕的使用从大人到孩子，已成常态。但是，对于0～6岁的孩子来说，大脑处于快速发育阶段，当孩子观看电子屏幕的时候，视觉的刺激非常丰富，而主动学习的机会则被剥夺了，这时候，孩子的大脑处于不活跃的状态。因此，过早过多暴露在电子屏幕前，并不能让孩子学会说话和与人交往，也剥夺了孩子探索真实世界的机会，从而影响语言、认知、社会交往等各种能力的发展。有科学研究发现，小时候电子屏幕使用频率高的孩子，不仅上述各种能力受到影响，而且，还影响将来孩子小学、中学的学习能力。

专家建议根据儿童的年龄，设置电子屏幕暴露的时间：18月龄以下的孩子，不要接触电子屏幕；18～24月龄，每天限制在30分钟以内，家长陪同观看并帮助孩子了解屏幕内容；2～5岁，每天1小时以内，家长陪同观看并帮助孩子了解屏幕内容，并应用于真实世界；6～18岁，持续限制屏幕时间及内容，保证屏幕时间不占用充足睡眠、身体活动和其他健康行为的时间。

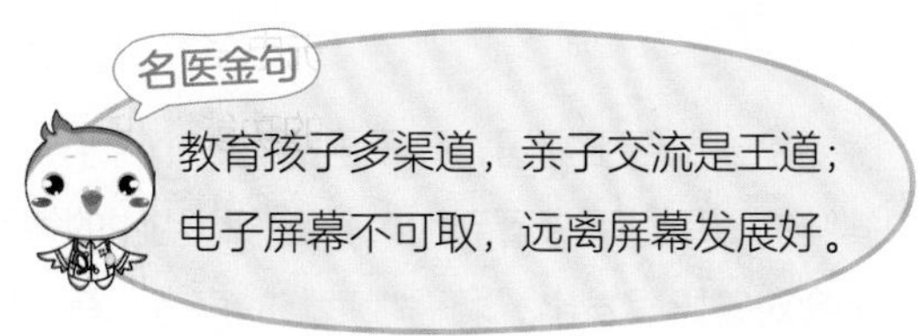

护理专家答疑（张秀春）

作为家长，要对电子产品有正确的认识，千万不要将电子产品当“保姆”陪伴孩子。爸爸妈妈要学习育儿知识，增加亲子交流的时间，提高亲子交流的质量，促进孩子全面发展（图1-10）。同时，请切记："身教重于言教"，爸爸妈妈要控制自己接触电子屏幕的时间，全心全意陪伴孩子，安排轻松愉快而丰富的日常活动，将孩子从电子屏幕前吸引到有趣的亲子活动或户外活动中来。

温馨贴士：以身作则限制使用，合理规划使用时间，增加高质量亲子陪伴时间，不能盲目依赖电子产品。

图 1-10　增加陪伴，远离手机

案例 16

晓雯是一位新手妈妈，孩子已经满 6 个月了，长得白白胖胖的。早上醒来看到大人就会报以甜甜的微笑，高兴时会对着妈妈发出"啊啊哦哦"的声音，有时妈妈给她看一些色彩鲜艳的图片时，她好像很感兴趣的样子。晓雯听说早些给孩子看书阅读对于孩子日后的语言发育益处多多，因此去儿童医院发育行为科咨询，到底何时可以开始给孩子阅读？

问题 16 ▸ 孩子何时开始阅读？

医生答疑（竺智伟）

2014 年美国儿科学会给出了明确的答案：什么时候开始读书给孩子听，都不为早！儿童阅读训练，应该从出生就开始。有研究表明，当给孩子阅读时，孩子大脑的相关语言发育区域会非常活跃；尤其是父母和孩子边玩边读，可以在玩当中帮助孩子拓展基本词汇，比如和孩子一起读可以触摸的书，孩子的小手摸着书里毛茸茸的小兔子，妈妈同时说："小兔子，摸一摸小兔子"。另外，早期阅读可以为孩子提供在日常生活中很难接触到的"情境"。这些情境对孩子的语言能力、认知能力、社交能力的发展起到非常大的作用。

国内外很多研究表明，早期阅读（图 1-11）不仅与学前儿童的语言能力有密切关系，而且对读写技能的准备也很重要，早期阅读还能预测孩子未来的阅读能力和学业成就。

因此，建议从孩子出生开始，爸爸妈妈就要经常给孩子阅读，并且在阅读过程中，要让孩子加入进来，一起看、一起说，配合着表情、情感、手势等；随着孩子年龄的增长，阅读过程可以邀请孩子复述故事，进行假扮和想象性游戏，促进孩子的语言能力和社会交往、情绪情感的表达。

图 1-11　父母陪伴阅读

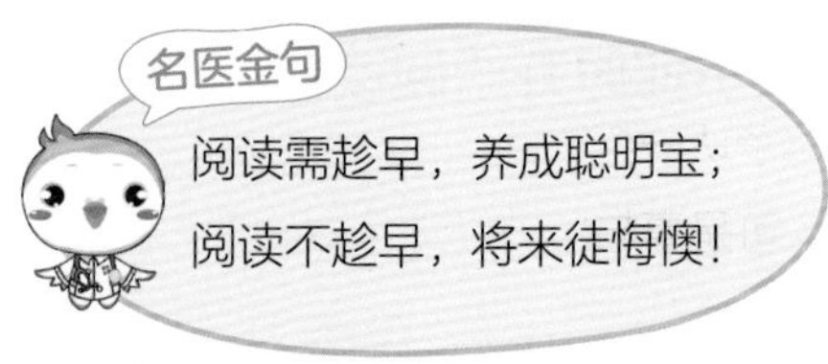

护理专家答疑（张秀春）

大部分家长都知道阅读的重要性，但却不知道如何通过阅读来提升孩子的能力。以下是父母和孩子一起阅读时必须掌握的一些基本的技巧：

1. 找一个舒适安静的地方，和孩子面对面地，或是并排地坐在一起，保持良好的目光对视。

2. 让孩子用自己的方式来读书，让孩子来引导。比如让孩子选择想看的页面，以及阅读的次数。

3. 根据孩子的语言理解和表达能力，适当地调整或增减书中语言的长度和难度。

4. 读书时要绘声绘色，语速稍微放慢，要耐心等待，给孩子思考和回应的时间。

5. 将书本中的内容与孩子的日常生活联系起来，帮助孩子理解和想象书中的情境。

6. 给孩子机会轮流参与读书，比如轮流翻页、轮流回答问题、轮流扮演书中的角色等。

7. 多重复书中的关键词、短语或句子，还可以用动作和表情演绎这些词语和句子，帮助孩子理解和应用。

案例 17

小伍的爸爸在新闻中看到，一些孩子上一年级后由于认字少，阅读速度慢，做作业的时候经常引发家长和孩子之间的冲突，于是决定要吸取这前车之鉴的经验，不能让自己2岁的儿子重蹈覆辙。因此，爸爸决定每天开始教孩子认一个字，等到上小学，估计常用字都没有问题了。可是事与愿违，今天教明天忘，还每天把孩子折腾得眼泪汪汪，爸爸开始反思，现在是不是可以教孩子认字了呢?

问题17 ▸ 0～3岁的孩子该不该教他/她认字?

医生答疑（竺智伟）

从儿童的神经认知发展规律来看：识字（图1-12），尤其是刻意、系统的识字，一般在孩子4～6岁开始都可以。0～3岁的孩子不建议学认字。

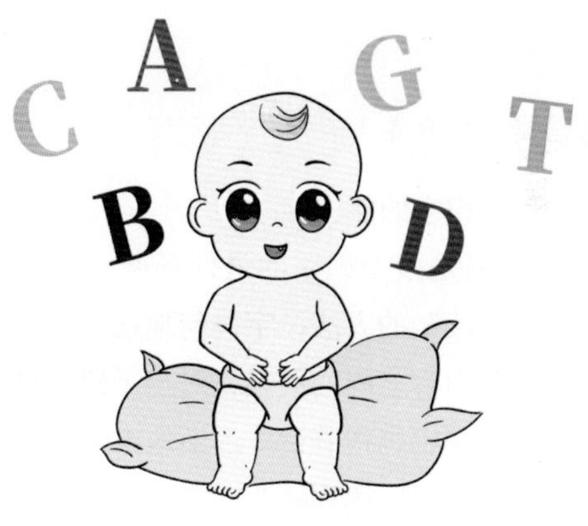

图1-12　孩子识字

认字是一种形象认知，孩子识字、写字，跟大脑反应能力、图形处理能力、视力聚焦能力、语言理解能力等息息相关。熟练的追视调焦能力，使他/她的眼睛熟练地把字形轮廓输入大脑，在大脑中形成存储的印象，下次见到就能辨认。而这些能力的发展和成熟，需要大脑充分地发育，并且需要生活中丰富的体验，多外出、多运动、多认识世界，接受大量的语言刺激，词汇量达到一定的数量，视觉、反应等综合能力提高到一定阶段后才可胜任。

当然，如果孩子平常不时用手指指着书上的字，或对街道商店的牌子或者广告上的文字感兴趣，那么家长可以适时回答孩子的疑问。如果孩子表现出强烈的兴趣，家长也不必强加阻拦。孩子学会识字这件事不是一蹴而就的，而是一个长期缓慢积累的过程。不仅需要孩子的兴趣和努力，也需要爸爸妈妈的长期引导和培养。

护理专家答疑（张秀春）

如何培养孩子识字的能力？

1. 首先，家庭是孩子识字的最佳场所。在每天和孩子读书时，用“手指跟读”的方法一字一句地读给孩子听，在故事情境中建立字形与内容之间的关系，对孩子建立对汉字的初步认知非常重要。初期妈妈指着读，逐渐地由孩子指着，妈妈来读，孩子指到哪儿，妈妈读到哪儿，慢慢地让孩子理解文字的含义。

2. 其次，在生活的各个环节中，比如食品说明书、马路路牌、广告牌、公交车上的地名等，都可以作为孩子认字的媒介。

孩子1岁半，长得聪明可爱，爷爷奶奶听说小朋友多玩玩具能变聪明，因此给孩子买了各种玩具，有早教机、几百粒的乐高积木、小汽车和飞机模型等，不计其数。但经常买回来没几天，这些玩具就被扔得到处都是，甚至很快就摔坏了。不知不觉中，在玩具的消费上已经花费了上万元。甚至有一次，妈妈在孩子嘴巴里找到了一个小颗粒的积木，幸亏发现及时，不然后果不堪设想。妈妈很苦恼到底该不该给孩子买这么多的玩具？买哪些玩具比较好？有何推荐？

问题 18 ▸ 适合不同年龄段孩子的玩具分别有哪些？

医生答疑（竺智伟）

著名的前苏联发展心理学家维果茨基认为，儿童的玩耍以及与成人或同龄伙伴在玩耍中的互动，不仅能帮助儿童发展抽象思维，而且能为儿童的社交沟通和情绪发育提供良好的环境和机会。儿童的玩耍和游戏能力是随着儿童的认知、身体的大运动与精细运动以及语言的发育而逐步发展成熟的。因此，不同年龄段的孩子要玩适合自己发展水平的玩具（图 1-13）。

图 1-13　孩子的多种玩具

同时父母还应知道，同一玩具在孩子的不同年龄段玩法也不一样。玩具不一定要买贵的。不论是家里的日常生活用品、自制的小娃娃，还是商店里买回来的玩具，都能给孩子提供探索、玩乐和学习的机会。

但是，你是否知道，父母本人比任何玩具都更让孩子喜欢和着迷呢？不管什么样的玩具都离不开父母对孩子的亲密陪伴，这样才能更好地增进亲子关系，对孩子的情绪给予同情和理解，进而提高孩子的情商和沟通能力，为他们将来的成长打下最有益的基础。

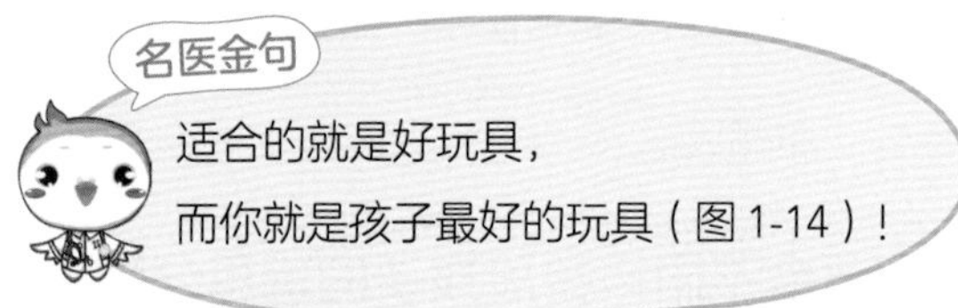

名医金句

适合的就是好玩具，
而你就是孩子最好的玩具（图 1-14）！

图 1-14　亲子互动游戏

护理专家答疑（张秀春）

每个年龄阶段都有自己的特点：

1. 1～2 个月　能短时间地注视鲜艳的东西。可选玩具：

大彩球、摇铃、布娃娃等。

2. 3～4个月　有动手触物的欲望。可选玩具：响铃、塑料玩具及布玩具。

3. 5～6个月　任何出现在眼前的东西都会去抓。可选玩具：小镜子、响铃、圆球和毛绒玩具等。

4. 7～10个月　可以很自然地在双手之间互递玩具。可选玩具：娃娃、响铃、积木块、小碗、小篮子、小桶等。还可以给孩子玩藏找东西的盒子、小动物，让孩子玩球可以促进爬行能力。

5. 11～12个月　喜欢爬高、学习指认物品和五官，打开盖子、捡起小物品。可选玩具：动物玩具、娃娃、积木、套圈、球、有声响的电动玩具。

6. 1～2岁　开始模仿大人做家务。可选玩具：推拉、球类玩具，积木玩具；明亮的图画书、布或硬纸板页；塑料或泡沫漂浮玩具；冲击和堆放玩具；音乐玩具。

7. 2～3岁　可以完成简单的多步骤的游戏。可选玩具：摇晃、平衡玩具；多彩玩具；面团创意玩具；沙箱玩具；大蜡笔；明亮的彩色书籍与音乐；简单的儿童乐器；坚固的汽车或货车；可以攀登或骑的摇马；柔软的泡沫球；简单的装扮物品。

8. 3～4岁　可以从简单的假扮性游戏慢慢过渡到玩比较复杂的假扮性游戏。可选玩具：拖拉机或火车、球、积木和环环相扣的塑料块和创意玩具、面团、钝的剪刀、大型无毒标记笔和蜡笔、缝纫卡。也可以选择“假装”的玩具，如玩具电话、书籍、拼图或者简单的棋类游戏。

9. 4～6岁　可以玩一些简单的带有表演性的游戏。可选玩具：毛绒玩具、模型、过家家玩具、积木、橡皮泥、指画颜料、电池操作玩具、木偶、模具、卡片和棋盘游戏、简单的儿童乐器、绘本、9～24片拼图、12～16英寸轮胎的儿童自行车和小型体育器材。

案例 19

乐乐是 2 个月大的孩子，圆圆胖胖的小脸，大大的眼睛，十分可爱，可是最近半个月乐乐妈妈非常苦恼，几乎每天傍晚时分，乐乐都要哭闹 1 个小时甚至更久，无论喂奶、换尿布，还是抱着他摇晃都没有用，他越哭越大声，还带着尖叫，脸色通红，两个拳头攥得紧紧的，双腿也蜷缩着，似乎很痛苦的样子，带着他去医院后他却不闹了，精神很好，仿佛什么都没发生过，医生给乐乐检查了身体，也没发现什么异常。

问题 19 孩子哭有哪些原因？

医生答疑（竺智伟）

哭是人类正常行为的一部分，在婴幼儿期哭吵所占据的时间比例更高。很多新手父母由于没有经验，一听孩子哭就急得像热锅上的蚂蚁，不知所措。其实，哭是孩子的语言，是向父母表达自己内心需求的方式之一，父母通过哭声敏锐地觉察孩子的需求，在照料孩子时就会心中有数，处理得当。

身体不适——饥饿、尿湿了、大便了、太冷太热、困了，孩子都会有节奏地啼哭，并伴随着一些身体语言，比如找奶头、扭屁股、打哈欠等，满足了他 / 她的需求后就会停止哭闹。有东西伤到（刺激到）孩子的时候他 / 她会突然发出剧烈大声地哭喊，需要立刻检查一下他 / 她的身体再适当地安慰他 / 她。当孩子哭闹还伴随着精神差、食欲下降、咳喘、呕吐、大便改变等情况，需要立即就医。

情感需求——安全感是仅次于生理需求的第二大需求，孩子刚来到这个陌生的世界，有许多东西需要适应，非常需要来自父母的安抚（图 1-15），因此当他 / 她想要抱抱、觉得无聊时也会哭闹。亲密的拥抱，肌肤的抚触，父母的笑脸和柔和的声音都能够让他安静下来。

图 1-15　妈妈安抚孩子

此外，在孩子满 4 个月以前，过度哭吵是家长最关注的问题之一，孩子过度哭吵会直接影响新手妈妈的情绪。案例中的孩子乐乐就属于婴儿过度哭吵，即婴儿 1 天中超过 3 小时发作性的哭吵，每周 3 天以上，除此之外，婴儿食欲佳，生长良好，没有其他症状。具体原因尚不清楚，原来认为与小婴儿胃肠道功能紊乱引起的肠绞痛有关，现在发现，也可能是生理、气质及母婴关系等综合因素所致。目前对婴儿过度哭吵尚未找到明确有效的治疗方法，因此给予父母心理支持，帮助正确认识这种症状更重要。

名医金句

孩子哭闹有原因，病理因素先排除，
生理需求早满足，拥抱互动要牢记，
过度哭闹很忧虑，家人医生来帮助。

护理专家答疑（张秀春）

新手妈妈经历了辛苦的分娩，血液中激素水平波动很大，常常会出现敏感、焦虑、抑郁的心境，这时再遇到过度哭吵的孩子，会雪上加霜，妈妈要学会向家人求助，家人也要体贴关爱母亲，同理母亲的情绪，分担照料孩子的任务。必要时妈妈也应该向心理医生求助。

家长可以采取下列措施安抚过度哭吵的孩子：

1. 紧紧拥抱孩子或飞机抱，并轻轻拍打孩子背部。

2. 用暖水袋热敷孩子腹部并轻揉按摩，或给他 / 她洗个热水澡。

3. 耐心温柔地安抚孩子，给予抚触，别让自己焦虑不安的情绪传染孩子。

4. 建议母乳喂养。

温馨贴士：当妈妈，不容易，先要照顾好自己，温柔安抚紧拥抱，学习应答小孩子。

案例 20

涛涛是 6 个月大的孩子，能干的他已经可以匍匐前进并主动用小手够到身边东西了，但抓到后马上就塞到嘴里，又吸又咬又舔地摆弄半天，爸爸妈妈担心他把脏东西吃进肚子里，或者不小心呛到气管里，于是常常喝止他不能把东西往嘴里放，有时还会象征性地打他的小手，可是涛涛依然我行我素，有时还会大声哭闹表示抗议，于是爸爸妈妈担心他是不是由于缺了什么营养导致异食癖，带涛涛到儿童医院发育行为科就诊。

问题 20 ▸ 孩子总喜欢把任何东西都往嘴里塞怎么办？

医生答疑（竺智伟）

一般来说，孩子满 4 个月以后会抓取物品，将抓到的物品塞进嘴里（图 1-16），这是孩子探索世界了解物品的方式，也是他 / 她自我安抚的方式。这是为什么呢？大概有以下 2 个原因：

一是孩子要出牙，牙龈痛痒不适。孩子大概 4 ~ 6 个月开始出牙，有些孩子会迟一些，出牙期的孩子口水增多，牙龈还会痛痒不适，有时会比较烦躁，会喜欢啃咬一些硬物来缓解这种不适现象。

二是孩子通过吸吮、啃咬物品，来品尝这件东西的味道，感知物体的软硬度（来感受这个物体）。家长常常看到孩子摇晃、敲打或扔掉物品等行为，这些都是小孩子了解事物探索世界的方式。因此，当孩子啃咬一个玩具时，很可能代表他 / 她正在“学习”，如果这个过程被打扰，孩子就会烦躁不开心！这个过程又被称作“口欲期”。这种现象 1 岁以内非常常见，随着认知能力的提高，孩子会发现玩具有许多其他好玩的方式，当孩子学会了玩具更多的玩法，啃咬的机会就会大大减少。

图 1-16　孩子啃咬手指食物

名医金句

小孩子爱学习，东西喜欢放嘴里，
家长别着急，帮他度过口欲期。

护理专家答疑（张秀春）

1 岁以内是孩子的口欲期，把东西塞嘴里是一种正常的探索学习过程，家长可以这样引导孩子顺利度过这个时期：

1. 孩子出牙导致的牙龈不适可以给孩子一些冰镇牙胶啃咬，或者制作一些磨牙饼干、蔬菜和水果条提供给他 / 她啃咬。

2. 看到孩子用啃咬方式探索物品，不要着急制止，可以引导他 / 她摇一摇、敲一敲手中的物品，给他 / 她示范更有趣的玩法。

3. 当孩子啃咬物品时，家长简单地描述一下这个物品的名称、质地、味道等，引导孩子用小嘴巴和家长互动发音，孩子自然就不会啃咬物品了。

温馨贴士：给孩子制作可以啃咬的手指食物，示范孩子探索物品的其他方法，可以顺利度过这个时期。

案例 21

彤彤是 1 岁大的孩子，从 2 ~ 3 个月开始吸吮手指一直持续到现在，尤其在困倦将要入睡时，他会津津有味地吸吮右手拇指，爸爸妈妈等孩子睡着了把手指拿出来，睡到半夜，孩子又会把手指头塞到嘴里。被反复吸吮的拇指已经长出了一个茧，爸爸妈妈担心吸吮手指是一种不良习惯，以后会影响牙齿及手指的发育，于是带着孩子来咨询发育行为科专家。

问题 21 ▶ 孩子吸吮手指正常吗？

医生答疑（竺智伟）

吮吸手指（图 1-17）是指儿童自主或不自主地反复吸吮拇指等手指，婴儿期发生吮吸手指的行为可高达 90%，属于正常的生理现象，有研究表明母乳喂养的儿童吸吮手指的比例高于人工喂养儿童，但前者吸吮手指平均时间较后者短。随年龄增加，这一行为的发生率逐渐下降，4 岁时发生率仅 5%，学龄期以后就逐渐消失。

图 1-17　孩子吸吮手指

吸吮手指的原因很多：首先是婴儿将自己手指视为与乳头一样的外部客体而吸吮，有助于婴儿自我安抚；其次，婴幼儿被忽视也有可能导致吸吮手指发生，例如饥饿时未及时哺乳，孩子通过吸吮手指缓解饥饿感，次数多了，就形成了习惯；再者，有些孩子因为紧张、焦虑、空虚、无聊，比如和父母分离，也容易吸吮手指，还没有睡意就早早上床，孩子由于无聊就开始吸吮手指，久而久之形成习惯。

处理对策：首先要及时满足孩子的生理需求，饿了及时喂食物，困了及时躺下睡觉。同时要敏感捕捉孩子的心理需求，紧张、焦虑的时候，孩子依恋的对象（妈妈或奶奶）及时出现，可以缓解孩子的不安；孩子无聊的时候，父母或其他亲人的陪伴，可以缓解孩子的空虚感。生理和心理需求被及时满足的孩子，吸吮手指的机会将大大降低。

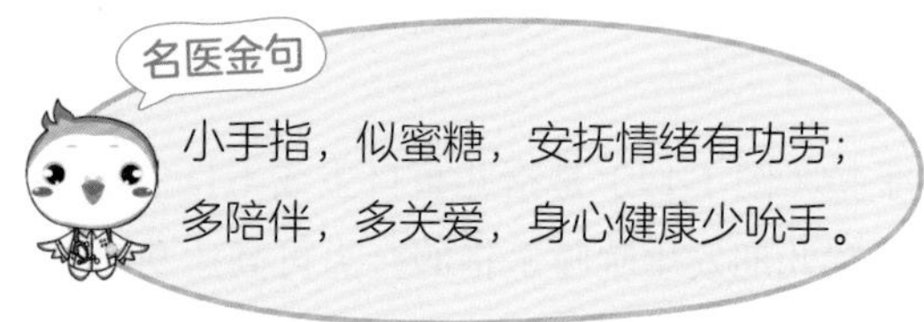

护理专家答疑（张秀春）

对于吸吮手指的行为，家长可以尝试以下方式引导孩子：

1. 从孩子出生开始，有固定的抚养人（最好是妈妈）陪伴孩子，经常抚触和拥抱孩子，让孩子感受到安全和“被爱”。

2. 父母要全心全意陪伴孩子，及时察觉孩子的情绪。通过转移注意力的方式，比如手指操、做些有趣的事，让孩子的小嘴和小手“忙”起来。

3. 如果有吸吮手指入睡的习惯，建议不要太早上床，等孩子困了，睡意浓了再放到床上，很快入睡；或者培养一个其他的入睡习惯，比如抱着毛绒玩具、听妈妈哼唱摇篮曲等。

温馨贴士：多陪伴，多互动，成功转移注意力。

案例 22

小明的脾气很温和，满 3 个月就能整晚睡觉，几乎没有吵闹的时候，不需要父母很多的关注，似乎更爱自娱自乐，爸爸妈妈庆幸有个乖孩子的同时也有点担心，因为当他们充满爱意地和小明对视、微笑、逗弄时，小明都不理，也不回应，似乎并不需要他们的陪伴，爸爸妈妈担心小明是不是有问题，于是就去咨询发育行为科的专家。

问题22 ▸ 不同阶段的孩子应该做哪些情感行为训练？

医生答疑（竺智伟）

小明的情况并不是他故意不理睬父母，而是他对外界的刺激，包括爸爸妈妈的脸、声音、触摸等反应比较慢，这就是早期的情感发育落后，著名儿童发展专家斯坦利·格林斯潘博士曾提出儿童早期的六个情感发展阶段：

1. **第一阶段**　出生到3个月，学习接受并理解周围的感觉信息，利用愉快的感觉帮自己平静。

2. **第二阶段**　3～6个月，建立亲密关系，享受温暖和愉快，主动找父母并信任他们。

3. **第三阶段**　7～11个月，有目的地一来一往互动，开始双向交流。

4. **第四阶段**　1～1岁半，学会使用复杂的手势、动作，并串联起来，更清晰地表达自己的意图，萌发自我意识。

5. **第五阶段**　2～2岁半，想象力萌发，出现假想游戏，并运用语言表达想法，感受和情绪。

6. **第六阶段**　3～4岁，组织自己的思想，建立逻辑关系开始分析思考。

案例中的小明尚处于第一阶段，4月龄时并没有出现第二阶段的表现，父母需要帮助他往下一个阶段发展。这六个阶段就像孩子0～5岁的情感发育台阶，孩子沿着每个台阶稳步向上，到5周岁时已掌握了关爱、思考、交流、创新，还有自控、同情等能力。父母需要多与孩子相处，理解孩子所处的发育阶段，给予对应的亲密互动（图1-18），帮助孩子成为心智健康的人。

图 1-18　鼓励安抚孩子

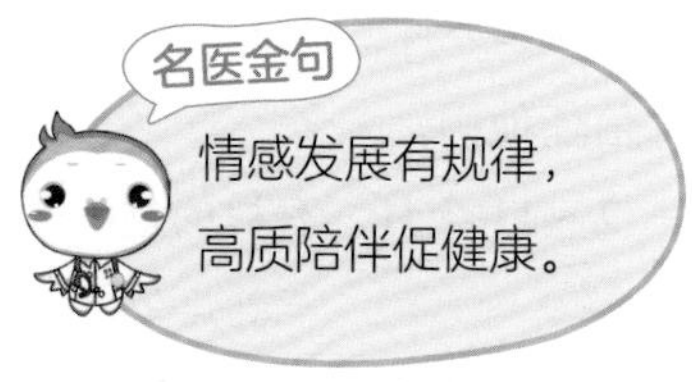

护理专家答疑（张秀春）

孩子的不同情感发育阶段需要不同的情感行为训练。

1. 第一阶段　从出生到 3 个月，爸爸妈妈需要帮助孩子看、听、活动以及平静下来。小明的爸爸妈妈可以将脸凑近小明，哼一些小曲给他听，帮他全身抚触和按摩。

2. 第二阶段　3 ~ 6 月龄时则需要尽量吸引孩子愉快地与你互动。爸爸妈妈可以用夸张的面部表情，有趣的声音，各种气味和不同材质的物品去吸引小明，并耐心等待他的反应。躲猫猫游戏也很适合这个阶段的孩子。

3. 第三阶段　7 ~ 11 月龄开始父母需要跟随孩子的节奏和兴趣，用姿势或表情与他 / 她交流，鼓励他 / 她表达自己。父母要多观察孩子的每个小动作，尽其所能一一回应。比如当孩子舔了一口糖，高兴地发出“呜呜”声，或看到一个电动玩具时手舞足蹈，这时父母就可以看着他的眼睛，高兴地点头来回应鼓励他。

4. 第四阶段 1～1岁半，父母需要成为孩子的互动伙伴，帮助他/她学习用一连串的姿势与父母交流来解决问题。这个时期父母不要过多干涉和主导与孩子的互动过程，多给孩子主动表达的机会。比如当孩子拿不到远处的玩具时父母不要马上拿给他，可以等待孩子向你发出求助的信号，之后伸出手，陪他去拿，如果中途受挫应及时安慰。

5. 第五阶段 2～2岁半时期，父母需要进入孩子的想象世界，在他的假想游戏中扮演角色。父母可以观察孩子感兴趣的主题，在家制造场景来进行假扮游戏，比如开商店，坐公交车等。在孩子喜欢的追逐游戏中加入故事情节，比如猫抓老鼠，妈妈奔跑时故意摔倒哭着喊疼等。

6. 第六阶段 3～4岁时期，父母要多询问孩子的意见，鼓励他/她与父母辩论，丰富他/她的假想游戏，帮助他/她组织自己的思想。这个阶段的孩子已经非常善于玩假想游戏了，父母可以在陪玩时引导孩子与人交谈，鼓励孩子发表自己的观点，最好的办法就是充分使用“什么事情，什么时候，在哪里，谁，为什么，怎么样”这些问题来与孩子展开讨论。

案例 23

小萱18个月，是个性格温和的孩子，一直是由妈妈陪伴长大的，可是最近外婆生病住院，妈妈白天需要去医院照顾外婆，请奶奶帮忙照顾小萱。小萱白天和奶奶在一起时并没有哭闹，但只要妈妈一回来她就像雌雄贴一样紧紧黏在妈妈身上，而且不让任何人靠近。妈妈很担心，就带小萱去咨询发育行为科专家。

问题 23 ▶ 亲子分离的孩子应该注意什么？

医生答疑（竺智伟）

9 个月以后孩子就会出现分离焦虑，害怕与亲密的抚养人（可能是父母，也可能是祖父母或保姆）分开，这是一种正常的现象。因为这时候的孩子已经与抚养人建立起亲密的关系，有丰富的情感交流，有可信赖的大人在，孩子就有安全感。孩子到了 18 个月，对妈妈会产生高度依赖性，这时的亲子分离会让孩子感受到恐惧。案例中的小萱就属于这种情况。另外，3 岁入园也是亲子分离的考验期。还有一种亲子分离是父母的工作原因，如长期在外地派遣或进城务工，使得亲子不得不分离。

不同气质类型的孩子，分离焦虑的程度不同。父母虽然没有办法改变孩子天生的气质类型，但是，可以通过 0 ~ 3 岁的高质量亲子陪伴，帮孩子建立“安全型依恋”的亲子关系，可以减轻亲子分离焦虑。所谓”安全型依恋”指的是孩子从小有一个亲密的抚养人（最好是妈妈），孩子有需求，妈妈能及时回应，当孩子感到不安时，只要妈妈一出现，孩子就安心了。这样的孩子很确信妈妈是可以信赖的，是有求必应的，从而进一步相信其他人也是可以信赖的，世界是安全的。因此，孩子会愿意与他人亲近，愿意去探索新鲜的事物和环境。当面临亲子分离的时候，具有“安全型依恋”的孩子焦虑程度比较轻，很容易适应新的抚养人和环境。

护理专家答疑（张秀春）

不管是什么情况下的亲子分离，都是孩子在成长过程中不得不面对的，作为父母，为了尽量减少亲子分离带给孩子的焦虑情绪，需要注意的是：

1. 帮孩子建立稳定的安全依恋关系。亲子分离之前，提前熟悉祖父母，如果爷爷奶奶（外公外婆）的陪伴是稳定的、温暖的、积极回应的，也可以带给孩子足够的安全感，减少焦虑。

2. 妈妈要照顾好自己的心情，做到愉快而温和地和孩子说再见（图 1-19），按时回家或提前接孩子，回家后用全心全意的陪伴弥补时间的不足。害怕分离的孩子都十分敏感，他们能觉察到妈妈是不是也害怕与他们分开。所以妈妈的心情直接影响孩子的情绪。

图 1-19　妈妈出门上班

3. 不断发现孩子不依赖父母的迹象，给予鼓励和称赞。在下班回家后看到孩子开心地在玩，接孩子放学时多留意老师的正面评价，及时给予奖励，正面强化孩子的独立和自信。

4. 通过各种方式来帮助孩子理解亲子分离的必要，引导孩子表达情感。父母可以编制童话故事，和孩子分享一天的工作，出门在外的父母则可以不定时地用电话或视频的方式和孩子联系，还可以阅读优秀的绘本。

5. 入园孩子如果适应特别困难，需要父母细心地去了解孩子在园的情况。可以借助“我不要上幼儿园”这样的绘本和孩子开展有对话的亲子阅读，也许能帮家长找到孩子不适应的原因。

6. 孩子的分离焦虑经常会表现在睡眠上。受到惊吓的孩子会出现入睡困难、做噩梦、讲梦话等情况。这时最可靠的办法就是放松地在床上陪他/她直到他/她睡着为止。分离焦虑可能还会引起一些行为变化：如哭闹不止、独立孤坐、单独活动、拒睡拒吃、随地大小便、黏人、依物、乱跑、攻击等，必要时可以带孩子去发育行为科进行评估和咨询。

"安全型依恋"型亲子关系中，父母自信的态度和积极的沟通交流，可以帮助孩子减轻分离焦虑，从依赖走向自立。

案例 24

小刚从小就是一个温和的孩子，可现在 2 岁多了，却处处和妈妈对着干。他经常说"不要"。妈妈要他做什么他都说"不要，不要"。如果不顺他的意，他就经常哭闹不休。妈妈觉得筋疲力尽，于是带孩子去儿童医院发育行为科评估和咨询。

问题 24 ▸ 如何处理孩子的第一个叛逆期？

医生答疑（竺智伟）

有人说孩子到了 2 岁左右就进入了第一个叛逆期，其实这是相当大的误解。孩子到了两三岁的时候，能力发展到一定程度，他非常喜欢自己做决定自己尝试，但是由于能力有限，经常会做不好，爸爸妈妈们往往会着急，没有耐心陪伴孩子反复尝试，于是出现了亲子冲突。实际上，被称为叛逆淘气的孩子，他们只是希望通过自己的探索，学习更多的能力，通过不断地尝试，获得成就感，建立自信心。

爸爸妈妈们需要透过孩子的行为，去发现孩子内心的需求。孩子需要爸爸妈妈的耐心和支持，支持孩子去探索，去反复试错，去获得对事物的认知。当孩子有情绪的时候，爸爸妈妈首先要同理孩子，比如“哦，宝宝很生气”或“宝宝很伤心”；接着，安慰孩子，“妈妈抱一下”或抚摸一下（图1-20）；待孩子情绪平静一些以后，爸爸妈妈可以试着表达自己的情绪和需求，比如“妈妈今天实在太累了，妈妈需要休息一下”等。被理解的孩子容易学会理解他人。

图1-20 安抚孩子

护理专家答疑（张秀春）

在面临孩子的反抗和叛逆时，父母的具体做法建议如下：

1. 尽量允许孩子按照自己的节奏去做事。比如，孩子要自己穿脱鞋子、袜子或整理玩具的时候，家长尽量耐心地陪伴；洗澡的时候，预留一定的时间给孩子玩水。到了该睡觉，该外出或该回家时，要用有趣的东西或者提供选择转移孩子的注意力，使他/她顺应安排。

2. 给孩子更多自己做主和选择的机会，同时制定坚决、持久而又合理的规则。提前和孩子解释规则，告知安排，甚至预先演练。真正重要的规则需要坚持，比如坐汽车安全座。

3. 学会温柔地坚持，坚持父母的原则。当孩子的活动真正干扰到父母的安排，父母可以平静地给予制止，理解和接纳孩子的失望，“哦，宝宝好难过”，允许孩子哭闹以及发泄情绪，但同时仍坚持自己的原则，待孩子情绪过后再和孩子解释或给予建议。

孩子的叛逆反抗与先天的气质类型、父母的教养方式以及家庭环境都有关系。父母在面对孩子的反抗时需要充分理解和尊重孩子，看到并安抚孩子的情绪，温柔地坚持，就能顺利陪伴孩子度过“第一个叛逆期”。

案例 25

小宝，4 周岁，一个开朗快乐的小家伙，长得虎头虎脑，长辈们见了都喜爱，就有一个毛病妈妈担心不已：不定时地发脾气。搭积木搭得好好的，突然把积木全部推倒；和小朋友玩得好好的，一不如意就大喊大叫生气了；最喜欢小汽车，到商场里看到喜欢的小汽车就走不动了，非买到手不可，不然就满地打滚……妈妈有点不知所措，打也不是哄也不是，后来幼儿园老师建议带小宝到医院看看。妈妈带着小宝到了发育行为科做了检查评估，才知道原来一直是行为策略出了问题。

问题 25 ▸ 孩子脾气大怎么办？

医生答疑（竺智伟）

这个孩子脾气大，恰逢有点懂又不完全懂的 4 岁，很多诱因都会引发他愤怒爆发（图 1-21），可能是受挫，可能是失败，可能是需求没有得到满足，还可能是很多其他诱因如身体疲惫、逃避任务等，都表现出情绪失控、易怒。经常发脾气可能会引起人际关系紧张，亲子相处困难，并阻碍语言沟通能力的进步，给家庭和学校生活带来困扰。

图 1-21　烦躁的孩子

孩子发脾气可以出现在任何年龄，不同年龄表现形式会有所不同，小年龄孩子以哭闹为主，随着年龄增长发脾气时的破坏力逐渐增强，甚至造成不可挽回的后果。因此家长需要正视孩子发脾气的问题，有困难时可以至专门科室如发育行为科、儿童心理科就诊，通过一些量表了解孩子，如采用气质量表了解孩子的气质类型，理解孩子行为背后的动机；通过学习行为分析剖析孩子行为的前因及结果；采用恰当的行为策略（如故意忽略法、自然结果法、认知疗法、惩罚法）处理不同的发脾气行为。

平时注意多和孩子沟通，营造一个亲密愉悦的家庭氛围。这样当狂风骤雨来临的时候，应对起来就会有爱的基础，采取行为策略时效果会更好。当然，有些孩子确实存在社交上的困难，需要与不典型的孤独症进行区分，这种情况一定要到医院进行诊断和评估，再进行针对性地干预。

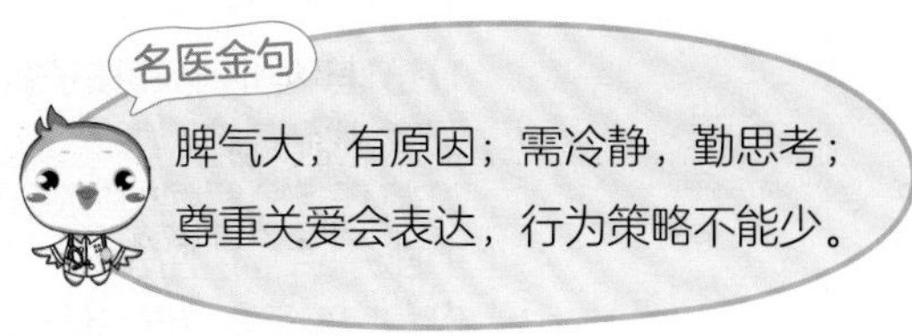

护理专家答疑（张秀春）

孩子易发脾气的原因与对策见表1-3。易发脾气的孩子生活中应注意以下几方面：

1. 家长要学习育儿常识，了解孩子不同发展阶段的特点，养育需要更多耐心。

2. 遇到孩子发脾气时一定要冷静，爱是恒久主题。

3. 避免以“躁”制“躁”，管教要遵循科学方法。

温馨贴士：聪明妈妈有策略，巧用行为分析轻松搞定“坏脾气孩子”。

表1-3　孩子易发脾气的原因与对策

原因（孩子为什么这样做）	行为（孩子做了什么）	对策（家长怎样处理）
有需求	哭闹、尖叫、打人、破坏物品等	1)合理的需求，不要为难孩子，立即予以满足； 2)教孩子正确的表达方式； 3)不合理的需求不要随意满足孩子，避免孩子养成错误的应对方式： ①安全环境下，实施“有意识地忽略”(即不看、不理、不批评)； ②小年龄孩子：转移注意力
受挫 / 失败		1)理解孩子，寻找词汇帮助他 / 她表达情绪； 2)鼓励孩子再次尝试，做他 / 她能做的事，一旦做到了，描述性表扬；实属不会，示范并帮助他 / 她； 3)肯定孩子正向努力的行为
逃避任务		1)迅速评估任务和孩子能力的匹配度，找到症结； 2)将任务分解，鼓励孩子做能做的部分，并描述性表扬； 3)肯定孩子坚持做完任务的努力

续表

原因（孩子为什么这样做）	行为（孩子做了什么）	对策（家长怎样处理）
生理性问题（如疲惫、身体不适）	哭闹、尖叫、打人、破坏物品等	1）安抚孩子； 2）查看问题； 3）必要时立即就医

案例 26

小萍，5 周岁，一个体贴懂事的小女孩。最近爸爸特别烦恼：女儿老是不开心。幼儿园前天有场趣味亲子比赛的游戏，爸爸陪着小萍去参加了两人三腿的项目，因为途中爸爸接了个紧急电话，导致两个人的步调不协调了，本来领先的两个人最后得了个倒数第二名，小萍不开心，怪爸爸分神让他们输了。还有一次，爸爸给小萍买了个芭比娃娃，她很开心，出门时遇到对门的小美，两个小女孩相约去捡石头，小美捡得比她多，小萍又觉得自己“输”了，又不开心了。爸爸很苦恼，不知道怎么办才好，后来去儿童医院发育行为科做入学能力评估时咨询了医生，才知道孩子的荣誉感极强，但又不知道如何应对这种现象。

问题 26 ▸ 如何教会孩子正确看待“输赢”？

医生答疑（竺智伟）

这个孩子有集体荣誉感、荣辱感、羞耻、内疚、后悔等现象，往往女孩子比男孩子更容易寻求他人的认同，但有时候过于看重他人的评价就会导致孩子过分注重结果，不能接受失败，在意“输赢”。

家长要理解孩子在意输赢具有两面性（图 1-22）：一方面，孩子长大了，想要寻求他人的认同并懂得争取，这是好事，适当引导可以养出一个爱拼的孩子，成年以后的成就也相应会更高；另一方面，孩子过于注重得失，会导致情绪低落，不能接受失败，有时候就会寻找情绪的发泄口，怪罪他人（如爸爸接了电话），造成同伴关系紧张；而且有时候由于过于在意输赢，就会拒绝尝试。在这样的情况下，家长需要引导孩子看到自己在过程中的努力，而不是只讨论结果。试着去积极地倾听孩子，体验他 / 她的受挫情绪，告诉孩子虽然没有赢得比赛，但是在游戏过程中我们体验到许多乐趣、获得友谊。引导孩子思考改进的方向，鼓励孩子下次再尝试。给孩子时间去思考、去体会，不催促、不评判，给孩子一个空间。慢慢地孩子就能明白输赢是一个结果，赢了是自己努力了，用对了方法；输了是一份经历，可以帮助我们进步。

图 1-22　石头剪刀布

护理专家答疑（张秀春）

“输不起”“赢不了”的孩子养育时应注意以下几方面：

1. 家长要以身作则，看淡“输赢”。

2. 要经常肯定孩子的努力过程，倾听孩子在比赛过程中的体验。

3. 理解孩子失败的情绪，给予温柔的支持。

4. 用言行告诉孩子，“无论你输了还是赢了，你依然是爸爸妈妈最爱的孩子。”

温馨贴士：能干爸爸会同理，能听能讲助成长。

案例 27

小龙，4 周岁，一个活泼聪明的小男孩。妈妈最怕的就是带小龙去公共场所：去超市，撕开一袋山楂片就吃；去滑滑梯，一定要从滑道上倒着爬上去；等候地铁时，一边使劲往前挤一边大声喊“妈妈快来！”……妈妈回家和他讲道理都是答应得好好的，一到外面就全忘光了。幼儿园老师也反映小龙经常需要老师提醒他遵守规则，这些事情让妈妈很是无奈。后来幼儿园来了一位发育行为专家，讲了如何培养孩子的社会规则感，令妈妈茅塞顿开：原来光靠说教是没有用的。

问题 27 ▸ 如何教会孩子遵守社会规则？

医生答疑（竺智伟）

小龙是个聪明的孩子，但缺乏规则感，我行我素，给他人及环境造成了负面影响，有时还可能给自身带来危险。幼儿期孩子自我意识强烈，但感知世界仍然是运动感觉占主导，好奇孩子会尝试不同的做法，如果这时候大人无视这些行为，孩子可能就会认为所有行为都是可被接受的，甚至后来有大人斥责也会引起负强化（不守规则行为越来越多）。2岁左右孩子的规则感开始萌芽，家长要在生活中加以因势利导，帮助孩子观察和模仿他人的做法，从而培养社会规则意识（图1-23）。

图1-23　家长孩子一起玩，遵守规则

培养孩子遵守社会规则以实际演练为上策，不断提醒提示为中策，说教为下策。家长平时在家和孩子一起玩游戏，教会孩子学会轮流、等待，如果不遵守就拒绝和他/她玩，让孩子明白规则是保证好玩的游戏能持续的必备条件。在外面和其他孩子一起玩的时候，可以适当提醒孩子排队、等待。如果违反规则，可以适当合理惩罚孩子（通常用离开游戏这些自然的结果），用一句简洁的话告诉孩子原因，然后带孩子离开游戏，态度温和而坚定。家里所有大人要统一思想，遵守同样的规则和做法，这样，孩子更容易学会社会规则。

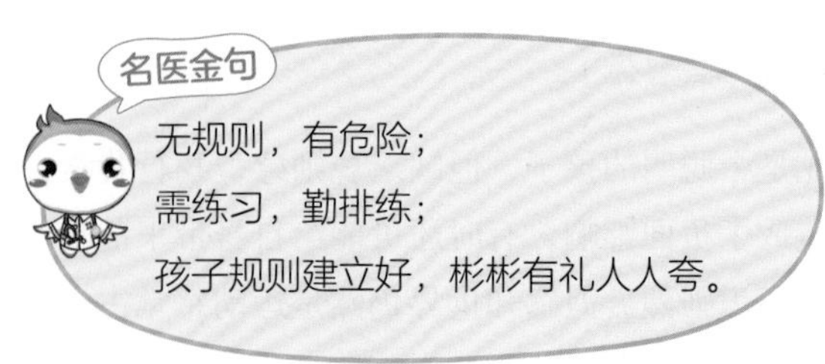

护理专家答疑（张秀春）

不守规则的孩子养育时应注意以下几方面：

1. 家长要为孩子设立明确的红线（界限）。

2. 家长要教导规则，而不是拷问孩子规则。

3. 规则不宜多，要精。规则多了孩子记不住，也会烦躁，简单明确的规则容易让人遵守。

4. 破坏规则要接受处罚，家庭态度要一致。

温馨贴士：守规矩的孩子人人爱，多多演练可以帮助孩子遵守社会规则。家里可以玩一些社会规则小游戏，如超市买东西、乘坐地铁、石头剪刀布、家庭保龄球、有人摔跤了、我是小老师、抢板凳等。

案例 28

妈妈下班回家，看到地上有花瓶的碎片，就问道："呀！花瓶怎么碎了呀？"4 岁的妹妹低着头眼睛不看妈妈，小声地说："是阿姨打碎的。"妈妈半信半疑，走到厨房碰到阿姨，阿姨说："刚刚我摘菜的时候妹妹玩球，一不小心把花瓶打碎了，我还没来得及打扫呢。"妈妈觉得很头疼，不知道该如何入手。后来听来幼儿园讲课的发育行为科医师分享了儿童撒谎的原因和处理方法，妈妈恍然大悟。

问题 28 ▸ 孩子撒谎怎么办？

医生答疑（竺智伟）

首先，家长要知道孩子的撒谎和成人不一样，并不代表品质有问题。孩子撒谎有很多原因，可能有以下几种：

1. 为了达成某种愿望　小年龄的孩子很难分辨现实和想象，有时候会把想象的东西代入到现实生活中；有时会出现夸大的描述，只是为了博得别人的羡慕。

2. 逃避责罚、自我保护　文中的妹妹可能就属于这种情况。聪明的孩子为了保护自己、逃避惩罚，就会选择撒谎。孩子犯错误时是否会撒谎和家长的态度有关，如果家长不包容，处理问题简单粗暴，随意处罚孩子，孩子很可能就会出现撒谎防御反应。

3. 获得家长关注或达到目的　有些孩子撒谎是为了得到奖励，因为家长曾经许诺过孩子给他非常想要的礼物等。再比如有些孩子不想上幼儿园，就撒谎说身体不舒服。

因此，家长平时注重自身修炼，建立良好、信任的亲子关系。遇到孩子撒谎，给予孩子解释的机会，不随意打骂、揭穿或嘲讽，尊重孩子（图 1-24）。站在孩子的角度，同理孩子的情绪，找到撒谎的真正原因，耐心引导，对症下药，孩子终有一天不再撒谎（图 1-25）。

图 1-24　父母责骂孩子

图 1-25　父母引导孩子

名医金句

孩子撒谎莫着急，耐心沟通找原因；
对症下药有办法，诚实孩子人人夸。

护理专家答疑（张秀春）

平时，多关注孩子做事的过程，比如夸孩子仔细、努力等，不要过度关注孩子做事的结果，避免孩子为了不让家长失望而撒谎。同时，家长也要做好榜样，做到诚实，遵守约定，避免在孩子面前撒谎或开“空头支票”。善意的谎言也要慎用，有可能会影响孩子对家长的信任度。家长犯错时，也要勇于承认错误，向孩子道歉。

温馨贴士：如何夸奖有技巧，以身作则榜样高。

案例 29

3 岁多的小虎刚上幼儿园小班。老师反映他在班里经常跑来跑去、爬高爬低，好像身上装了一个马达不停歇；上课的时候开小差，小动作多，经常和小朋友讲话；平时容易冲动，有时候会打小朋友或者抢别人玩具。小虎平时在家也是动个不停、没个安静的时候，妈妈就带他到儿童医院发育行为科咨询医生。听了医生分析讲解，妈妈终于感觉心里有谱了。

问题 29 ▶ 孩子好动、注意力不集中怎么办？

医生答疑（竺智伟）

儿童的注意力随着年龄的增长而发展。婴儿期以无意注意（没有目的、不需要意志活动参与）为主；1 ~ 3 岁的幼儿有意注意（自觉的、有目的的、需要意志活动参与）开始得到发展；到了 5 ~ 6 岁，儿童能独立控制自己的注意在 15 分钟左右；7 ~ 10 岁的学龄期儿童则能集中注意 20 分钟左右。

因此，对于 3 岁多的孩子来说，好动和注意力不集中非常常见。这个年龄段的孩子精力旺盛，注意稳定性较差，任何新奇的事物都会引起他们的兴趣和注意转移。而且3岁多的孩子刚进入集体环境，规则意识尚薄弱。大部分孩子的好动、注意力不集中的情况随着年龄的增长，在家长和老师的引导下会逐渐好转。但是确实有一部分孩子到了学龄期仍然会存在明显多动和/或注意力不集中，影响其学业成绩和人际交往，存在注意缺陷多动障碍，需要医学干预。

此外，还需警惕自闭症（孤独症）的可能性。如果除了好动、注意力不集中外，还有不合群、难以安坐甚至跑出教室、不听指令、我行我素、兴趣狭隘、玩耍方式单一等独特的表现，则需到发育行为科医生处就诊，看孩子是否需要特别的干预和支持。

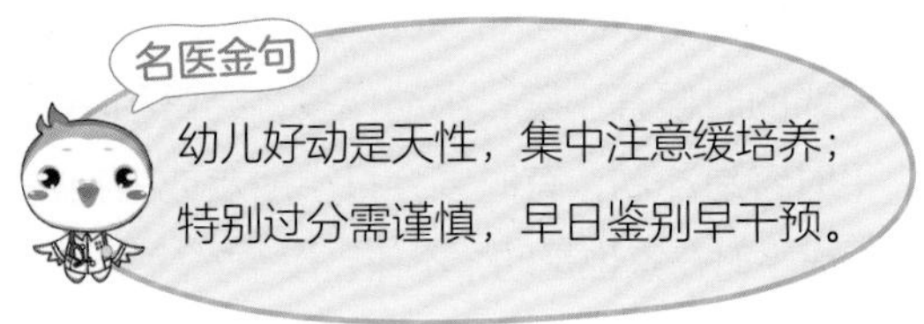

护理专家答疑（张秀春）

1. 孩子在专注做自己的事情时家长尽量避免随意打扰，这样有利于专注力的培养。

2. 控制电子产品，增加亲子户外活动，如跑步、跳绳、游泳、球类运动等，不仅可以帮助孩子消耗旺盛的精力，也有利于提高专注力。

3. 在游戏过程中训练专注力，例如："萝卜蹲""跳格子"（图1-26）"抢凳子"（图1-27）"丢手绢""木头人""找不同""走迷宫""词语接龙"等。

温馨贴士：早期引导效果好，多做游戏多运动。

图 1-26 跳格子游戏

图 1-27 抢凳子游戏

案例 30

小红 4 岁，上幼儿园小班。老师反映小红在幼儿园吃饭速度很慢，而且经常撒到桌上，也不会自己穿鞋子和衣服，需要老师帮忙。小红在家里穿衣服、穿鞋子、拿东西、吃饭、上厕所、做手工，都要叫奶奶帮忙。如果奶奶不帮她，就大哭大闹，家长拿她没有办法，到儿童医院发育行为科门诊咨询。

问题 30 ▸ 如何培养孩子独立自主的能力？

医生答疑（竺智伟）

小红是家里唯一的孩子，从小比较受宠。小时候她想自己吃饭、拿杯子或者帮忙做家务的时候，家长担心她做不好、弄脏衣服或弄坏东西，都急着去制止或代办。慢慢地，小红对自己做事丧失了信心和热情，害怕去尝试新的东西，事事都依赖大人。

实际上，孩子自出生后就开始发展独立能力了，这是一个循序渐进的过程。从学习爬行、走路、抓物，到 1 岁学习自己吃饭，再到 2 岁开始萌发自我意识，什么事情都想自己干，不要大人帮忙。在这些过程中，孩子逐渐建立起自我价值感和自信心（表 1-4）。

表 1-4　各年龄段孩子的能力

年龄	事项
6 ~ 12 个月	学习自己进食，从手抓到用勺、杯
	自己扔纸尿裤进垃圾桶
	帮忙扔垃圾
1 ~ 3 岁	逐步学会自己穿脱衣物
	物归原位
	自己进食，学习使用筷子
	逐渐独立如厕
	自主入睡
	帮忙摘菜，倒垃圾等力所能及的家务
3 ~ 6 岁	自己的事情自己做
	给家人帮忙
	主动找小伙伴玩耍（上门、打电话等）
	购物，能列清单
	参与出游计划

当孩子想去尝试各种新奇事物时，家长要从孩子的角度去看待，虽然有些事情在家长眼中可能会觉得很“无聊”、具有“破坏性”或者是“不可能完成的任务”，只要家长给予孩子充分的信任、包容、等待和引导，孩子就能逐渐学会自己独立做事。爸爸妈妈在陪伴过程中要照顾好自己焦虑的内心，鼓励和

肯定孩子的探索精神，逐渐协助孩子学会独立做事，从而培养出独立自主的孩子。

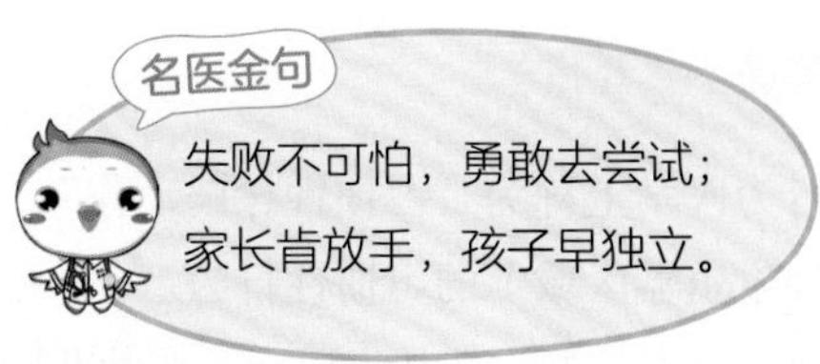

护理专家答疑（张秀春）

1. 巧设置，在日常生活及游戏互动中培养孩子的独立能力 购置一些适合孩子使用的生活用品；设置一些孩子自己能完成的小任务：如 7～8 个月的婴儿练习用手抓东西吃；1～3 岁的幼儿可以和家人一起收拾玩具、扔垃圾等。

2. 家长适当、正面、及时地给予引导及赞扬 如“你擦桌子很仔细”。不评价做事的结果，也不给孩子设置要求过高的任务或“贴标签”。

温馨贴士：淡定家长有耐心，静待花开香自来。

案例 31

甜甜是个 4 岁的女孩子，经常趴在床上或沙发上，夹紧双腿不断摩擦，被大人阻止以后非常不开心。后来乘家长不注意，悄悄地躲到房间里去夹腿。在幼儿园午睡时也有同样的行为。妈妈温和说教或者用恐吓的方式，都不能阻止她的行为。爷爷奶奶和爸爸妈妈都很担心，孩子是不是“性早熟”了？于是带到儿童医院发育行为科找医生咨询。

问题 31 ▶ 孩子经常夹腿怎么办？

医生专家答疑（竺智伟）

甜甜的行为医学上称为“习惯性擦腿动作”，是指儿童摩擦会阴部（外生殖器区域）的习惯性行为。6 个月左右的婴儿就有可能出现，但多数发生在 2 岁以后，在幼儿园阶段比较明显，上小学以后大多数会消失，女孩较男孩常见。这与“性早熟”无关。

会阴部的局部刺激往往是最初的诱因，如外阴部的湿疹，蛲虫病，包皮过长，包茎或者衣裤过紧等均有可能诱发。孩子因局部发痒而摩擦，偶然获得欣快感，反复几次以后，发展为习惯性动作。以后当孩子寂寞、无聊，或者紧张、焦虑的时候常常会通过该行为缓解心理压力。比如，幼儿园午睡时间，如果没有睡意，又不被允许做其他活动，于是容易出现该行为。或者，晚上睡前，还没有睡意而过早上床，孩子睡不着觉就容易想到夹腿。还有部分孩子时间久了，养成习惯，每次入睡前都要通过夹腿消耗体力，然后才能入睡。

偶尔发生的交叉擦腿动作是孩子发育过程中的正常现象，家长不需要过度关注，一般通过全心全意地陪伴，转移孩子的注意力即可。另外，要注意孩子外生殖器有没有炎症等不适，给孩子穿宽松舒适的裤子。此外，还需要养成良好的睡眠习惯，困倦时才上床，醒来后就起床，尽可能减少孩子清醒时在床上的时间。习惯性擦腿孩子还要排查癫痫的可能性，需要进行脑电图检查以鉴别。

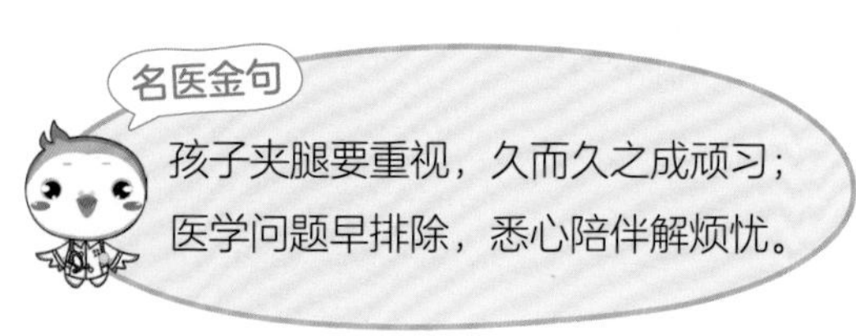

护理专家答疑（张秀春）

对于经常夹腿的孩子，给家长的建议：

1. 衣服穿着有讲究，减少局部刺激。

2. 生活安排要合理，孩子醒着的时候不要在床上或沙发上等容易发生夹腿的地方空待着。

3. 及时察觉孩子的情绪，用心陪伴孩子，缓解孩子无聊、寂寞或紧张、焦虑的情绪。

4. 夹腿比较顽固的孩子，建议来医院就诊，切忌打骂或吓唬孩子。

温馨贴士：儿童成长过程中必然会经历各种挑战，爸爸妈妈们尽量多学习，寻找专业的帮助。

案例 32

小航 3 岁了，无聊的时候老是玩自己的生殖器，这是怎么回事？

问题 32 ▸ 男孩子老是玩自己的阴茎要紧吗？

医生专家答疑（竺智伟）

孩子玩自己的阴茎的原因有几个：

1. 包茎　当包皮里面有分泌物，刺激龟头造成不舒服，孩子会抚摸揉搓生殖器以缓解不适。

2. 包皮过长　当穿过紧的裤子，冗长的包皮会粘在阴茎上，造成孩子时不时地用手拉扯阴茎。

3. 孩子为了获得欣快感，习惯性抚摸阴茎，多数发生在幼儿至学龄前的孩子身上。

4. 对自己的阴茎感到好奇。

处理办法：应根据上述原因，分别对待。包茎和包皮过长需要带孩子到小儿泌尿外科就诊，医生会根据孩子的情况进行判断，通过包皮扩张或包皮手术进行治疗。对于习惯性抚摸阴茎的孩子，家长需要增加陪伴，增加亲子活动的时间和内容，生活内容丰富了，就容易转移孩子的注意力。另外，学龄前阶段的孩子，会对性器官和性别差异产生好奇，爸爸妈妈们可以利用绘本故事等科学地给孩子讲解，同时要教孩子保护自己的隐私部位。

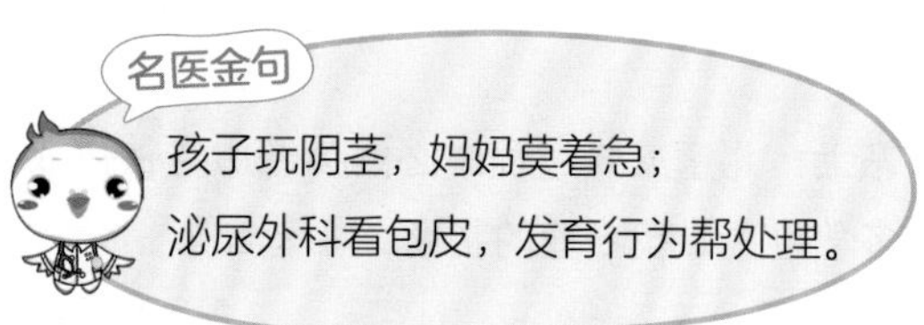

护理专家答疑（张秀春）

对于老是玩阴茎的男孩子，生活中应注意以下几方面：

1. 询问孩子玩阴茎的原因，切忌打骂孩子，要为孩子建立良好的睡眠习惯，不要让孩子过早上床或醒后卧床不起，鼓励孩子多参加各种活动，培养广泛的兴趣。

2. 给男孩子洗澡的时候要轻轻地外翻包皮口，用清水淋洗龟头分泌物，注意尽量不要用喷头直接冲洗阴茎，强劲的喷头水流会造成孩子的不适。

3. 孩子的裤子要宽松舒适，不宜穿得太紧、太小，以免过度刺激阴茎，以及包皮粘在阴茎上造成不适感。

4. 家长要经常关注孩子的情绪，当孩子觉得寂寞、无聊，或紧张、焦虑时能及时觉察，增加陪伴，以减少他玩阴茎的机会。

温馨贴士：孩子玩阴茎要找原因，包茎包皮及时处理，爸爸妈妈全心陪伴，增加活动容易转移。

案例 33

盈盈 3 个月了，妈妈总觉得盈盈睡眠少，别的孩子总是在睡觉，而盈盈睡眠少，睡眠时间短，每次也就 40 ~ 50 分钟，妈妈看网上说孩子睡眠时间短会影响生长发育。于是妈妈就带盈盈来医院看医生。

问题 33 ▸ 孩子的睡眠时间应该是多长？

医生答疑（邵洁）

每个孩子的睡眠时间个体差异较大，尤其 1 岁内的孩子。1 岁内孩子总睡眠时间长的可达 18 ~ 19 小时，少睡者仅 10 ~ 11 小时，随着年龄增长，这种个体差异逐渐缩小。一般来说，3 个月以内的孩子，总睡眠时间约 15 小时（约 14 ~ 17 小时），昼夜不分，每次小睡时间短，短者约 40 ~ 50 分钟，即一个睡眠周期，长者约 2 ~ 3 小时，由 2 ~ 4 个睡眠周期组成；3 ~ 11 个月总睡眠 12 ~ 16 小时，晚上睡眠时间占全天 2/3，每次睡眠时间与日间清醒时间增长，白天睡眠 2 ~ 3 次；至 1 岁时白天只睡 1 ~ 2 次，夜间睡眠大约 10 ~ 12 小时。孩子的一整夜由 7 ~ 9 个睡眠周期组成，每个睡眠周期结束会进入短暂清醒，孩子会哼哼唧唧，甚至哭闹。

像盈盈这样的状况，妈妈们不用太在意睡眠时间长短，只要孩子身体健康，精神状态好，说明睡眠充足，要注意的是：①逐渐培养孩子自动入睡习惯，当孩子一个睡眠周期结束，可自动进入下一个睡眠周期。②培养孩子昼夜节律。③要预料到有些因素如疾病或日常生活的改变，达到某些发育里程碑时，包括学会爬行、站立等也会暂时打乱睡眠规律，父母要做好准备，持之以恒，让孩子形成良好的睡眠习惯和昼夜节律。

护理专家答疑（曾艳）

孩子的睡眠时间存在较大个体差异性，父母们不必纠结于每天睡足几个小时，而是观察孩子的精神状况，如孩子精神状况好，不用过度担心。其次，应培养孩子自主入睡的习惯：①掌握孩子睡眠的征象，将喂奶时间安排得离睡眠时间稍远一些，喂奶后做一些睡前准备，如洗漱，轻轻哼唱。②当孩子迷糊时，就把孩子放到床上，让孩子学会在迷糊中自主进入睡眠状态，避免哄抱、喂奶帮助孩子进入睡眠。③睡眠环境应保持黑暗、凉爽，被褥不要太厚、太软（图 1-28）。④当孩子一个睡眠周期结束，可引导他 / 她进入下一个睡眠周期，避免马上喂养或哄抱帮助孩子入睡，让孩子在早期就学会当一个睡眠周期结束后能自主进入下一个睡眠周期。只要坚持，孩子很快能学会连续睡眠了。

图 1-28　夜间睡觉

小暖 2 个月了，睡觉时候黑白颠倒，白天睡得多，夜里睡得少，经常醒来。妈妈夜里和小暖一起睡觉，这样黑白颠倒的睡眠作息时间让大人觉得很累，妈妈带小暖去看医生。孩子睡眠黑白颠倒怎么办？是不是不正常？家长们应该怎么做使孩子养成有规律的睡眠作息时间的昼夜节律？

问题 34 ▶ 孩子的睡眠黑白颠倒怎么办？

医生答疑（邵洁）

孩子的睡眠是个逐渐发育的过程，3 月龄前的孩子睡眠昼夜节律中枢尚未完全建立起来，所以 3 月龄前是不分白天黑夜的，孩子可能就是睡醒了吃奶，吃完奶清醒一会儿就又睡了。一般来说，孩子通常在 12 ~ 16 周开始建立昼夜节律，分清白天和黑夜。此时应开始引导孩子建立规律的作息时间和昼夜节律。大脑中枢松果体分泌的褪黑素与昼夜节律的建立密切相关，而日光照射可调节褪黑素的产生和分泌。婴儿在生后 6 周左右，随着大脑松果体的发育，才开始分泌褪黑素，在 12 ~ 16 周时分泌量才开始逐渐增加。白天，日光抑制褪黑素分泌，孩子的困意减退，精神好，可以多和孩子玩耍交流。夜间，黑暗刺激褪黑素分泌，孩子进入睡眠状态。因此，小暖 3 月龄前不分昼夜是正常的睡眠发育过程，妈妈可以帮助小暖建立昼夜节律，分清白天和黑夜，避免昼夜颠倒。

1. 白天多让孩子接触阳光，在孩子清醒时，多和孩子玩耍、交流，安排好一日生活的作息时间。白天小睡时可以拉上窗帘，使光亮稍暗些，孩子能安静睡眠。

2. 夜间睡眠时，孩子卧室应关灯，避免开长明灯。如夜间便于护理孩子，可开一盏小夜灯，培养孩子的昼夜节律。

3. 随着孩子年龄的增长，胃容量增加，孩子 2 ~3 月龄后应逐渐从按需喂养转换为有规律的喂养，并培养规律昼夜节律和良好的睡眠习惯，减少夜间喂养次数。

护理专家答疑（曾艳）

1. 安排合理的作息时间，有规律按需喂养，白天清醒时候多安排活动；睡前安排安静活动和睡前程序，如睡前洗漱，上床后唱一个催眠曲，让孩子在迷糊中自主入睡（图 1-29）。

2. 卧房温度适宜，不宜太热，睡衣宽松、透气，床垫不宜太软（图 1-30）。房间凉爽、黑暗，也可以依据孩子的情况进行调整，如果孩子需要一盏昏暗的小夜灯，可以允许开小夜灯。

图 1-29　白天睡觉

✓ 婴儿仰卧睡觉

✓ 头部和脸部不要遮盖

✓ 婴儿避免被动吸烟

✓ 让婴儿安全睡在靠近父母大床的婴儿床上

✓ 床垫应坚固，尺寸与婴儿床相同

✓ 不要使用柔软或充气床上用品

图 1-30　睡觉小床

案例 35

安安 4 个月了，为了方便在夜间给安安喂奶，安安妈妈总是给安安穿上夹袄，夜间开着灯，安安一有动静，妈妈就可以给孩子喂奶。

问题 35 ▸ 孩子夜间睡眠环境应该怎样安排？

医生答疑（邵洁）

孩子的睡眠受到很多因素的影响，包括生长发育和健康状况、环境温度湿度、光线、外界干扰、衣物增减、睡前活动情况等。4 个月的孩子胃容量已逐渐增加，可以减少夜间喂养次数，生理上夜间只需要喂养 1 次，6 月龄后生理上已不需要夜间喂养了。安安夜间有动静，出现翻动或哼哼唧唧，可能是一个睡眠周期结束后的短暂清醒，妈妈可以诱导孩子进入下一个睡眠周期，也可能孩子是处于活动睡眠期，即大脑皮质层活动，在做梦，是大脑记忆功能发育过程，此时，不要过度干扰孩子。此外，凉爽、舒适而黑暗的环境更利于孩子的睡眠和成长。

孩子夜间的睡眠环境应遵循以下原则：

1. 安静舒适 环境安静并舒适，温度湿度适宜，一般卧室温度约 20～25℃，相对湿度 60%～70% 为宜。床垫不宜过软，宜稍硬，有利于孩子脊柱发育。枕头不宜过高，1～2cm 即可，使孩子睡眠时头部不过度伸展或过度屈曲，体位舒适即可。

2. 黑暗凉爽 睡眠卧室灯光柔和，夜间睡眠时关灯，必要时开小夜灯，如果早晨由于日光而导致早醒，可加挂遮光窗帘。由于人体产生困意的过程是眼球感受光源减弱，经过视网膜、感光细胞、视神经，到达视交叉上核，松果体产生褪黑素促使孩子产生困意，如果灯光太亮，会减少褪黑素分泌，使孩子困意减少，不利于睡眠。避免睡眠时衣服、棉被过厚、过热，影响孩子睡眠。

3. 避免干扰物 卧室内减少干扰物，如电视机，避免将床作为玩耍的场所，或在卧室内惩罚孩子。

4. 睡前程序和舒适的穿着 建立固定的睡前程序，如先喂奶，喂奶后洗漱，洗漱后换尿不湿，穿上宽松舒适、柔软的全棉睡衣，带孩子上床，轻轻哼唱摇篮曲，或当孩子在迷糊中就将其放到床上，引导孩子自主进入睡眠状态。

相比于与父母“同床”，选择“同房不同床”和“单独房间睡眠”的方式更利于孩子的睡眠，同时也可避免一些风险因素，如父母翻身压住孩子、婴儿窒息或影响孩子睡眠，由于文化差异，我国的妈妈们更愿意和孩子同房或同床睡眠，建议可以采取孩子与父母同房但单独小床睡眠的方式（图 1-31），夜间关灯（或小夜灯），孩子小床的栅栏间距≤ 6cm，避免在婴儿床上放置抱枕、大枕头、毛毯、塑料袋等（图 1-32），防止这些物品导致孩子窒息。

图 1-31　全家睡觉

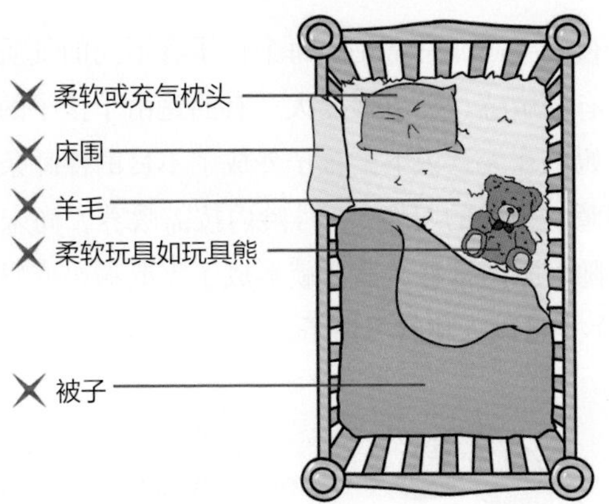

图 1-32　小床错误物品

护理专家答疑（沈美萍）

根据季节气候变化情况避免过多地增加衣服，保持舒适的温度和湿度。孩子床上勿放置容易引起窒息的玩具和衣物。

案例 36

茜茜现在 9 个月了，妈妈说茜茜夜间经常哭闹，容易惊醒，需要再次吃奶或者哄抱才能继续入睡，茜茜睡前也需要妈妈喂着奶抱在手里才能睡着，白天精神很好，吃奶和辅食都正常。这是怎么回事，应该怎么办呢?

问题 36 ▸ 孩子夜间经常哭闹，需要吃夜奶或哄抱入睡时怎么办?

医生答疑（邵洁）

孩子夜间哭闹非常常见。每个孩子有不同的气质，有的规律性好，有的敏感、反应强度大。有的是由于孩子的气质，有的是爸爸妈妈在无意识下给孩子养成了不良的伴睡条件，比如茜茜有奶睡、抱睡的习惯，3 月龄内按需喂养，尚未形成伴睡条件，但随着时间推移，茜茜就形成了需要喝奶或妈妈的哄抱（图 1-33）才可以入睡的习惯了。

图 1-33　错误哄睡

通常孩子一整夜睡眠由 7 ~ 9 个睡眠周期组成，每个睡眠周期约 40 ~ 50 分钟，每个睡眠周期结束后短暂清醒，能自主入睡的孩子常能自动进入下一个睡眠周期。但如果已经养成了上床后需要吃奶或哄抱后才能进入睡眠状态的孩子，当一个睡眠周期结束，就不能再次入睡，会哭闹要求妈妈帮助，如吃奶或哄抱，才能进入下一个睡眠周期。如碰到这种情况，就需要到儿童保健科就诊，在排除其他因素，如肠绞痛、过敏、神经系统发育异常等疾病导致的反复夜间哭闹后，且孩子生长发育良好的情况下，考虑是由于外源性养育因素导致的睡眠问题，则需要在医生的指导下，进行行为干预，培养孩子建立良好的睡眠习惯，学习自主入睡（图 1-34），形成整夜连续睡眠。通常，睡眠行为的矫正需要全家一致的原则和坚持，一个良好的行为习惯需要至少 2 周时间的坚持才能让孩子学会。

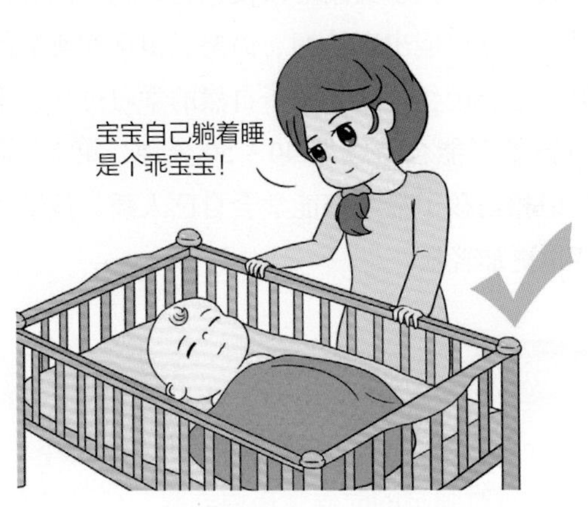

图 1-34　正确睡觉

护理专家答疑（曾艳）

如何让孩子不再需要妈妈喂奶或哄抱的帮助，学会自主入睡呢？家长可以采取以下方法：

1. **建立睡眠时间表**　建立合适的、较固定的就寝时间表。设置较早的就寝时间（21 点以前），可以安排日间睡眠 2 次，每次睡眠时间 1～2 小时。

2. 睡眠程序　建立一个持续遵守的、规律的睡眠程序。如睡前安静活动，上床前半小时喂奶，吃完奶，洗漱，洗漱后换上睡觉的衣服，上床，关灯并轻轻哼唱催眠小曲。

3. 自主入睡　在进行以上睡眠程序后，当孩子进入迷糊入睡状态，让她学会自动入睡。自动入睡是让孩子学会整夜连续睡眠的关键，当她自己进入睡眠状态，睡眠周期结束夜间醒来时，又可自动进入下一个睡眠周期。

4. 直接或逐步消退法　当孩子不能自主入睡，不停地哭吵，不要马上回应，等待直至她自主入睡，也可以去检查一下孩子是否安全，轻拍孩子并轻轻哼唱，但检查时间必须短暂（不超过 1 分钟），检查的目的是让孩子心里有安全感，同时也让家长自己放心。听孩子哭闹可以使爸爸妈妈情感和体力均感到筋疲力尽，并且可能出现怜悯、愤怒、担忧和怨恨的混合情感反应；但一定要记住，这是孩子自然的学习过程，不是故意的。开始时孩子可能会持续哭 40～50 分钟，第 2、第 3 天可能会更长，但相信孩子最终都能学会自己入睡，孩子和全家的生活也会变得更加轻松。

案例 37

倩倩 8 个月了，妈妈总觉得倩倩从小睡觉不踏实，倩倩 3 个月时睡觉的时候就挤眉弄眼，有时候还会微笑，现在 8 个月了，白天会翻身了，夜里翻动较多，可能 1 小时左右自己就翻身过去了，倩倩睡觉很不踏实是怎么回事，会不会是缺乏什么营养素呢？家长应该怎么做呢？

问题 37 ▸ 孩子夜间翻动多、睡眠不踏实怎么办?

医生答疑（邵洁）

孩子一夜的睡眠由 7 ~ 9 个睡眠周期组成，每个周期的睡眠经历了非快速动眼睡眠（浅睡、深睡）和快速动眼睡眠即活动睡眠，其中深睡眠与生长激素分泌有关，而活动睡眠期孩子扭动、翻动较多，有大脑皮质层活动，形成长时程记忆，因此与孩子的认知功能发育相关。孩子的活动睡眠大约占一整夜睡眠的 55%。一般前半夜入睡后的 1 ~ 2 小时孩子处于深睡状态，后半夜孩子的活动睡眠较多，此时，可能会出现各种奇怪的动作和表情，有时面带微笑，甚至会有做鬼脸、噘嘴、伸懒腰、摇头等，有时候甚至会发声，有的会屁股撅起来，从床头转到床尾。这些都是正常的睡眠状况，可能孩子正在做梦，形成长时程记忆。所以妈妈不用过多担心，不要去打搅孩子的睡眠。

护理专家答疑（曾艳）

1. 做好一日生活安排，包括日间小睡和活动，避免白天过度疲劳；注意睡眠卫生和良好的睡眠环境。

2. 培养孩子良好的自主入睡习惯，夜间学会自主从一个睡眠转换进入下一个睡眠周期，父母不用过多干扰睡眠周期转换时出现的情况。

3. 睡眠时衣着舒适（图 1-35），避免穿着过多、被子捂得太热。

4. 要注意识别孩子是否处于感冒、发热、腹泻等疾病状态。

图 1-35　舒适穿衣

案例 38

杭杭 3 岁了，近半年晚上睡觉时常磨牙，妈妈条件反射地认为杭杭肚里有虫子，于是赶紧带他来医院驱虫。

问题 38 ▸ 孩子夜间经常磨牙怎么处理?

医生答疑（邵洁）

磨牙是指睡眠中频繁出现的咬肌节律性收缩发作，产生磨牙、咬牙动作，并可发出声音，与遗传因素、性格、牙齿咬合及白天情绪、活动量、睡眠规律性和行为有关，个别可见于轻症快动眼睡眠行为障碍症。因此，夜间磨牙并不是寄生虫病的特异症状。一般在排除遗传因素、牙齿咬合不良及睡眠规律及行为问题后，随着年龄的增长，磨牙会自动消失。

磨牙治疗的关键是对症治疗。此外，治疗不可能一招见效，还需要一些措施减少磨牙造成的危害。

1. 建立规律的昼夜作息时间，保证充足的睡眠，日间和睡前避免过度兴奋，睡前避免饮用兴奋性饮料。

2. 合理膳食，营养均衡，食物多样化，晚餐清淡，睡前避免饥饿或过饱。

3. 必要时口腔科就诊，检查有无牙咬合不良（图 1-36），必要时予以治疗，使用牙垫。

4. 如伴有其他症状如夜间肢体抽动、睡眠不安，应去医院检查，排除其他神经系统疾病。

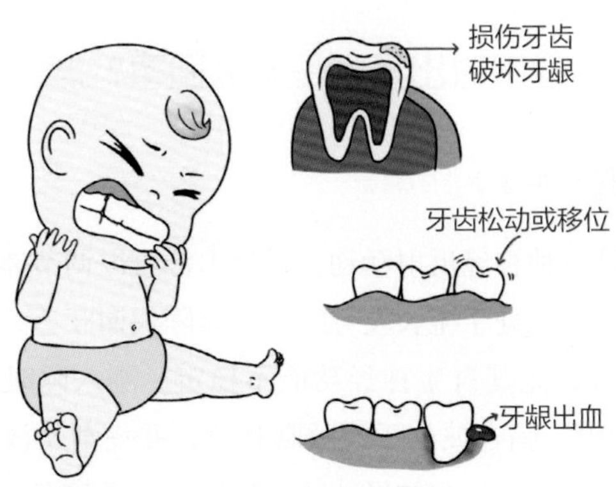

图 1-36　口腔观察

护理专家答疑（曾艳）

营造舒适的睡前环境，让孩子以良好的精神状态进入睡眠。作息时间要规律，保证睡眠很重要；饮食合理易消化，睡前不宜吃太饱。

案例 39

娜娜，37 周剖宫产出生，目前 10 个月了，晚上睡觉的时候经常出汗，特别是刚入睡的 2 小时出汗较多，尤其是头颈部，严重的时候枕头和床单都会汗湿，孩子睡醒了就不出汗了。目前是纯母乳喂养，每天奶量 700ml 左右，每天 1 粒维生素 D 补充，辅食添加 1 ~ 2 次 /d，已添加米面、蔬菜，肉类。大小便无特殊。体格检查可见轻度的肋缘外翻，身高 72cm，体重 8.2kg。妈妈觉得娜娜出汗多，会不会有什么问题？前来医院就诊。

问题 39 睡眠时出汗多是怎么回事？怎么处理？

医生答疑（邵洁）

出汗是一种神经反射活动，通过出汗可以调节体温并影响水盐代谢。小儿处于生长发育时期，新陈代谢旺盛，神经系统未发育完善，尤其自主神经功能不稳定。刚入睡时或入睡后1～2小时内，脑电波处于浅睡眠状态，并逐渐从浅睡进入深睡眠状态，此时，自主神经功能不稳定，出汗较多。因此，生长发育良好、精神活动好的小儿，在活动后、夜间入睡后1～2小时内出汗，并随年龄的增长而逐渐消失，为生理性多汗，俗称为生理性盗汗。如孩子入睡前活动过多，吃得过饱，可使机体产热增加，胃肠蠕动增强，胃液分泌增多，汗腺分泌也随之增加，也可造成孩子睡后出汗较多。要注意的是，有一些疾病会导致孩子多汗，如一些感染性疾病、营养性佝偻病初期等。如孩子除了多汗外，同时伴有低热、食欲下降、消瘦或烦躁、哭闹等，应及时就医，请医生诊治排除疾病导致的多汗。

娜娜现身高体重处于同龄小朋友的平均水平，生长发育好，母乳喂养，奶量充足，达700ml/d，可保证足够的钙摄入，辅食合理多样，规律补充维生素D，同时无其他临床表现如低热、咳嗽、食欲下降、烦躁哭闹等症状，无肺结核家族史，考虑为生理性多汗可能。可以通过睡眠环境和个人卫生护理进行改善。

建议家长们除了给孩子合理喂养，均衡膳食外，增加户外活动，并注意定期带孩子进行健康体检，监测体格生长发育，每天补充维生素D 400IU，预防营养性佝偻病。如有生长发育异常或疾病征象，如骨骼发育畸形、发热、体重增长不良或不增、精神萎靡等，应及时就医，必要时遵医嘱进行相关检查。

护理专家答疑（曾艳）

可以通过以下护理方法避免过多出汗（图1-37）：

1. 入睡前适当限制过多的兴奋性活动，尤其是剧烈活动。

2. 睡前不宜吃得太饱，更不宜在睡前给予高热量食物。

3. 卧室温度不宜过高，以 20～25℃为宜，相对湿度约 60%～70%。

4. 孩子睡眠时应着宽松棉质睡衣裤，被子不宜过厚过重。

5. 床上用品应干爽、清洁，孩子睡眠时可在背部和枕部垫棉质的汗巾，在进入深睡状态后可擦干汗液，保持皮肤清洁干爽，以保证舒适的睡眠。

6. 孩子参加体育或户外活动时，事先在内衣内垫上汗巾，活动后擦干汗水，保持皮肤和内衣干爽清洁。

图 1-37　出汗

案例 40

菲菲 1 个月，来门诊就诊时，裹得“里三层外三层”。家长表示说：“虽然春天了，但早晚温差大，对于这种捉摸不透的天气，父母和家中老人因为对孩子的穿衣意见不同而出现争执，于是宁可春捂秋冻。”确实，经常有新手爸妈咨询医生应该怎么给孩子穿衣服、穿多少合适。另外，需要给孩子戴手套避免他抓伤吗？

问题 40 ▶ 如何判断给孩子穿多少衣服是合适的?

医生答疑（邵洁）

不同年龄的人新陈代谢率不同，孩子生长发育快速，新陈代谢旺盛，穿衣过多会使孩子消耗热能，出汗以维持正常体温，如过度捂热甚至导致孩子捂热综合征，出现惊厥。因此，应根据孩子的年龄和环境温度调整穿衣多少。世界卫生组织西太平洋区域性的新生儿早期护理要素及第 4 版《美国儿科学会健康管理指南》均指出温度超过 24℃时给孩子穿一件单衣即可，如果温度低于 24℃，孩子可以适当多穿 1 ~ 2 件，以便及时穿脱。正确的判断方法是摸孩子的后背，如温暖干爽，说明衣服合适，如背部出汗或手心潮湿，提示可能穿多了。每个孩子的活动水平不同，安静少动的孩子，可参考成人当季衣着，活泼好动的孩子则应比成人适当减少。1 月龄的孩子穿衣应宽松、柔软、舒适，让孩子身体可以自由地活动，避免紧紧包裹或“里三层外三层”，可以在纯棉柔软单衣外穿 1 件厚薄适宜的连身外套即可。

手是孩子探索世界的重要途径。新生儿出生后手足舞动，挥动手臂，甚至抓挠自己的小脸，3 月龄孩子可以挥打或够取玩具，5 月龄孩子可以抓取玩具，甚至两手可以传递玩具。在这个过程中，孩子不断在学习、感知，可以触摸不同物体的质地，感受毛茸茸、软或硬的不同物体，从而使皮肤触觉、感知觉发展起来，同时手眼协调能力也发展起来。如果戴上了手套，则不利于孩子小手的感知觉、手眼协调能力的发展，不利于孩子获得手的技能。因此，不建议戴手套。

护理专家答疑（曾艳）

孩子穿衣学问多，舒适干爽很重要：

1. 衣服建议纯棉柔软、透气，避免化纤不透气或质硬粗糙，避免厚重粗毛线擦伤娇嫩的皮肤或导致过敏。

2. 穿衣厚薄适中，干爽清洁。衣物过厚，不利于散热。

3. 衣服宽松舒适，便于穿脱和更换尿布等护理，避免束缚。

4. 保持适宜的环境，空气流通、温度适宜，并让孩子有充分的身体活动，而不是一味通过增加衣服保暖，反而限制孩子的身体活动，不利于孩子生长发育。适宜的室内温度在22～24℃之间。

5. 为避免孩子抓伤，建议勤剪指甲（图 1-38），指甲修剪的高度要和甲沟高度相平，不应剪得太短，易引发甲沟炎。剪指甲的合理方式见图 1-38。

6. 如果孩子出现脸部抓伤，保持脸部清洁即可，不需要额外涂抹药膏，新生儿的新陈代谢比较快，伤口会很快自愈。

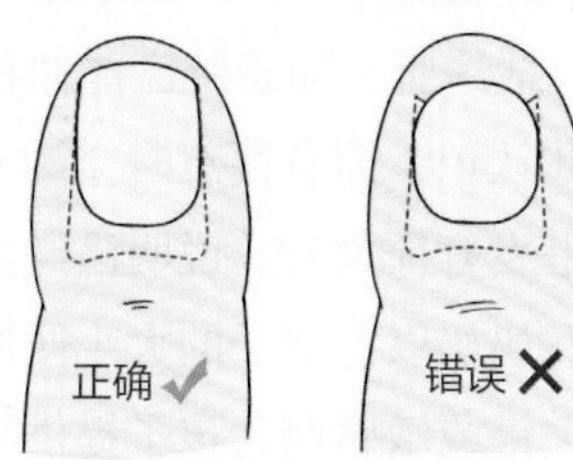

图 1-38　指甲修剪

案例 41

萌萌 32 个月了，还不会表达自己的排便需求，经常都是大人给把便把尿。邻居家的丹丹才 24 个月，白天已经能够不用尿不湿，每次都能告诉大人，她需要大小便了。为此，萌萌的妈妈和奶奶很着急，家里的其他人也都很苦恼，到底什么时候可以开始给孩子进行如厕训练？应该怎样进行训练呢？

问题 41 ▶ 什么时候应该训练孩子如厕？如何进行如厕训练？

医生答疑（邵洁）

幼儿排便控制能力与年龄和神经认知发育密切相关。一般 18～24 月龄的幼儿，大脑发育已经为排便控制技能做好准备了。此时，脊髓与大脑皮质区域的回路逐步建立，而其他认知技能的发育也为如厕训练做好了准备，如：①已能理解简单指令，并按照简单指令行事，比如拉下裤子或尿不湿。②喜欢模仿成人的行为（如模仿大人扫地），理解因果关系（理解为什么要学习坐便盆排便）。③情感技能上，已经希望获取父母的表扬，表现出要求独立和自主的自我照料能力（要求自己吃饭、穿衣）。④身体技能上，可以自由地走动，能独坐，并能部分控制尿道 / 肛门括约肌，即膀胱已能储积一定量的小便。⑤有一定的身体自我认识，即有便意时会站着不动，或面部有表情。当孩子有以上发育征象时，说明已经为如厕训练做好准备了。萌萌的妈妈和奶奶以为孩子的大小便控制能力自然会获得，没有在发育的关键或敏感期为孩子提供学习这一技能的机会，这样会影响孩子脊髓与大脑皮质信号通路的建立，也影响身体功能如括约肌功能的成熟，为遗尿症或遗粪症的发生埋下隐患。建议爸爸妈妈咨询儿保科医生，进行相应的功能训练和行为干预。

如厕训练是一个学习身体技能的过程，关键原则是应在孩子已发育到做好准备的时候开始训练；在训练过程中鼓励孩子自己承担起控制的责任；如厕训练这一过程可伴随成功、失败和许多的反复，应允许孩子失败，并不断适应和开始；父母和养育人应有足够的信心和耐心，帮助孩子掌握这一技能，鼓励并增强他 / 她的自信和自我评价。训练步骤如下：①为孩子提供专用的婴幼儿坐便器，置其于一个显著而方便的地方，并用

孩子的语言告诉他 / 她这是他 / 她解大小便的地方。②允许孩子每天不脱裤子坐坐便器 2 次，每次 5 分钟，持续 1 周，以便他 / 她习惯坐便器，但绝不要强迫。③鼓励孩子观察父母或其他儿童的如厕过程，告诉他 / 她这是大小便应该去的地方。④先训练大便，可选择孩子解大便的适当时间，让他 / 她脱去尿裤坐于坐便器，不要催促他 / 她或期望他 / 她马上排便，但如果孩子做到了，应表扬他 / 她。⑤最初孩子可能因不习惯而忘记，照护人应及时提醒，并耐心等待。当他 / 她可以成功地做到提前表达如厕意愿、并在固定地点完成如厕，照护人应及时地给予肯定和表扬。⑥在日间，可通过询问孩子是否有便意，如“你想去便便吗？”以使孩子对自身的感觉保持时刻的关注；一旦观察到他 / 她想大小便的任何征兆，鼓励并帮助孩子脱裤，协助他 / 她坐坐便器，耐心等待，多给予鼓励和表扬，不要批评失败（诸如“哦，你不想去的话，没关系，我们下次再去”）。⑦强化如厕训练的积极表现：如“像妈妈一样”“你自己做做看”，如果孩子尝试了、成功了，就给予肯定和表扬。⑧日间排便控制成功实现后，夜晚的排便控制尚需要几个月时间的努力。养育人可以鼓励孩子入睡前或起床后第一时间使用坐便器。孩子夜间醒来有尿意，可鼓励他 / 她自己去；当夜间遗尿了，允许孩子失败，告诉他 / 她没关系，让他 / 她参与更换或清洁床单；成功了，次日要给予肯定和夸赞。

如厕（图 1-39）训练应是积极、自然和自愿的过程，应给孩子充分的时间、机会去练习、尝试。父母和养育人应避免急于求成。如果训练 1 年后或 5 岁后仍有遗尿问题，及时求助儿科专科医生。

图 1-39　如厕

护理专家答疑（曾艳）

应避免把便把尿；进行如厕训练时，注意将裤子拉在膝盖位置，尤其在冬天避免着凉；便后帮助幼儿从前到后，轻柔地擦净屁股，并注意适时教导幼儿擦屁股的技巧；帮助并教会孩子便后冲厕所，并用七步洗手法洗净双手。

案例 42

8 个月女孩，39⁺ 周足月顺产，出生体重 3.2kg，出生后母乳喂养至今，5 月龄开始添加辅食，进食很少，父母自觉孩子体重增长缓慢，所以前来儿保科就诊。此次测体重 6.9kg，身高 71cm。

问题 42 ▸ 如何监测和评价孩子的生长状况？

医生答疑（邵洁）

孩子的体格生长是连续又有阶段性的过程。体重和身长反映孩子近期和长期的营养状况，头围反映孩子大脑发育和颅骨生长。定期监测和评价孩子的体重、身长、头围可以动态了解孩子的营养和生长发育状况，早期发现生长发育偏离和疾病。该案例中的孩子出生体重为足月女孩的平均水平，8 个月体重 6.9kg，为同龄女孩的中下水平，生长速度偏慢，因此，需要了解孩子体重增长轨迹、喂养和疾病情况，从而判断孩子体重增长缓慢的原因，帮助改善，实现孩子的最佳潜能发展。

正常足月新生儿出生后第 1 个月体重增加可达 1 ~ 1.7kg，出生后前 3 个月体重身长增长最快，3 月龄时体重达出生时的 2 倍（约 6kg），身长增长 11 ~ 13cm，此后体重身长增长较前缓慢，至 1 周岁时体重约为出生时的 3 倍（9.5 ~ 10.5kg），身长约 75cm。出生后的第 1 年是第一个生长高峰。生后第 2 年体重增加 2.5～3.5kg，身长增加约 10～12cm。2 岁至青春前期体格生长较前缓慢而稳定，体重约为 2kg/ 年，身高 6～7cm。出生时头围平均达 33～34cm。前 3 个月头围的增长可达 6cm，至 1 岁时头围约 46cm，2 岁时头围约 48cm，5 岁时可达 50cm，15 岁时可基本接近成人水平约 54～58cm。

家长们可通过绘制生长曲线来监测孩子的体格生长情况。生长曲线图分男孩和女孩，横轴表示月龄，纵轴表示体重和身长。从横轴上找到孩子的月龄，再在纵轴上找到孩子在这个月龄所对应的体重或身长，画上点。把每次体检所获得的体重、身长所画的点连起来，就形成了孩子的生长曲线（图 1-40）。可以从 3 个方面评价孩子的体格生长情况：生长水平、生长速度和匀称度。若体格测量指标在上下两条参考曲线间，且生长曲线与参考曲线走向基本平行，说明生长水平在正常范围；若生长曲线与参考曲线不呈平行走向，呈水平趋势或下滑趋势，则提示体重不增或体重下降。

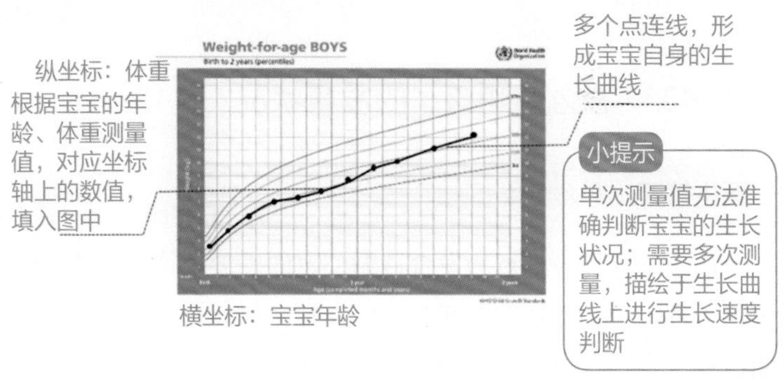

图 1-40　生长曲线

要注意的是，每个孩子都是独一无二的，孩子在生后的前 1～2 年形成自己的生长轨迹，体格生长缓慢既可能是个体差异，也可能是疾病的指征。因此定期监测孩子的体格生长轨迹非常重要。

护理专家答疑（曾艳）

准确的身高、体重建议去医院测量，家中相对简便易行的是测量体重。可以选择成人体重秤给孩子称体重。孩子沐浴后妈妈可以抱着孩子一起站在体重秤上，读出总体重数值；然后再单独称出妈妈的体重；二者相减即为孩子的体重；此种方法的缺点是误差较大，只适用于粗略观察孩子较长时间的体重变化。正确监测婴幼儿体格生长建议 0～6 个月孩子每月 1 次，6～12 月孩子每 2 个月测量 1 次身高、体重。1 周岁后每 3 个月测量 1 次。

案例 43

8 个月男孩，因不会翻身且坐不稳前来儿保科就诊。足月顺产，出生时有窒息史。3 个月左右竖头稳，现仍不会翻身，不能独坐。

问题 43 ▸ 怎么监测孩子的发育状况？

医生答疑（邵洁）

孩子的神经心理行为发育遵循一定的发展规律。虽然每一个孩子都以自己独特的方式和速度发育，但如果在一定年龄不能达到一些发育里程碑或一些新生儿期的原始反射持续存在，提示孩子可能存在需要特别处理的医学和发育问题。父母可以了解不同年龄的发育里程碑，对照自己孩子的发育情况，如果孩子发育明显落后，或有一些警告性迹象，应引起重视，及时去儿保科就诊，及早鉴别诊断，及早干预，使孩子达到最佳的潜能发展。

运动发育里程碑（图 1-41、图 1-42）：3 月龄竖头较稳，

4 月龄能自由转头观察周围；5 月龄会从仰卧翻成俯卧；6 月龄能三脚架样撑着独坐；7 月龄能翻滚；8 月龄时独坐很稳；8～9 月龄匍匐爬行，9～10 月龄手膝位爬行，能拉物站立后扶物行走，11 月龄可独自站立片刻，12～15 月龄独走；至 24 月龄双足并跳；30 月龄单足立，交叉上下楼梯。

精细动作发育里程碑：1～3 月龄能握持放在手中的摇铃；3～4 月龄时两手自由张开，挥动手臂；5～6 月龄自主抓握物体，两手左右传递物体；6～7 月龄，捏、敲等探索性行为增加；8～9 月龄可以用拇指和示指、中指钳取小物品；9～10 月龄用拇、示指捏取细小的物品；12～15 月龄学用勺，乱涂画；18 月龄搭 2～3 块积木；2 岁搭 6～7 块积木，会翻书。

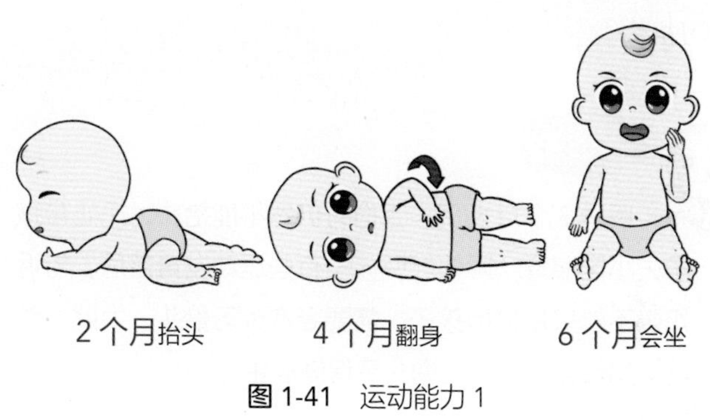

图 1-41　运动能力 1

图 1-42　运动能力 2

患儿 8 月龄，但仍不会翻身和独坐，发育明显落后于该年龄应达到的标准。建议及时就诊，了解出生史、发育史、疾病史，根据详细的体格检查、神经系统检查结合发育评估，判断导致发育慢的原因，及早干预或治疗。

护理专家答疑（曾艳）

建议根据孩子的能力和发育规律，在日常生活中为孩子提供获得身体技能的学习机会。如多在地板上玩耍，用玩具逗引孩子翻身和爬行。开始学坐时，父母坐在地板上，让孩子在父母两腿中间，学习自己稳定一会儿，获得躯干控制能力。要多给孩子自由活动的空间，避免经常抱在手上，限制了孩子的身体活动，也剥夺了孩子锻炼获得翻身、坐稳、爬行等身体技能的学习机会。

案例 44

辰辰 3 个月大了，竖抱时仍然不能抬头。奶奶带孩子去小区遛弯，同伴都说孩子有些运动发育落后，告诉奶奶不能只是横抱孩子，需要竖抱练习抬头。为此，爸爸妈妈带着孩子来咨询儿童保健医生。

问题 44 ▸ 怎样让孩子有最好的体格生长和智力发育？

医生答疑（邵洁）

3 岁以下的婴幼儿是一生中体格生长和大脑发育最为迅速的时期。孩子的体格生长和神经认知发育受遗传和环境（包括营养、养育）的交互影响。遗传决定了孩子生长发育的潜力，而环境调控潜力的发挥。世界卫生组织提出，保障健康，提供充足均衡的营养和合理的喂养，保障身体和心理安全，提供与孩子身心发展需求相适应的回应性照护，为孩子提供学习身体技能、手的技能、语言认知技能、社会交往和情绪调控技能的机会，是有利于孩子最佳潜能发展，即最好体格生长和大脑发育的五大要素。

爸爸妈妈可以通过定期带孩子到儿童保健门诊，进行定期的体格检查、体格生长和神经认知行为发育的监测及眼、听力和口腔保健，获得有关疾病预防、营养喂养、促进儿童早期发展的知识和技能，多与孩子交流玩耍，就可以及早发现生长发育偏离或疾病，及早干预，并让孩子有最佳的体格生长和神经认知发育。

本案例中奶奶未能了解孩子的神经运动发育规律，没有根据孩子的年龄发育规律提供学习机会。3 月龄大的孩子最大的成就是能够控制头部，即竖头稳。在 2 月龄时就可以根据孩子的能力尝试竖着抱（图 1-43），在玩耍中让孩子俯趴、拉坐，在这些日常活动中让孩子学习获得颈部力量，头部控制稳，为后续身体能力发育打下基础。

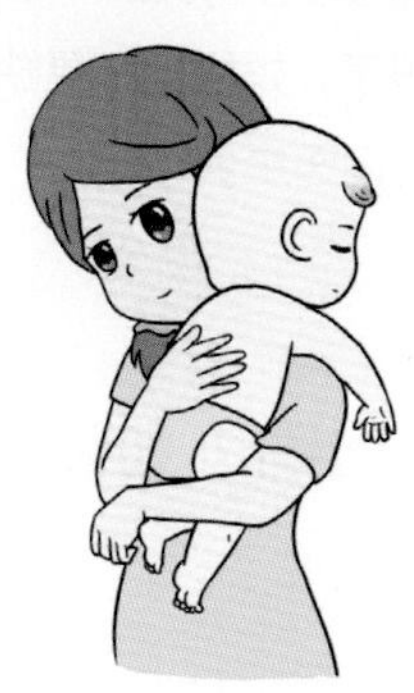

图 1-43　竖抱

护理专家答疑（曾艳）

建议多为孩子提供学习机会。在孩子生后头 2 个月，可以让孩子多俯趴，孩子会在鼓励下尝试抬头，从起初的数秒到能稳定抬头数分钟，从能抬起头离开床面或地板 1～2cm，到抬头 90°。按照世界卫生组织身体活动指南，1 岁内孩子在地板上俯趴不少于 1 小时。通过日常的活动，孩子的能力会越来越强。1～2 月龄孩子也可以通过竖抱训练头部控制能力。在竖抱时，注意适当保护孩子的肩颈部，避免孩子突然迅速的头部移动；此外，注意保持孩子的头部始终处于身体的中线部位，使身体两边的肌肉同时得到锻炼；最后需要注意的是，让孩子获得能力需要遵循发育规律，在孩子头部不能控制稳定时，应提供机会让孩子学习头部控制，当竖头很稳了，就可以竖抱孩子举高高，有利于孩子前庭感知觉的发育。只有通过循序渐进的练习才能使孩子的运动能力得到有效的发展。

案例 45

果果，足月出生，出生体重 3.2kg，出生后母乳喂养至今，6 月龄开始添加辅食，至今仍是糊状食物，平时身体健康，活动量大，现在 10 个月大了，却还没出牙，这可急坏妈妈了，妈妈担心是缺钙，又害怕盲目补钙不安全，前来咨询医生。

问题 45 ▸ 孩子何时出牙？如果不出牙怎么办？

医生答疑（邵洁）

乳牙萌出早晚个体差异较大，早者 4 月龄出牙，迟至 10～12 月龄，13 月龄后未萌出者为乳牙萌出延迟。萌出时间与遗传、疾病、食物质地等有关。牙齿的健康萌出与蛋白质、钙、磷、氟、维生素 A、维生素 C、维生素 D 等均衡营养和甲状腺激素有关。咀嚼训练有利于乳牙萌出和牙釉质发育。乳牙萌出延迟可见于外胚层生长不良、钙或氟缺乏、甲状腺功能减退等疾病，也与父母出牙迟、食物质地一直泥糊状，未学习咀嚼有关。

本案中的果果乳牙萌出迟可能与辅食仍以糊状食物为主有关。10月龄孩子建议从糊状食物转为泥末状食物，再逐渐转换为碎、软食物，同时在进餐时，要示范孩子学习咀嚼（图1-44）、运送并吞咽食物，通过进食固体食物，有利于乳牙萌出和牙釉质发育。

图 1-44　咀嚼能力锻炼

果果出生史无异常，目前身体健康，无神经心理发育异常，可初步排除营养不良、外胚层生长不良、甲状腺功能减退等疾病因素。当然，医生也会通过询问果果的喂养史、平时的症状，详细的体格检查和进一步的血液生化辅助检查，判断果果是否有维生素 D 或钙的缺乏导致乳牙迟萌的可能。如 12 月龄仍未萌出乳牙，建议至口腔科进一步检查。

护理专家答疑（曾艳）

妈妈们可以先按照医生建议改变辅食性状，多鼓励孩子学习咀嚼进食技能。如果孩子到了 12 个月，仍然没长一颗牙，再至口腔专科医院就诊。

案例 46

冰冰现在 20 个月了，体重 11.7kg，身高 82cm，平时胃口挺好的，三顿主餐吃饱，还有 500ml 的奶类摄取，每天服用维生素 D 400IU，也常常去户外进行活动。先前 18 月龄时在社区医院体检，医师发现冰冰的前囟门还没闭合，嘱咐冰冰的妈妈再继续观察，现在过去 2 个月了，妈妈一摸，前囟门还没闭合。心中有点焦虑，前来咨询医生。

问题 46 ▸ 孩子 1 岁半前囟门还没闭合怎么办？

医生答疑（邵洁）

孩子出生后，囟门（图 1-45）随头颅的发育而有所增大，通常在 6 个月后逐渐骨化而变小，一般至 12 ~ 18 月龄闭合，个别可迟至 2 岁左右闭合。某些前囟迟闭是疾病导致，如营养性佝偻病、先天性甲状腺功能减退或脑积水等，都会导致囟门迟闭。但这些疾病除了囟门迟闭外，常有其他临床表现，包括有营养性佝偻病的临床症状和体征，如胸部或下肢的骨骼改变，“鸡胸”、O 形或 X 形腿等；有甲状腺功能减退或脑积水临床表现，如神经认知发育落后，头围明显增大等。

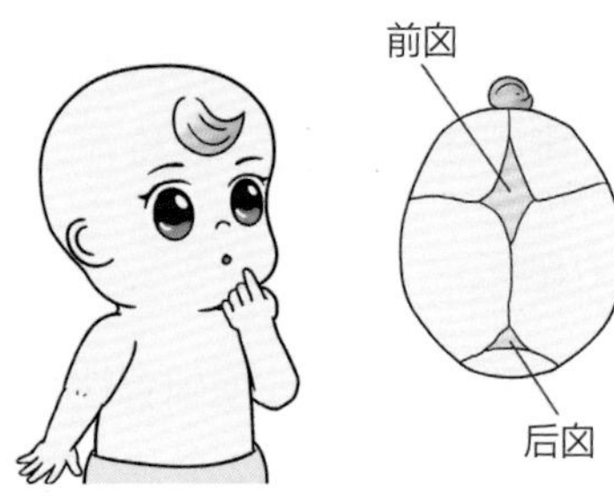

图 1-45　囟门

因此，如孩子除前囟门迟闭，同时有其他临床表现，如喂养困难、生长发育迟缓，包括体重身长明显落后，神经认知发育明显落后；或骨骼发育畸形，或头围明显大于其他同龄孩子，精神差等，则应及时到医院就诊。当然，定期进行儿童健康体检和儿童保健，包括头围测量，可以及早发现问题，及时鉴别一些疾病。

案例中的冰冰，平素摄入奶类足，每天服用维生素 D，并且户外运动多，通过医生查体，可基本排除营养性佝偻病。体格生长指标如身高、体重、头围均在正常水平，神经认知发育水平正常，未提示一些疾病因素导致的前囟门迟闭。因此，可以定期随访，随着年龄增长，囟门自然闭合。

护理专家答疑（曾艳）

孩子囟门闭合时间有非常大的个体差异，妈妈们不要太紧张，可以通过一些要点初步判断孩子的情况是否为正常情况。爸爸妈妈们除了关心前囟大小外，还要注意监测孩子的前囟变化情况，生后前囟很大的孩子往往囟门闭合也会比较晚。另外要关注孩子的身高、体重和头围是否在正常水平，发育水平是否落后，饮食结构中通过充足的奶量，多户外活动、阳光照射或补充维生素 D，以保证摄入足够的钙和维生素 D，若判断不了，可以请儿童保健医生协助判断。

案例 47

糖糖 4 个月了，妈妈总觉得糖糖头发比其他孩子要少，出生头发也不多，4 个月了头发还是长得不多，整体还有点偏黄，后脑勺还有一圈秃发，妈妈比较着急，怕孩子缺了什么营养，影响生长情况，也怕以后头发长不好，长不全，所以就带孩子来看医生。

问题 47 ▶ 孩子头发稀疏发黄是怎么回事?

医生答疑（邵洁）

孩子头发生长受较多因素影响，包括：①遗传因素，头发的多少、色泽、曲直均与父母遗传有一定关系。孩子的头发也会随着生长发育而逐渐变化，由稀到密，由黄到黑。大部分出生时头发稀少的孩子至 1 ~ 2 岁，有的至 3 岁时，头发越来越多，已和其他孩子没差异了。只要孩子生长发育良好，家长可耐心等待。②头发多少也与头皮清洁和疾病有关。头皮不清洁可影响毛发生长，头发有自然的生长、脱落周期，少许掉发是自然的新陈代谢过程，如未定期清洁头皮、头发，油脂及汗液的蓄积会刺激毛囊，甚至引起继发感染，影响新发生长。因此，爸爸妈妈平时应注意保持孩子的头皮、毛发清洁、干爽。③疾病导致头发生长缓慢。如佝偻病、某些营养素的缺乏或超量、遗传代谢疾病、外胚层发育不良等患儿都会表现为头发稀疏、发黄等问题。但这些孩子除了头发稀少外，会有其他临床表现，如生长发育不良、消瘦、面色苍黄或白，乳牙不萌、不出汗、有暑热症等。如果有其他临床表现，或孩子 1 岁后毛发仍无明显改善，应到医院检查，进行进一步检查。

本案中 4 月龄的糖糖头发偏少又有点偏黄是该月龄孩子常见的现象，有时由于孩子出汗、枕部摩擦后会出现头发稀少，称为摩擦性枕秃（图 1-46），和孩子的睡眠有一定关系，但并不一定与营养素缺乏有关，所以妈妈不用特别担心，应注意定期带孩子进行健康体检和儿童保健，定期监测体格生长和发育状况，在医生指导下合理喂养和均衡营养，孩子就会健康成长，头发越长越好。

宝宝入睡前或入睡后摇头，不停摩擦枕部，导致枕秃

图 1-46　枕秃

护理专家答疑（沈美萍）

家长日常生活中可对孩子头发进行以下几方面护理：

1. **勤洗头、勤梳头**　可使头皮得到良好刺激、促进头发生长。可每日用清水给孩子清洗头发，洗发液选择中性、温和、适于婴幼儿的，频率不用太高，建议 2～3 天使用 1 次。这样可避免头皮上的油脂、汗液以及污染物刺激头皮，引起头皮发痒、头发结块甚至发生感染，导致头发脱落。

2. **不要过度理发**　剃头只能有限促进头发生长。婴儿头皮薄，剃光过程对不同部位毛囊的刺激程度不同，剃头后头发增长速度不一，有些部位浓密，有些部位稀疏。所以给孩子剃头时，剪短即可，不需剃光，以免毛囊受损。

3. **保证足够的营养摄入**　要保证孩子合理营养，6 月龄以下孩子纯母乳喂养，在医生指导下补充维生素 D 或 AD。添加辅食后，注意适量肉类、鱼、蛋等优质蛋白的摄入，合理搭配水果和蔬菜，注重矿物质及含碘丰富的食物摄入。鼓励食物多样化，避免孩子有挑食、偏食的不良饮食习惯。充足全面的营养会通过血液循环供给发根，促进头发生发。

4. 保证充足的睡眠，同时减少对头部的压迫、摩擦，均能减少孩子头发的脱落和促进孩子头发的健康生长。

案例 48

豆豆现在 4 个半月，配方奶喂养，从 3 个月开始就要吃迷糊奶（图 1-47），只有睡着了才肯吃，醒着对奶瓶明显拒绝，要等到快睡着了才肯吃奶瓶，奶量多少不定，睡沉了就不吃了，最近 1 个多月体重增长明显放缓，不知道该怎么办？

图 1-47　迷糊奶

问题 48 孩子醒着不爱吃奶、迷糊时才能吃奶怎么办？

医生答疑（邵洁）

孩子在生后 3 个月内生长非常快，3 个月后生长速度减缓，此时机体代谢自我调控，孩子食欲和吃奶量有所下降，出现了所谓"厌奶期"。如果妈妈着急，频繁给孩子喂奶，会导致孩子厌奶更明显，甚至出现喂养抵抗或迷糊中才能吃奶，清醒时不愿吃奶。此时，妈妈一定不要焦虑，3 个月龄后的孩子需要逐步有规律地、顺应性喂养。建议妈妈有规律地、在孩子清醒时喂养，耐心引导，每次喂养时间 20 ~ 30 分钟，而吃多少奶由孩子决定，这样，虽然喂养次数不多，每次吃奶量不多，但随着规律性的胃排空建立，约 2 周后，孩子的吃奶量便有明显改善。

当然，也有的孩子可能是疾病因素导致，如：①牛奶蛋白过敏、乳糖不耐受等问题，在进食时出现腹部不适、肠绞痛等，会对进食产生恐惧排斥，而在迷糊状况下对痛觉的敏感性下降，对进食的恐惧和排斥自然会减少，因而会产生吃迷糊奶的习惯。②孩子在进食过程中有不良体验，如反复呛奶、有强迫喂食或用奶瓶喂药等，孩子对奶瓶或乳头有恐惧，也会导致孩子在清醒状态下拒绝吃奶。因此，如果孩子有湿疹、吐奶、大便次数多或顽固便秘等不适，同时伴有生长发育缓慢，建议到医院就诊，医生经详细询问出生史、喂养史、生长发育史、疾病史及体格检查后，做出诊断和鉴别。

案例中的豆豆 3 月龄开始迷糊喂养，摄食中枢兴奋性和饥饿感逐渐丧失。建议到儿保科就诊，详细了解母亲情绪、喂养史，孩子的疾病史及详细体格检查包括生长发育监测，在排除器质性疾病后，指导喂养行为干预，顺应喂养。

护理专家答疑（曾艳）

如果孩子已经习惯了迷糊奶，家长们首先要仔细寻找是否存在上述原因，如果存在要积极解决。其次，妈妈应顺应喂养，避免在孩子迷糊状态下喂养，安排好一日生活，在孩子清醒和饥饿状况下有规律喂养，并注意保持良好的心态，不强迫、不焦虑，让孩子能在愉悦中学习进食。

案例 49

悠悠已经 5 个半月了，马上要开始添加辅食了，妈妈希望能了解更专业和科学的辅食添加知识，特地到儿童保健科来请教医生相关的要点。

问题 49 ▶ 如何给孩子添加辅食？

医生答疑（邵洁）

世界卫生组织的婴幼儿喂养指南建议，婴儿纯母乳喂养到6个月，6月后即可开始添加辅食。辅食添加的原则是，每次只添加1种新的食物，由少到多，由细到粗，循序渐进，逐渐达到食物多样化。

1. 食物种类 首先可选择富含铁的食物，如强化铁的婴儿米粉。用母乳、配方奶或水调成泥糊状（即不能从勺中滴落）。添加辅食宜从一种、少量开始。从开始时的1～2勺，2～3天后逐渐增加至3～4勺，再循序渐进地增加。先吃辅食（固体食物），然后喂奶补足这一餐的进食量。观察2～3天，确认孩子对新引入的食物无过敏或不良反应，再尝试另一种新的食物。如引入新食物时，发现有口周湿疹、皮疹、腹泻等过敏或消化不良等不适表现，暂停这种食物的引入。当孩子适应了谷类食物后，逐步引入动物类食物（如肉泥、肝脏泥、蛋黄）和蔬果类食物，如胡萝卜、各种深色蔬菜（西蓝花、菠菜、白菜）（图1-48），当确认孩子对食物无过敏或不良反应后，可多种食物搭配或荤素搭配，增加营养均衡性，如米糊加胡萝卜泥、花菜泥和肝脏泥，烂面、肉泥配洋葱胡萝卜泥。

图1-48 蔬菜

2. 辅食的质地 6～7月龄为泥糊状食物，8～9月龄孩子的辅食从泥糊状转为泥末状，如肉末、蔬菜末，10月龄后逐渐转为碎和软的食物。

3. 辅食的次数 从6月龄的尝试到7月龄固定的一餐，8～9月龄逐渐增加至2餐（中餐和晚餐时）。10～12月龄可逐渐增加至3～4次家常食物，包括早、中、晚3次正餐时和1～2次餐间点心时。

4. 进食技能 与孩子同桌进餐，示范并鼓励孩子学习咀嚼、运送和吞咽固体食物。9～10月龄起鼓励孩子自己抓取食物或用勺进食，学习用杯子饮水，允许进食狼藉。父母应耐心引导，多次尝试和鼓励，顺应喂养，避免强迫进食。婴儿患病时应暂停引入新的食物。

护理专家答疑（曾艳）

1. 辅食制作卫生要点

1）准备辅食所用的案板、锅铲、碗勺等炊具均应洗干净。

2）选择优质的原材料，应尽可能新鲜，并仔细清洗。

3）避免油炸、烧烤等烹饪方式，减少营养素的流失。

4）单独制作，或在家庭烹饪食物投放调味品之前选出部分适合婴幼儿的食物。

5）现做现吃，没有吃完的辅食不宜再次喂给婴幼儿。

2. 调味品的选择 辅食应保持原味，有利于提高婴儿对不同天然食物口味的接受度，减少偏食挑食的风险，1岁以后逐渐尝试淡口味家庭膳食。

案例50

点点9个月，从添加辅食后就一直拒绝辅食，不论米粉还是蔬菜、肉类都不喜欢，吃进去就吐出来，妈妈每天给孩子换新花样，但还是没作用。有时候没办法要强迫喂，发现孩子更加拒绝，甚至现在见到勺子就会哭。妈妈不知道该怎么办。

问题 50 ▸ 孩子不爱吃或拒绝辅食怎么办？

医生答疑（邵洁）

顺应喂养很重要。孩子天生对新的食物需要适应过程，这是人类的本能。为了让孩子喜欢上各种家常食物，家长可以按照下列方法让孩子学习，但一定要顺应喂养，避免强迫进食（图 1-49）。

图 1-49　强迫进食

1. **多次尝试**　人类天生有恐惧新食物的本能。每一种新的食物可能需要尝试 10 ~ 15 次，才能被孩子接受。因此，要多次尝试。

2. **食物教育**　每次只引入 1 种新的食物。多准备几种营养丰富、适合孩子年龄的食物，开始可只配以少量的一种新食物，告诉他 / 她新食物的名称，说食物的功能（如吃了胡萝卜眼睛亮，不感冒），并在孩子试吃时称赞他 / 她。如果孩子不喜欢，以后再给他 / 她尝试。每次尝试时，也可配上孩子爱吃的一种食物。

3. 亲身示范 与孩子同桌进餐，让孩子观察自己进食的享受过程，示范并鼓励孩子尝试。一旦孩子学习尝试了，应以表情赞赏鼓励，如孩子不接受新的食物，不要强迫，不加任何语言评论（避免说“他 / 她不爱吃，太淡了”等），让他 / 她继续进食原来的食物，不要在孩子面前显示任何失望、沮丧或生气的表情。

4. 坚持不放弃 当孩子不接受一种新的食物时，不要轻易放弃，千万不要因为孩子拒绝某种食物 4 ~ 5 次后，就断言孩子不爱这种食物而不再提供，这样会使孩子今后产生偏食、挑食的行为。

只要妈妈耐心示范、鼓励，顺应喂养，提供孩子学习机会，孩子会很快适应新食物，学会吃家常食物的技能。案例中的孩子在刚添加辅食时，可能没有与父母同桌进餐，观察并学习进餐技能；强迫喂养又产生了不良进食经历。建议妈妈将辅食时间安排在成人进餐时（在喂奶前先尝试辅食）。准备好辅食，让孩子坐在高脚餐椅上，观察成人进餐。当孩子对成人吃饭感兴趣（两眼看着成人吃饭，嘴巴也在动），便示范孩子张大嘴，用勺将食物送入口中后，示范孩子闭上嘴，用唇清理勺中食物，并在自己进食过程中示范孩子学习咀嚼、运送和吞咽食物，一旦失败（吐出食物），不加评论。进食固体食物是孩子要学习的技能，一定要多次耐心尝试。一旦强迫，不良的进食经历会让孩子拒绝辅食甚至拒绝餐具。

护理专家答疑（曾艳）

家长在制作辅食时要根据孩子的年龄和进食技能特点如咀嚼能力和自我喂食能力提供适合孩子的食物，并且要根据孩子的喜好有意识地改进食物的色香味，注意食物的搭配，来提高孩子对食物的兴趣。但是要保持良好的心态，在孩子进食过程中以引导和鼓励为主，做好示范，避免强迫进食，尊重孩子对食物种类和量的选择。

案例 51

欣欣 10 个月了，平时喜欢喝奶，不喜欢吃辅食，奶奶觉得是因为炒菜的时候没有加盐，菜没有味道，所以才不喜欢吃辅食，欣欣妈妈不同意，于是带着孩子和孩子奶奶来咨询医生。问医生，孩子现在 10 个月了，辅食里可以加盐吗？

问题 51 ▸ 1 岁内孩子的辅食可以加盐吗？

医生答疑（邵洁）

如前所述，只要多次尝试，耐心示范孩子学习固体食物的进食技能，孩子都能接受各种食物，而并不是因为食物的味道问题。喂养过程中，养育人的态度和示范非常重要，因为这个年龄孩子的心理发展已能将成人的表情、态度和行为作为自己行为的参照物，因此，一定要多尝试、示范和鼓励。其次，奶和天然食物中的钠已能满足 1 岁内婴儿的生理需求，不需要额外添加钠盐，过量摄入钠盐可能会增加肾脏负担并增加成年期代谢性疾病的风险，所以 1 岁内孩子的辅食一般不需额外添加盐。1 ~ 2 岁食盐推荐摄入量约 1 ~ 1.5g/d，2 ~ 3 岁幼儿食盐推荐摄入量约 1.5 ~ 2g/d。

护理专家答疑（曾艳）

图 1-50　辅食

婴儿辅食（图 1-50）应单独制作，保持食物原味，不需要额外加糖、盐及各种调味品，1 岁后逐渐尝试淡口味的家庭膳食。婴幼儿的味觉、嗅觉还在形成过程中，父母及喂养者不应以自己的口味来评判。在制作辅食时可以通过不同食物的搭配来增进口味，如番茄蒸肉末、土豆牛奶泥等，其中天然的奶味和酸甜味是婴幼儿最熟悉和喜爱的口味。

案例 52

天天已经 1 岁 6 个月了，每次天天吃饭的时候，妈妈都觉得像打仗一样，太乱太累了。要追着他喂，要给他找好玩的玩具，趁着他不注意的时候，塞一口饭进去，而且每次吃饭都要花很久的时间。天天妈妈以为是孩子食欲不好，就去医院配了一些促进食欲的药，天天吃了药，仍然没有效果。于是天天妈妈带着孩子来儿保科门诊咨询，问孩子不爱吃饭，吃饭时要追着喂，边吃边玩怎么办?

问题 52 ▶ 孩子吃饭时要追着喂、边吃边玩怎么办?

医生答疑（邵洁）

1 岁后幼儿的生长速度较婴儿期缓慢，对外界环境的探索兴趣增加，自主意识逐渐增强，对食物的兴趣减少。如果该阶段幼儿不建立规律的进餐日程和良好的行为规范，将不利于孩子胃肠功能的发育，包括规律的胃肠蠕动和消化液分泌、规律的胃排空和大脑饥饿中枢的兴奋，从而影响孩子的食欲，也不利于孩子认知和行为（注意力和自我行为约束能力）的发育。因此，家长应根据孩子生长发育特点，安排好规律的进餐日程，采用全家坚持一致的原则，培养孩子良好的进食行为，顺应喂养，有效控制进餐时间。本案例中，妈妈没有根据孩子的心理发育规律设置行为规范，在孩子的进食过程中，产生了许多“家长陷阱”，如边吃边玩，追着他喂（图 1-51），趁着他

不注意的时候，塞一口饭进去，每次吃饭都要花很久时间。这些“家长陷阱”都进一步抑制了孩子对食物的兴趣或食欲。如要改善食欲，培养良好的行为，建议通过家长积极养育指导，进行行为干预。

图 1-51　错误喂食

1. 规律的进餐时间　每天保持一致的规律进餐时间，有利于孩子建立规律的胃肠蠕动和胃排空，有良好的食欲。

2. 顺应喂养　耐心鼓励孩子进餐，顺应喂养。如孩子在上桌后 15 分钟内仍无张口吃饭的欲望，可让他 / 她离开餐桌，等待下一次进餐时间。每次进餐时间一般 20 ~ 30 分钟。避免强迫。

3. 培养良好的进餐习惯　鼓励和协助孩子自己用勺进食，示范并引导孩子学习进食技能（图 1-52）。不提供玩具、电视等任何干扰物，避免追着喂、恐吓或用其他食物如糖果等贿赂孩子进食。一旦孩子离开餐桌，可停

图 1-52　正确喂食

止喂养，等待下一次进餐时间。

4. 表扬良好行为 当孩子能安静自主进食，或尝试新的食物，应通过点头微笑或语言描述，如“能学会吃青菜了，真棒”，表扬强化良好的行为。如孩子有不良的进食行为，如扔勺或食物，应刻意忽视，可拿走食具或食物，当他/她结束问题行为时再重新提供。

5. 一致的原则 培养孩子良好的行为习惯时，全家应采用一致的原则，态度温和而坚定，持之以恒。

护理专家答疑（曾艳）

在制作辅食时，可以采用多种烹调方式改良食物口味，也可以通过一些辅食工具改变食物外形，增加孩子对辅食的兴趣。平时可以增加“食育”教育，多给孩子看一些食物的图片和绘本，带孩子一起买菜摘菜，增加孩子对食物的兴趣。

案例 53

毛毛2个月，出院后就每天吃维生素D，1天1颗，这需要每天都要吃吗？什么时候可以开始不吃了？DHA需要补充吗？

问题 53 ▸ 孩子的维生素 D 和 DHA 需要添加到什么时候？

医生答疑（邵洁）

维生素D主要是皮肤经阳光照射后产生。天然食物中含维生素D极少，如1个蛋黄含维生素D 20IU，1升母乳中含维生素D约20～40IU，谷类、蔬菜、水果等几乎不含维生素D。维生素D对孩子的骨生长和骨矿化非常重要，对孩子免疫功能的发育成熟、脑发育、减少呼吸道感染和哮喘发生风险，都有着重要作用。1岁内孩子每天生理需要400IU维生素D，目前还没有既能确保孩子获得足够维生素D，又不增加皮肤癌风险的安全紫外线照射阈值。因此，我国儿童保健服务技术指南中建议纯母乳喂养的足月孩子出生后2～3天添加维生素D 400IU/d，直至能从强化食品或日常阳光照射中获取足够的维生素D。

目前国内有维生素D强化的食品仅是配方奶粉。如果人工喂养的孩子每天摄取750ml或以上配方奶，一般不需额外补充维生素D和钙，或少量补充维生素D，如每天维生素D 200IU（即隔天补充维生素D 400IU）即可。

如果孩子长大进入幼儿后期，如能有充分的户外活动，比如在夏天，就能在充足阳光照射后的皮肤中产生足够的维生素D，就不需要补充维生素D了。但如果是冬春季，衣服厚重、户外活动少，仍需要补充维生素D。

DHA（二十二碳六烯酸），属ω-3多不饱和脂肪酸，是必需脂肪酸，为婴儿生长发育所必需。这类多不饱和脂肪酸主要来源于海洋生物，尤其是富脂肪的鱼类，也可以通过摄入富含α-亚麻酸的食物，如大豆油、菜籽油、核桃等，在机体内合成。因此，母乳喂养的孩子，只要母亲能食物多样化，饮食营养均衡，可以从乳汁中摄入足够的DHA，配方奶中已经强化了DHA，一般不需要额外补充。添加辅食之后，可以通过进食富含DHA的食物比如鱼类来摄入。对于一些特殊需求的婴儿，如早产儿或宫内生长迟缓的孩子，可以在医生指导下补充DHA。

护理专家答疑（曾艳）

维生素D属于经皮肤阳光照射自动合成的一种类固醇激素，可以将孩子的面部皮肤适度暴露在阳光下，每天20分钟左右，但年龄小的婴幼儿容易发生日光性皮炎。日光浴不是阳光下暴晒，只要是户外活动，即使在树荫下、屋檐下也会有很好的效果。

案例 54

跳跳妈妈和爸爸身高都不高，因为担心跳跳将来个子也矮，跳跳妈妈从孕期开始就一直在吃钙片，孩子出生后不久也开始喂液体钙，添加辅食后，更是会做各种补钙的食物。网上说枕秃、汗多、夜惊、出牙晚都是缺钙的表现，跳跳晚上睡觉老是翻身，枕头上总是湿湿的，跳跳妈妈着急了，怎么这么补了还是缺钙呢？赶紧带跳跳去医院检查。

问题 54 ▸ 需要常规给孩子补钙吗？

医生答疑（邵洁）

钙是孩子骨骼生长和矿化需要的原料，与神经肌肉兴奋性和骨骼健康，如佝偻病抽搐、骨质疏松等密切相关，但不是影响身高的主要因素。过量摄入钙剂也会导致高钙血症、高钙尿症、肾结石等，并会影响其他矿物质的吸收。孩子对钙的日需求量因年龄而不同，6 月龄内的孩子钙的推荐摄入量为 200mg/d，7 ~ 12 月龄 250mg/d，1 ~ 3 岁 600mg/d，4 ~ 6 岁 800mg/d，7 ~ 14 岁 1 000 ~ 12 00mg/d。奶制品是食物中钙的最佳来源，一般的配方奶约含 40 ~ 80mg 元素钙 /100ml，母乳中约 30mg/100ml，但吸收率高。虾皮、芝麻、大豆及豆制品、绿色蔬菜等日常饮食中均含有丰富的钙质。因此，充足的奶量和均衡膳食可以保证孩子对钙的需求。

以 6 月龄足月孩子为例，奶量 800ml/d 完全可以满足 200mg/d 的钙摄入而不需要额外补充钙剂。所以说，当孩子摄入足够的奶量，饮食均衡，一般不需要额外补充钙剂。只有当孩子生长发育快速，如早产出生后追赶生长，宫内储备不足，或因疾病影响钙的吸收或增加钙的丢失，比如用激素、利尿剂治疗，或者儿童青春期等快速增长期，钙需求量高（1 000 ~ 1 200mg/d），但奶量摄入或饮食中钙摄入不足时，需要额外给予钙剂的补充。

案例中提到的枕秃、汗多、夜惊、出牙晚都是非特异性症状，可能是营养性佝偻病的症状，也可能是其他原因导致。因此，定期健康检查，在儿童保健医生指导下，合理膳食均衡营养非常重要。有以上症状需要医生再详细询问喂养和膳食营养史、出生史、生长发育史等，结合体格检查等综合判断。

护理专家答疑（曾艳）

对儿童来说，奶制品是膳食中钙的主要来源。为了预防缺钙，膳食中需要有足量的奶制品摄入。0 ~ 6 个月首选纯母乳喂养；6 ~ 12 个月添加辅食后仍要以奶为主，并保证每日 600 ~ 800ml 的奶类摄入；幼儿及学龄前儿童保证每日 350 ~ 500ml 奶类摄入；学龄期、青少年仍需每日摄入奶制品 300 ~ 500ml，同时应该保证均衡饮食。为了保证钙吸收良好，应该鼓励孩子多做户外运动，促进皮肤中维生素 D 的合成。特殊情况如疾病或青春期需要额外补钙的，建议在医生指导下合理补充钙剂。

案例 55

小宝 3 月龄，去当地接种点接种第 1 剂百白破疫苗和第 2 剂脊髓灰质炎疫苗后预约下一次疫苗接种时，接种点医生问家长“是否愿意接种 13 价肺炎疫苗和口服轮状病毒疫苗，这两类疫苗不属于我国免疫规划疫苗，自愿自费使用”。小宝家长问医生：“常规疫苗外，是否有必要接种其他疫苗”？

问题 55 ▸ 除常规疫苗外，需要接种其他疫苗吗？

医生答疑（邵洁）

计划免疫是根据儿童的免疫特点和传染病发生的情况而制定的免疫程序。目前，我国的疫苗分为两大类：免疫规划疫苗（原一类疫苗）和非免疫规划疫苗（原二类疫苗），这是根据行政管理上区分的。免疫规划疫苗指的是政府免费向儿童提供的，所有儿童应依照政府的规定受种的疫苗（图 1-53）。目前纳入国家免疫规划的有 13 种疫苗，可预防 15 种传染病，例如：卡介苗、乙肝、百白破疫苗等。非免疫规划疫苗指的是除免疫规划疫苗以外，已经被证明其预防疾病效果良好，且自愿自费接种的疫苗。非免疫规划疫苗虽然是基于自愿原则接种的，但它在疾病防控中和一类疫苗同样重要，所覆盖的疾病，如肺炎链球菌感染、轮状病毒感染、水痘、流感嗜血杆菌感染、流行性感冒、手足口病等依然是婴幼儿感染的常见高发病。因此，在经济条件允许的情况下，孩子又没有非免疫规划疫苗接种的禁忌证，建议尽量接种，更好地为孩子的健康护航。

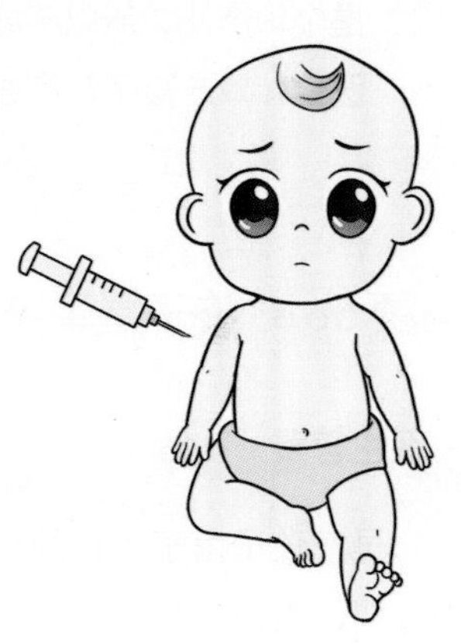

图 1-53　注射疫苗

护理专家答疑（曾艳）

接种前给孩子洗好澡，换上干净、宽大舒适、便于穿脱的衣服。疫苗注射完成以后要用棉棒轻按针口 1 ~ 2 分钟，疫苗接种结束后，不要急着离开，在医院观察 30 分钟以上，以免出现严重不良反应。一旦发现过敏、发热等症状，要第一时间告知医生。接种当天适当休息，多饮开水，注意保暖，避免进行剧烈活动，保持接种部位皮肤干净，尽量不要碰水，以免感染。有些孩子接种疫苗会出现发热、烦躁、胃口差、接种部位皮肤红肿、硬结等症状，这些都是正常反应，不用太担心，一般情况下几天后孩子就会恢复正常。如果孩子的症状持续加重，建议立即就医。

案例 56

琪琪是个 34 周出生的早产儿，2 个星期前从医院出院回家了。现在琪琪已有 46 天，妈妈带琪琪去社区打疫苗，可是社区接种点的医生给琪琪测了黄疸后，说黄疸没有退，血清总胆红素为 11.8mg/dl，且因琪琪又是个早产儿，所以不能打疫苗。妈妈很着急，带琪琪问医生，早产孩子黄疸要降到多少才可以接种疫苗呢？

问题 56 ▸ 孩子是早产，有黄疸，能接种疫苗吗？

医生答疑（邵洁）

早产孩子由于机体的免疫系统发育不成熟，对感染的抵抗力较弱，因而疾病的发生率和病死率明显高于足月儿。研究发现，早产儿对常规疫苗的安全性和耐受性，以及免疫应答的效果都是良好的，与足月儿没有明显差异。因此，国内外的专家建议早产儿应按足月儿的免疫程序进行疫苗接种。

早产儿由于肝脏功能不成熟等代谢特点，黄疸消退的时间往往迟于足月儿，因此单纯胆红素水平稍高并不是接种疫苗的禁忌证。否则会增加黄疸孩子罹患疫苗可预防疾病的风险。

合并有黄疸的早产儿，建议咨询医生，在医生指导下予以疫苗接种。①孩子属于生理性黄疸或者母乳性黄疸，同时生长发育良好，无其他合并症，建议按国家正常的免疫规划程序接种疫苗；②如孩子是病理性黄疸，并且生命体征平稳，可正常接种乙肝疫苗，但暂缓其他疫苗的接种，同时积极查明病因，待病因明确后，由专科医生确定后续疫苗的接种方案。

护理专家答疑（曾艳）

疫苗对孩子的健康有很好的保护作用，因此不论是足月儿还是早产儿都应在条件允许的情况下积极接种疫苗。早产儿的生理特点和普通儿童有所不同，因此在医生建议下接种疫苗。接种疫苗后的不良反应和护理原则与一般儿童相同。

案例 57

妞妞是一个 3 岁的小女孩，她调皮可爱，聪明伶俐。一天，妈妈正在厨房里做饭，桌子上刚买来不久的兔子图案的暖水瓶一下子吸引了妞妞的视线。小家伙灵机一动，踩着板凳，踮着脚尖去够暖水瓶。手刚够到壶盖，只听“哇……”的一声，刚刚烧开的一整瓶水一下子倒在了孩子的胳膊上。妈妈闻声赶忙跑了出来。看到女儿泣不成声和那烫得通红的胳膊，妈妈心疼地眼泪也流了下来。妞妞穿着衬衫下的小胳膊一定也烫得不轻，妈妈马上给妞妞脱下衣服，准备用凉水冲。谁知，袖子脱了下来，孩子胳膊上的一层皮随着袖子也一起褪了下来，妈妈赶忙把妞妞送到了医院。

问题 57 ▸ 怎样避免孩子日常生活中的意外伤害？

医生答疑（邵洁）

不安全的居家和照护环境对儿童充满了潜在的风险。孩子年龄不同所需要关注的防范伤害的重点也不同。总的来说窒息、溺水、烧伤、机动车和交通意外是儿童意外伤害甚至死亡的最常见原因。窒息多数发生在婴儿期，溺水和烧伤多见于1～4岁，而机动车和交通事故多见于5～9岁。家庭是发生儿童意外伤害最常见的场所，其次才是道路、公园等看起来更危险的地方。

为了保障儿童的安全，有效防范意外伤害，建议家长根据孩子的年龄和发育特点，为孩子创建干净、安全的环境，保证孩子的日常活动都在照护人的安全视线范围内进行。

1. 婴幼儿单独睡婴儿床，拉上安全护栏；睡眠时尽量仰卧，以减少“婴儿猝死综合征”的风险。喂养时抱起婴儿，喂养后注意让婴儿右侧卧位，以避免溢乳后吸入或窒息。

2. 婴儿床的床栏间距小于6cm，床垫的大小应该与婴儿床相同。不要在婴儿床中放置额外枕头、被子、抱枕、填充玩具、塑料袋等物品。婴儿床上方悬挂的物品要确保被牢固地系在床栏上。当孩子可以翻身或自由活动时，一定要将挂在婴儿床上的物品拿掉。

3. 窗户或不安全的通道或入口，如楼梯口、厨房门口等安好护栏或儿童安全门，婴儿床或者其他家具如凳子应远离窗户，避免儿童攀爬坠落，尽量使用无绳的窗帘用品。

4. 保证尖锐的桌角已经包好圆头防撞垫。检查家里所有的柜体，是否已经使用膨胀螺丝固定在墙上。确认孩子身高可以够到的所有插座，都安上防触电保护盖。使用带有吸盘的辅食盘，防止孩子打翻造成烫伤。避免用垂挂至台面下的桌布，以防孩子爬行时牵拉桌布打翻桌面食物造成伤害。

5. 所有细小的易导致婴幼儿误吞食的物品（如电池、硬币、纽扣、拉链头等）应妥善放置。不要给3岁以下的孩子吃果冻和坚果之类可能导致窒息或呛咳吸入气管的食物。

6. 所有药品、易碎尖锐（如剪刀等）、电源或热源食品物品（如热水瓶）、化学用品（如洗涤剂、消毒剂等）、杀虫剂均置于儿童不能触及的安全处。垃圾桶放置于孩子够不到的地方或装有儿童锁盖。抽屉安装好防夹锁扣。

7. 不要让孩子在车库中以及车道上玩耍。驾车带孩子出行务必使用儿童安全座椅。

护理专家答疑（曾艳）

孩子的安全涉及日常生活的方方面面，需要时刻引起重视。万一发生了意外伤害，一定要冷静处理，并尽快送医。以上面的事件为例，应马上剪开衣服，立即用大量冷水为烧烫伤部位降温。如果烧烫伤面积较大，立即把烧烫伤部位浸入洁净的冷水中，冷疗一般应持续30分钟~1小时，使创面不再剧痛。

如烧伤面积较大或开始起泡，不要把水疱弄破，为烧烫伤部位缠上绷带，不要过紧，以保持伤口清洁和干燥。在不确定烧烫伤情况及没有消毒的情况下，不要自行涂药，以免加重污染，并立即将孩子送往医院治疗。

案例58

毛毛刚满3个月，特别容易招蚊子咬，睡一觉就被咬好多个包，有的时候还睡不好，这样的情况可以用防蚊液么？哪种更适合孩子呢？除了这些，还有哪些可以用的方法呢？

问题58 ▸ 孩子可以用防蚊产品吗？

医生答疑（邵洁）

目前市场上的化学防蚊产品，其主要的起效成分为避蚊胺、驱蚊酯或天然的香茅油和桉树油。避蚊胺、驱蚊酯为菊酯类农药，低浓度下也可能会对小婴儿有刺激或毒性作用，因此不建议婴儿使用。香茅油和桉树油辐射范围小，持续时间也不长，因此只能保护局部的皮肤不受蚊子叮咬。而传统的风油精，花露水中的樟脑成分，会影响小婴儿的神经系统发育。因此也不推荐使用。因此，最佳的方案是物理防蚊——蚊帐、纱窗等。

护理专家答疑（曾艳）

建议婴幼儿不使用防蚊化学产品。保持居家环境卫生，采用物理防蚊，如纱窗、蚊帐，或采用一些天然植物产品。外出时，为孩子穿上防蚊虫叮咬的长袖、衣裤。

二 疾病防治篇

案例 59

男婴，19天，家长自述孩子大便次数多，一天解6～7次，性状为黄色糊便，每次量不多。腹平软，反应好，吃奶好，无不适症状。出生体重3 100g，母乳喂养，体重增长良好，目前体重3 750g。

问题 59 ▸ 新生儿大便次数多要紧吗？

医生答疑（杜立中）

新生儿出生24小时内，体内会排出一些墨绿色胎粪，经过2～3天的过渡，大便颜色转成淡黄色或棕黄色。不同的孩子每天大便次数会各不相同，而同一个孩子，每天大便次数也会发生一些变化。纯母乳喂养的孩子，会排出浅黄色大便，一般为糊状，没有明显气味。有些孩子大便次数较多，一天数次，大便也偏稀，水分较多；而有些孩子能吸收母乳中的绝大部分成分，大便次数可以比较少，1天1次，甚至几天1次，但大便性状正常，孩子无腹胀、呕吐，或其他不适，都属正常。配方奶喂养的孩子与母乳喂养的孩子相比，大便质地较干，排出的量也偏多，颜色呈棕黄色且有异味，次数相对较少。

若孩子吃奶情况良好，精神状态佳，无频繁呕吐、腹痛或胀气等症状，无需进行特殊处理。只要孩子生长健康，体重增长正常，吃得下，睡得香，就没有必要太在意孩子大便的颜色和性状的变化，也不必在意大便的次数。

护理专家答疑（周莲娟）

孩子患病期间要注意：

1. 休息　居家休息，减少外出活动。

2. 饮食 若是母乳喂养的孩子，妈妈尽量清淡饮食，避免过多进食油腻食物；若是人工喂养的孩子，妈妈一定要按配方奶要求配制奶液，未喝完的奶液不能留到下一餐再使用。

3. 红臀护理 孩子大便次数多，极易出现红臀，须保持臀部皮肤清洁、干燥，勤换尿不湿。尽量选择柔软、吸水性好的尿不湿，尿不湿不宜包裹太紧，尽量增加臀部皮肤的透气性，每次大便后，推荐用柔软的棉布蘸温水清洗臀部，洗后用干棉布轻轻擦干或自然晾干，再涂护臀霜保护。

4. 重点提示 下列情况应及时就医：①大便次数异常增多或性状改变，尤其是带有黏液脓血；②伴精神差、吃奶差、发热、呕吐、不能抚慰地哭吵；③伴有脱水（如尿量减少、口唇黏膜干燥、哭时无眼泪、精神状态差、皮肤弹性差等）。

5. 腹泻预防 注意手卫生，接触孩子前、泡奶前、喂奶前、换尿不湿后均要洗手；每次使用后的奶瓶、奶具要消毒处理后方可使用。

案例 60

女婴，17 天，足月儿，出生体重 3 300g，生后第 4 天开始出现皮肤黄染。现孩子仍有皮肤黄染，精神好。母乳按需喂养，吃奶好，大便黄色，每天 2 ~ 3 次，尿量≥ 6 次 /d，体重较出生时增长 550g。

问题 60 ▸ 新生儿皮肤黄怎么办？

医生答疑（杜立中）

刚刚出生的孩子超过 80% 在生后早期可出现皮肤黄染，称新生儿黄疸，是因胆红素在体内积聚引起的皮肤或其他器官黄染，是新生儿期最常见的临床问题。

大多新生儿黄疸是一个生理过程，不需要过度担心。生理性黄疸有以下特点：①新生儿一般情况良好；②足月儿生后 2～3 天出现黄疸，4～5 天达高峰，黄疸轻重不一，轻者仅限于面颈部，重者可延及躯干，粪便黄色，尿色不黄，黄疸持续 7～10 天消退，最迟不超过 2 周；③早产儿黄疸多于生后 3～5 天出现，5～7 天达高峰，7～9 天消退，最长可延迟到 3～4 周。

但出现下列任何一种情况需要考虑是否为疾病引起的黄疸（病理性黄疸）：①生后 24 小时内出现黄疸；②血清总胆红素值已达到相应日龄及相应危险因素下的光疗干预标准；或胆红素每日上升超过 5mg/dl 或每小时 > 0.5mg/dl；③黄疸持续时间长，足月儿 > 2 周，早产儿 > 4 周；④黄疸退而复现；⑤血清结合胆红素 > 2mg/dl。

生理性黄疸是新生儿的生理现象，无需处理。当存在病理性黄疸，尤其是同时存在饥饿、感染等高危因素时，应及时就医，并及时进行干预，预防胆红素脑损伤的发生。

该案例中孩子的年龄已超过 2 周，黄疸还未消退，但其他情况都正常，喂养方式为纯母乳喂养，造成该孩子的黄疸可能与母乳喂养有关。如果到 3 周仍有明显黄疸，需到医院检查，排查一些病理因素所造成的黄疸。

护理专家答疑（周莲娟）

孩子患病期间要注意：

1. 休息 居家环境不要太暗，若条件允许，可在阳台进行阳光照射，照射时间不能过长，阳光照射时可适当暴露孩子手、脚、头部，避免阳光直接照射眼睛或隔着玻璃照射（图 2-1）。

2. 饮食 在孩子患有黄疸期间，常常会出现吸吮无力的状况，妈妈在喂养时要有耐心，少量多次、间歇按需喂养，保证奶量充足摄入，促进肠蠕动，增加排便次数，促进胆红素的排出。

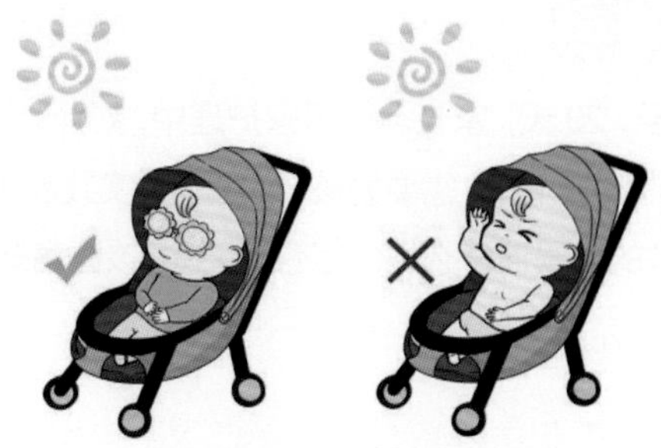

图 2-1　正确晒太阳

3. 对症护理　密切关注孩子的精神状态、反应、哭声、吸吮力、大便颜色、肉眼观察孩子的皮肤黄染动态变化，参考图 2-2 和表 2-1，必要时可根据医嘱监测经皮胆红素。

4. 重点提醒　下列情况应及时就医：①孩子双下肢、手心及脚心呈黄染；②皮肤黄染快速加深、嗜睡、拒奶；③大便颜色变浅，而且颜色越来越淡等。

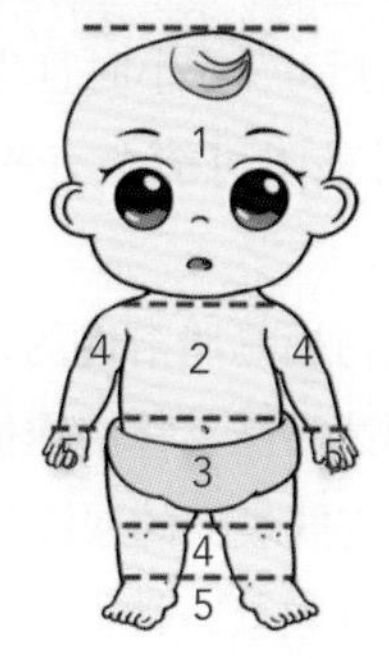

图 2-2　新生儿身体分布

表 2-1　新生儿不同部位皮肤黄染对应的经皮胆红素值

部位	1	2	3	4	5
经皮胆红素 /($mg \cdot dl^{-1}$)	6	9	12	15	> 15

案例 61

男婴，20 天，家长自述居家护理中，奶汁、汗液、大小便时常擦不干净，需要为孩子洗澡，但实践起来却手忙脚乱，洗的时候该怎么抱、会不会着凉、该注意些什么？

问题 61 ▸ 如何为新生儿洗澡？

医生答疑（陈理华）

新生儿出生后皮肤可能被羊水、血液、尿液以及粪便等污染，若未做好清洁处理，容易引起皮肤溃烂，进而引起细菌感染。通过洗澡可达到维护新生儿皮肤卫生、保护皮肤并促进皮肤发育的目的，同时，洗澡时还可以观察孩子的皮肤、肌张力以及姿势等是否正常，以便能够及时发现异常症状。

新生儿第 1 次洗澡是为了去除皮肤表面的血液及羊水等污物残留。正常新生儿生后 4 ~ 6 小时且生命体征平稳时即可开始洗澡。第 1 次洗澡时孩子可能会有些不适应，应该尽量轻柔，时间尽量短。

孩子皮肤上的一些污垢是脂溶性的，仅用温水不能轻易清除污垢，需用婴儿专用沐浴露，沐浴露能乳化皮肤上的污垢和微生物，并能有效去除皮肤表面的尿液和粪便残留。

新生儿洗澡不能过度频繁，否则会造成皮肤干燥。若在更换尿布时彻底清洁尿布区域，孩子不需要很多次洗澡，隔日 1 次即可；若发现皮肤明显污染时，还应及时清洁洗澡。

护理专家答疑（周莲娟）

为孩子洗澡时应注意：

1. 做好各项准备工作

（1）孩子准备：喂奶前或奶后 1 小时进行，以免孩子溢奶。

（2）操作者准备：双手指甲不要过长，不能佩戴首饰、手表，洗手。

（3）环境准备：关闭门窗，避免空气对流导致孩子着凉，光线充足，室温控制在 28～30℃，水温在 38～40℃（水桶中应先加冷水后加热水），用水温计测量水温。

（4）物品准备

1）浴盆：选择有浴床的浴盆，使孩子能舒适地躺在浴盆中，避免孩子滑入水中。

2）洗澡巾：选用一次性湿巾或棉柔巾 1～2 包，供孩子洗脸、擦身、洗臀部时使用。

3）吸水巾：选用一次性吸水巾 1 包，用来擦拭孩子头部。

4）大浴巾：选用纯棉、柔软、吸水性好的浴巾 1 条，洗澡后用来为孩子擦身。

5）温水和水温计：洗澡前用水温计测量水桶中的水温，再用前臂内侧测试水温，保证水温符合要求。

6）洗发水及沐浴露：选择温和无刺激的婴儿专用洗发水及沐浴露。

7）聚维酮碘棉签及干棉签：用于消毒处理脐带。

8）护臀膏：选用含氧化锌的护臀膏，用于预防红臀。

9）换洗的衣服及尿不湿。

2. 洗澡步骤

（1）洗头：脱去孩子的衣服，用大毛巾包裹孩子的身体，妈妈以左前臂托住孩子背部，左手掌托住头颈部，拇指与中指分别将孩子双耳郭折向前按住（以防水流入耳内导致感染），左臂及腋下夹住孩子的臀部及下肢，妈妈可坐着让孩子躺在大腿上，将头移至浴盆处（图 2-3、图 2-4）。用湿润的湿巾将头发打湿，将洗发水倒在手上，然后在孩子的头上轻轻揉洗，揉搓清洗干净后用吸水巾擦干。

图 2-3　洗头固定头部方法

图 2-4　捏耳洗头方法

（2）洗眼、耳后、颜面部：妈妈用右手将湿巾或棉柔巾在温水盆中温热后，挤干水分，擦拭孩子的眼部，由内眼角向外眼角擦洗眼分泌物，用湿巾不同清洁面擦拭双眼，防止交叉感染；接着擦洗颜面部，由眉心向两侧轻轻擦拭前额，注意擦拭耳后皮肤褶皱处。

（3）洗躯干：左手握住孩子的左肩及腋窝处，使头颈部枕于妈妈左前臂，右手握住孩子左腿靠近腹股沟处，轻轻把孩子放入浴盆。保持左手的握持姿势（防止孩子滑入水中），右手取适量沐浴露从上到下的顺序清洗孩子的颈下、腋下、上肢、胸部、腹部、会阴及下肢。注意皮肤褶皱部（如颈下、腋下）的清洗（图 2-5）。

图 2-5　盆浴

（4）洗后背：用右手从孩子前方握住孩子的左肩及腋窝，

使其翻身，背向上，孩子趴在妈妈左手臂上，左手握住孩子的右肩，右手为其清洗孩子的后颈、背部、臀部及下肢（图 2-6）。

图 2-6　洗后背

（5）擦干：清洗完毕后，将孩子抱出浴盆，迅速用大浴巾包裹全身并将水分吸干，特别是皮肤褶皱处一定要擦干净。

（6）臀部擦拭护臀膏，包好尿不湿。用聚维酮碘棉签消毒未脱落的脐部。

（7）穿上干净的衣服。

3. 重点提示

（1）洗澡时间不宜过长，一般在 5 ~ 10 分钟内完成。

（2）洗澡过程中注意关注孩子的全身情况、面色、呼吸等，如有异常，立即停止。

（3）洗澡次数不宜过于频繁，根据季节变化及孩子自身情况而定。

（4）务必选择婴儿专用的洗发水和沐浴露，不建议用香皂给孩子洗澡。

（5）保护好耳朵，避免进水，若进水时，要及时擦干。

案例 62

男婴，15 天，孩子脐部潮湿，有少量渗液，残端未脱落。

问题 62 ▶ 孩子出生后脐部如何护理?

医生答疑（陈理华）

新生儿出生时脐带虽已结扎，但此时脐部仍是一个开放的创面，是细菌入侵的潜在通道，如处理不当易引起局部感染，甚至导致感染扩散造成败血症等。因此在脐带脱落愈合前，对脐部进行恰当地护理，对预防脐部感染是非常重要的。

推荐使用聚维酮碘消毒。脐带即将脱落时，在脐窝偶尔会出现少许黄色分泌物或少量渗血，这属正常现象，只要继续用聚维酮碘消毒即可，几天后即可痊愈。

脐带脱落时间每个孩子不太一样，正常 1 ~ 2 周会脱落。如果 2 周后还没有脱落，只要脐部没有红肿、渗液等感染迹象就不用太担心，家长继续做好脐部护理即可。如果 1 个月还没有脱落，应到医院检查，查看是否存在感染或肉芽肿形成。

护理专家答疑（徐红贞）

给孩子做脐部护理时要注意：

1. 准备工作

（1）家长准备：彻底洗净双手，用洗手液做到七步洗手法，至少搓洗 30 秒（图 2-7）：①掌心对掌心相互揉搓；②掌心对手背两手交叉揉搓；③掌心对掌心十指交叉揉搓；④十指弯曲紧扣转动揉搓；⑤拇指握在手心转动揉搓；⑥指尖在掌心揉搓；⑦清洁手腕。

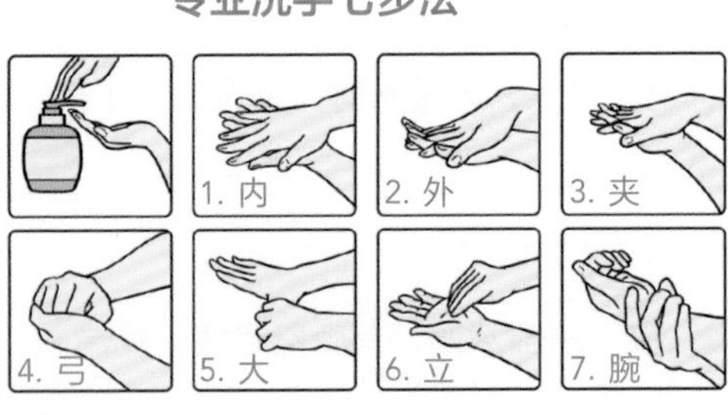

图 2-7　七步洗手法

（2）物品准备：聚维酮碘、医用消毒棉签。

2. 操作步骤

（1）暴露脐部：用示指和中指撑开孩子的脐部，使孩子的脐带根部充分暴露。

（2）消毒：用医用棉签蘸取聚维酮碘液（棉签务必浸湿），在脐窝和脐带根部消毒，使脐带不再与脐窝粘连，再取新的聚维酮碘棉签从脐窝中心向外转圈的方式消毒脐带及脐周皮肤（图 2-8）。每天消毒 2 次，早晚各 1 次即可。

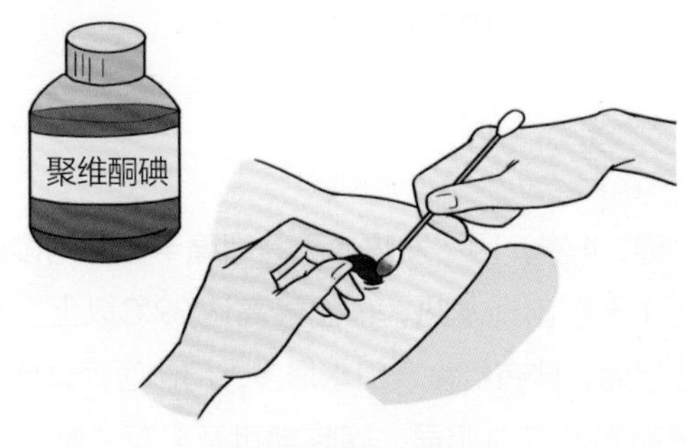

图 2-8　脐部消毒

3. 重点提示

（1）记住脐带护理三原则

1）保持干燥：孩子脐带脱落前或者刚脱落脐窝还未干燥时，一定要保持脐部干燥。脐带脱落之前，洗澡时可以用脐带贴保护，若脐带脱落愈合后可以让孩子直接盆浴。洗澡后务必要及时进行脐带消毒，保持干燥。

2）避免摩擦：尿不湿的腰际要在脐带以下，不可盖到脐部，一来孩子活动容易导致尿不湿与脐带根部摩擦，二来避免尿液或粪便污染脐部创面，故需选择合适型号的尿不湿。

3）避免闷热：保持脐部创面透气的状态，这样有利于创面的恢复，避免持续包扎覆盖脐部。

（2）聚维酮碘棉签若已污染，及时更换，不可重复使用，避免发生感染。

（3）若脐部有脓液伴恶臭并且脐部周围红肿（图 2-9），应及时就医。

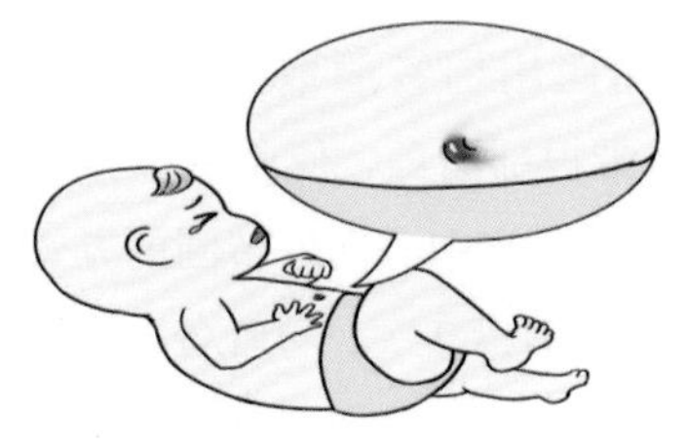

图 2-9　脐部周围红肿

案例 63

男，4 岁，因“发热 1 天，咽痛半天”门诊就诊，患儿 1 天前出现发热，体温最高达 39℃以上，半天前自述咽痛，伴有拒食及口水增多。门诊医师体检时发现孩子咽喉部充血明显，咽峡部可及多颗“水疱”样皮疹，手足未及明显皮疹。医生诊断“疱疹性咽峡炎”。

问题 63 ▸ 喉咙长水疱怎么办？

医生答疑（陈志敏）

疱疹性咽峡炎由肠道病毒引起，较易识别，多见于夏秋季节，主要发生于 1 ~ 7 岁的小儿，尤其是 5 岁以下的孩子。初起常高热，伴喉咙痛、流口水，饮食和饮水因疼痛而受影响，有的有呕吐、腹泻。喉咙常有红肿，在口腔顶部黏膜可有 2 ~ 4mm 大小的白色疱疹，1 ~ 2 日疱疹破裂后可形成小溃疡（图 2-10）。周围可有红晕，少数患者嘴唇及舌部亦可见相似情况。值得注意的是，如果同时伴有手、足、臀部等部位疱疹，应考虑手足口病。

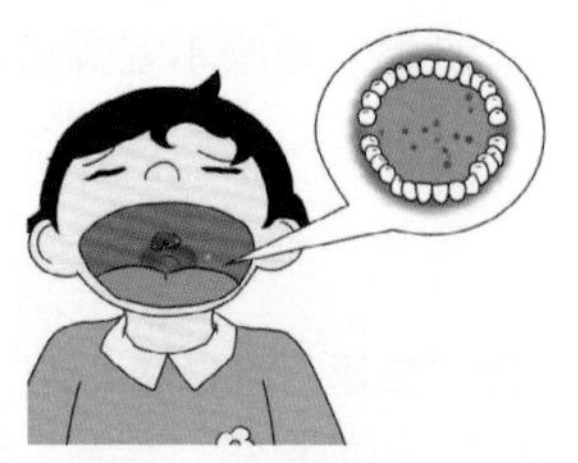

图 2-10 咽喉部红肿

疱疹性咽峡炎没有特异性治疗方法，但病情大多轻微，一般不需要特别用药，以在家休息和观察为主。根据情况可给予退热药，应特别注意每日补充足够的水分。

疱疹性咽峡炎一般 1 周内病情好转，自行恢复。极少数可能会有病情进展，甚至出现抽搐、痉挛等危急情况。如出现精神萎靡、嗜睡、惊跳、抽搐、头痛、强烈呕吐、气急、口唇发绀等情况，应及时就医。

护理专家答疑（邵蕊清）

孩子患病期间要注意：

1. 休息　居家休息，减少活动，避免疲劳。

2. 饮食　推荐温凉清淡容易吞咽的食物，如牛奶、鸡蛋羹、稀粥等，避免进食刺激性（如酸性、辛辣）和较硬的食物加剧口腔疼痛。

3. 发热护理　测量体温，一般体温 > 39℃使用退热药，鼓励多饮水。

4. 口腔护理　保持口腔清洁，婴幼儿进食后可喂少量温开水，年长儿饭后用温开水或淡盐水漱口以清洁口腔。

5. 预防传染　①与其他婴幼儿、儿童分室居住，接触患儿时戴口罩。②注意手卫生，玩具可用含氯消毒剂如 84 消毒液消毒。③不混用餐具。④家长不要亲吻孩子的嘴和手。⑤建议居家隔离 2 周。

6. 重点提示　①进食困难及持续高热的患儿应给予适当

补液。②出现精神差、抽搐、烦躁不安等情况应及时就医。

案例 64

女，3岁，因“鼻塞、流鼻涕2天”来门诊就诊。患儿2天前受凉后，出现鼻塞、流涕，伴有胃口下降和睡眠不安。门诊医生体检发现患儿咽部红肿，诊断为“急性上呼吸道感染（感冒）”。

问题 64 ▶ 孩子鼻塞、流鼻涕怎么办？

医生答疑（陈志敏）

感冒是最常见的疾病，儿童时期尤其多见。绝大多数由病毒引起，如鼻病毒、偏肺病毒、冠状病毒等。受凉和疲劳是最多见的诱发因素。感冒的孩子常有鼻塞、流涕、咽痛、发热等，早期常以清水鼻涕为主，严重患儿可因鼻塞影响孩子睡眠和吃奶，也可出现呕吐、腹泻。

但引起鼻塞、流涕的并不都是感冒，也可能是传染病的早期表现或是过敏性鼻炎。如“感冒”后期出现持续发热、出皮疹，应注意有无麻疹等可能；过敏性鼻炎在儿童非常常见，与感冒的区别在于，过敏性鼻炎孩子鼻塞流涕持续时间较长，常超过1周，与环境关联较大，且多有家族病史，抗过敏药物治疗有效。

感冒症状轻者无需用药，在家休息、观察、多饮水即可。如鼻塞、流涕严重且影响孩子的睡眠和吃奶，可使用感冒药改善症状。

感冒多由病毒引起，有自限性，多数在5天左右自行好转。如果鼻塞、流涕7～10天，或合并持续发热、咳嗽、耳痛、皮疹等，应及时到医院就诊，注意有无发展成为鼻窦炎、支气管炎，甚至肺炎等。

护理专家答疑（邵蕊清）

孩子患病期间要注意：

1. **休息** 居家休息，减少活动，避免疲劳。

2. **饮食** 饮食无明显禁忌，推荐清淡易消化饮食，如鸡蛋羹、稀粥、面条等，可根据孩子喜好提供食物，促进食欲。

3. **对症护理** ①发热：测量体温，一般体温 > 39℃使用退热药，鼓励多饮水。②鼻塞、流涕：及时清除鼻腔分泌物，注意不要用力擤鼻。③擤鼻涕的正确方法：建议单侧擤鼻涕，即按压一侧鼻孔擤净鼻腔分泌物，再按压另一侧鼻孔擤净分泌物（图 2-11）。④保持鼻孔周围清洁，擦拭分泌物时动作轻柔，可用凡士林等涂抹鼻翼部的黏膜及鼻下皮肤，减少分泌物刺激。

图 2-11 擤鼻涕的正确方法

4. **重点提示** 持续发热、咳嗽加剧、耳痛、呼吸加快等情况应及时就诊。

5. **如何预防** ①根据气温及时增减衣物，避免受凉。②勤洗手，避免脏手接触口、眼、鼻。③感冒高发季节，避免去人员密集的公共场所，推荐戴口罩。④坚持适度有规律的户外运动，提高机体免疫力。

案例 65

聪聪今年3岁半了，自从9月份上幼儿园以来，总是生病，过几天发热，过几天咳嗽，过几天又呕吐，甚至还发生过一次肺炎，所以妈妈带她来医院，很想知道要不要吃增强免疫力的药物。

问题 65 ▸ 孩子上幼儿园就感冒，要吃增强免疫力的药吗？

医生答疑（王颖硕）

儿童刚刚开始上幼儿园时，反复发生呼吸道感染是比较普遍的问题，主要因为：①离开家人的照料，卫生习惯不佳。②很多儿童待在一起，有一名儿童生病，就可能传染给很多人。③刚上幼儿园的儿童既往很少生病，对多数病原体没有免疫力，因此，接触患儿或病原体后均容易发生感染。④儿童离开家人怀抱，心理上比较脆弱，也造成免疫力下降。⑤幼儿园有大量的公用物品及玩具，容易发生交叉感染。由此可知，人口密度过于集中、儿童卫生习惯不佳和对多数病原体普遍易感是刚上幼儿园的儿童易于生病的主要原因。

仅仅使用免疫增强剂并不能完全解决这个问题，而且使用后不一定能马上起到立竿见影的作用。需要采用多种手段，如：注意卫生习惯，儿童之间保持适当的距离，生病儿童坚持在家隔离等方法。

反复呼吸道感染是年幼儿童，特别是刚刚开始上幼儿园儿童的常见情况。随着年龄的增长和常见病原体的逐步接触，呼吸道感染的情况一般会逐步减少。但是，如果反复感染的情况没有明显缓解，需要进行详细地免疫功能检查，以排除免疫功能异常的可能，同时，也要对这部分患儿进行过敏原等检查，以排除过敏性鼻炎等过敏性疾病的可能。

护理专家答疑（邵蕊清）

孩子患病期间要注意：

1. **养成良好的卫生习惯** 勤洗手，避免用脏手接触口、眼、鼻；同时注意物品的卫生和消毒。

2. **避免交叉感染** 避免与患病儿童或家长接触。

3. **增强自身抵抗力** 进行适度规律的户外锻炼提高机体抵抗力。

4. **及时增减衣物** 根据气温适当、及时增减衣物，同时强调孩子出汗了及时用干毛巾擦干汗液或更换汗湿衣物防止受凉。

5. **保持良好的环境卫生** 定时开窗通风保持室内空气流通；鼓励家长戒烟；外出回家时应清洗手和脸并更换清洁衣物后再接触孩子。

案例 66

小明，10 岁，因“发热伴四肢酸痛 2 天”就诊，经检测“流感病毒”核酸阳性，班级里有多位同学出现类似表现。医师诊断考虑流行性感冒（简称“流感”），予以奥司他韦口服，并嘱咐好好休息，加强对症治疗，小明 3 天后体温降至正常，病情好转。每年进入 12 月以后，学校里不少同学都出现了发热、咳嗽、流涕和四肢酸痛的表现，到医院检测发现很多人都患有流感，随着时间的推移，罹患流感的患儿越来越多，造成大量的缺课，老师和家长都想知道如何预防流感?

问题 66 ▶ 怎样预防流感？

医生答疑（王颖硕）

流行性感冒是流感病毒引起的呼吸道感染，常表现为高热、咳嗽、流涕、四肢酸痛、乏力等。由于其临床症状较普通感冒为重，且具有强烈的传染性，被称为流感。由于流感病毒易于变异，人群普遍易感，临床症状重，且易于引起呼吸系统其他并发症，因此是冬春季节威胁儿童健康的最常见病原体之一，据统计，我国每年约有 20% ~ 40% 的学龄儿童罹患流感。

流感的治疗药物主要是神经氨酸酶抑制剂。一般建议在起病 48 小时内给药。同时，要注意良好的休息和合适的营养。流感更重要的是做好预防工作：①控制传染源：流感儿童应自觉在家中隔离，避免接触健康人群；②控制传播途径：流感病毒主要通过接触传播和空气气溶胶传播，因此需要提醒确诊患儿佩戴口罩，喷嚏、咳嗽时注意掩盖口鼻，接触公用物品后勤洗双手；③保护易感高危人群：特别注意对儿童的保护，尽量避免到人群密集场所，勤洗手，多戴口罩；④积极接种流感疫苗。

流感的自然病程一般是 3 ~ 7 天，经过治疗或及时休息可以自行恢复。但少数患者出现体温持续不退，咳嗽加重，呼吸急促等表现，要注意合并流感肺炎的可能，需及时至医院治疗。

护理专家答疑（邵菡清）

切断传播途径是预防感染的有效方式，患病孩子应居家隔离，避免交叉感染。孩子患病期间要注意：

1. 平时要注意锻炼身体，增强对各种疾病的抵抗力。
2. 流感流行季节要避免去人多的公共场所。
3. 注意劳逸结合，适度规律进行户外锻炼增强体质。

4. 房间要经常通风换气，保持整洁。
5. 勤洗手，尤其是打喷嚏、接触公共物品后要注意洗手。
6. 不接触患病儿童及家长，不接触病禽和病畜。

案例 67

男，3 月龄，生后 1 个月起有吐奶，吃奶后发生，有时在吃奶后 5 ~ 10 分钟发生，有时吃奶后半小时还有吐奶，吐出奶液或奶块。出生体重 3.1kg，母乳喂养，体重增长良好，目前体重 5.5kg。

问题 67 ▸ 孩子总是溢乳怎么办？

医生答疑（陈洁）

溢乳是指胃内容物反流至咽部、口腔溢出口外，也称为“生理性胃食管反流”，多发生于 < 6 月龄的婴儿。孩子出生后在新生儿期即可发生溢乳，2 ~ 4 月龄为高峰期，随年龄增长溢乳慢慢减轻，然后自行缓解，大部分孩子在 6 月龄后好转。据统计，12 月龄的孩子仅有 7.6% 有溢乳。溢乳的产生与胃肠道解剖生理特点有关，正常成人的胃都是斜立着的，并且贲门肌肉与幽门肌肉一样发达。新生儿和小婴儿食管短，胃呈水平位，容量小，幽门肌肉发达、关闭紧，贲门肌肉不发达、关闭松，当孩子吃得过饱（图 2-12）或吞咽的空气较多时就容易发生溢乳，但它对孩子的成长并无影响。

图 2-12　孩子喝奶

由于溢乳是一个生理现象，大多能自愈，一般无需特殊处理，过多地医疗干预反而会给孩子带来不适。妈妈在哺乳时注意哺乳姿势，宜斜抱，使孩子半坐位或坐位，哺乳后竖抱婴儿约30分钟，避免哺乳后频繁改变婴儿体位，以减少胃内容物刺激食管下端。如果孩子发生呛奶，父母应立即采取头俯侧身位，并轻拍背，将奶汁拍出。要注意仔细观察孩子，如果出现下列“危险信号”时，应及时去医院，求助于医生的诊治：①症状严重：恶心、频繁呕吐、呕吐物伴有血；②吸吮-吞咽不协调：表现为吞咽困难、喂养伴呼吸暂停、或过度哽咽、或反复咳嗽、或反复肺炎；③喂养时易激惹、哭闹、拒食，进食时间较长（30～40秒）；④表情痛苦；⑤异常姿势；⑥生长缓慢：不能解释的体重2～3个月增长不足或下降。

护理专家答疑（陈晓飞）

对于生理性胃食管反流的婴儿，生活上需要注意以下几点：

1. 饮食　喂养时少量多餐，增加哺喂次数，避免过饱。奶瓶喂养时奶嘴应充满奶液，以免空气吸入引起呕吐。随着孩子长大，逐渐添加辅食，人工喂养时可在牛奶中添加谷制品，稠厚饮食（图2-13）如米糊、蛋羹可降低反流发生率。

图2-13　稠厚饮食

2. 体位　哺乳结束后孩子若为清醒状态，给予竖抱30分钟，可轻拍孩子背部，排出胃内空气；孩子若为睡眠状态给予左侧卧位，床头抬高20°～30°，减少反流并预防反流物吸入。

3. 皮肤护理　保持口腔及皮肤清洁，溢乳后及时清洁口腔、下颌及颈部皮肤及衣物，预防口腔及皮肤感染。

4. **重点提示** 观察孩子呕吐物的量、颜色及性状，每周测量体重。若孩子呕吐物有血性或咖啡色样物质、溢奶后有反复咳嗽及呼吸困难、2～3 个月体重下降或增长不足，及时医院就诊。

案例 68

女，8 月龄，体重 10kg，2 天前发热、腹泻，大便呈蛋花汤样，每天 5～6 次，每次量多，伴呕吐，在医院就诊，查验大便常规和血常规以及血气分析正常，经过口服补液和服用药物后，孩子热退，呕吐止，但腹泻仍然严重，每天仍有 4～5 次，大便为糊状，有时呈稀水便，黄色或黄绿色。患儿出生体重 3.7kg，一直食欲好，出生后头 4 个月母乳喂养，4 个月后因奶量不够，添加配方奶，6 个月开始添加辅食，已经吃米糊、蛋黄泥和蔬菜泥以及肉汤。

问题 68 ▸ 小儿腹泻期间在饮食方面应该注意什么？

医生答疑（陈洁）

该患儿首先考虑急性病毒性肠炎，这是儿童腹泻中最常见的疾病。对于急性病毒性肠炎，除了补液治疗和药物治疗以外，饮食管理是非常重要的，有助于加快病情恢复，避免因为营养不足造成的病程延长。饮食治疗的原则是继续进食，对于案例中的这个孩子，母乳照吃，配方奶可以更换成无乳糖配方奶或低乳糖配方奶，米糊、蛋黄泥和蔬菜泥照样可以吃，肉汤要注意去脂，水果打成水果泥是可以的，但不要榨果汁喝，因为果汁的渗透压高，会加重腹泻，腹泻期间不要添加新的辅食，注意补充微量元素锌。在腹泻期间，要避免不必要的禁食或吃清淡食物造成的营养素缺乏，那样不仅没有帮助，反而造成病程延长。

护理专家答疑（陈晓飞）

对于腹泻的孩子，生活上需要注意以下几点：

1. 饮食　母乳喂养的孩子可继续喂养，人工喂养的孩子奶粉可更换为无乳糖奶粉，辅食要注意易消化、低脂、无刺激。腹泻期间暂停添加新的辅食。孩子腹泻期间母乳喂养时乳母饮食应以低脂肪、富含纤维素的食物为主，以免乳汁中的脂肪量过大加重孩子的胃肠负担。腹泻停止后逐渐恢复营养丰富的饮食，可每日加餐 1 顿，共 2 周，以赶上正常生长。

2. 卫生　注意饮食卫生，注意食物的清洁、新鲜及食具消毒，餐前便后洗手。及时剪除指甲，特别是对于有吮吸手指习惯的孩子除了减少手指吮吸外，更要加强手部卫生。

3. 补液　为预防脱水，孩子腹泻期间除了饮水及补充口服补液盐溶液外，可使用米汤 500ml+ 细盐 1.75g 溶解后给孩子饮用，此液体口感好，易于被孩子接受。

4. 重点提示　若孩子出现前囟凹陷，皮肤及口唇干燥，哭时泪少，长时间没有小便或拒食行为及时去医院就诊。

案例 69

男，3 岁，因玩耍时不慎吞入纽扣电池，无疼痛、恶心、呕吐等不适。

问题 69 ▶ 孩子误吞异物怎么办？

医生答疑（陈洁）

误吞异物多发生于 1 ~ 3 岁儿童，此阶段的幼儿活动范围变广，动手能力变强，对外界充满好奇，喜欢将手中抓的东

西，如硬币、电池、小钉子、玩具的小零件等放入口内，一不小心就会误吞而造成消化道异物（图 2-14）。此外，幼儿喉部的反射性保护功能发育不完善，牙齿没有长全，咀嚼功能较差，食物未经细细咀嚼就吞咽，进餐仓促，边进食边谈笑等也是造成儿童误吞异物的原因。

图 2-14　消化道异物

孩子误吞异物，家长不要慌乱，应该立即到医院检查治疗，最好选择就近医院，以便医生及时检查，判断异物在哪里，是不是要取出异物，并根据需要做好急救处理，以最大限度地减少损害。万不可用“土方法”自行解决，如处理不当，异物很可能会越卡越深，尖锐的东西若卡到咽喉、食管，如果靠近大动脉的位置，将有可能引起大出血，甚至危及生命。进入消化道的异物，根据异物的性质、大小，决定是否立即取出异物。如果异物不是特别大，如小玻璃球、纽扣等，会随胃肠道的蠕动，与粪便一起排出。家长要仔细检查孩子的每一次排便，直至确认异物排出为止。一般异物在胃肠道里的停留时间不超过 3 天，如超出这个时间还未发现，要及时复查。

以下情况需要急诊取异物：①吞进的是尖锐（如针、铁丝）或形状特殊（如有角、刺）的异物；②圆形异物大于 2.5cm，难以通过食管或胃肠道，有可能嵌顿在胃肠道的某一部位，而不能从大便排出；③若吞入电池等有毒、有害物品时，尽早取出。电池的危险性很大：电池在体内停留 1 个小时，会破坏消化道黏膜；停留 8 个小时，会引起消化道穿孔。通常采用内镜将异物取出来，在无法使用内镜的情况下，才考虑用手术的方法取出异物。

家长要密切关注孩子吞食异物后的反应，如果脸部发黑、表情痛苦，表明气管被异物所阻，此时如果不能及时将异物移出，很快就会缺氧，在短时间内孩子可能就会停止呼吸甚至死亡。建议尽快采用“海姆立克急救法”救治。

护理专家答疑（陈晓飞）

对于误吞异物的孩子，需要采取以下措施：

1. **避免惊慌失措** 不要尝试进入孩子口中深处抠取异物及吞咽食物或直接拍打后背方法使异物排出。如果孩子能正常呼吸及说话，孩子保持安静状态，不要拍背、进食、跳跃，同时立即送医院就诊。

2. **急救方法** 如果孩子不能正常呼吸，立即拨打急救电话，并使用“海姆立克急救法”急救。

3. **如何预防** 误食异物并不是疾病，是完全可以避免的。家长可以注意以下方面：①购买玩具时选择电池使用螺丝旋紧的玩具，以免儿童处于好奇抠出电池引起误食；②小颗粒的玩具，如磁力珠尽量不要给年幼的孩子玩，否则容易在玩耍过程中引起误吞；③不要把硬币当成玩具，把硬币放在孩子不易触及的地方；④关注孩子的习惯，一旦发现孩子有喜欢将小物件放入口中的习惯应予以阻止和引导。

案例 70

男，4 岁，2 年前开始大便干燥，大便次数少，每 3 天 1 次，其他无异常。后来情况越来越重，大便变硬而且粗，有时 1 周 1 次，需要开塞露帮助，近来解大便很恐惧，不愿意坐便盆，服用过许多益生菌也不见效果。有时会腹痛，通便后腹痛有减轻，无便血，无腹胀。平时喝水少，不喜欢吃蔬菜，喜欢吃烤制的食品。

问题 70 ▸ 孩子便秘怎么办？

医生答疑（陈洁）

便秘是儿童常见的症状，绝大多数是功能性的，由于膳食结构不合理、缺乏排便习惯训练致使排便规律和排便行为异常、排便动力学异常、遗传因素（1/3 患者有家庭聚集现象）、生活环境改变、活动量减少所致。不同的时期，便秘诱发因素不同。婴儿期往往因为食物转换，从乳汁喂养过渡到奶粉或添加固体辅食后大便变得坚硬，引起不适应所致。幼儿期，给予排便训练时，孩子试图控制排便但发现排便有疼痛而惧怕排便。幼儿园阶段往往因不喜欢在学校里排便所致。

功能性便秘是儿童非常常见的问题，不是疾病，不会危及生命，能得到安全和有效的治疗，只是需要一定的时间，家长要注意保持良好的精神及心理状态，避免急躁、过分关注等情绪，对治疗充满信心。便秘的治疗目的包括通便，软化粪便质地、解除便秘引起的不适、恢复肠道正常运转与排空、建立正常的排便规律及排便行为。借助于药物通便和软化大便，根据医师的医嘱应用开塞露或温盐水灌肠解除粪便嵌塞，应用乳果糖、聚乙二醇、麦麸等非刺激性的泻药软化大便，这样可以保持大便通畅，解除排便时疼痛，消除孩子对于排便的恐惧。

大便软化后要进行排便训练，通常 27 个月后就应该开始排便训练，排便训练时注意以下几点：①大便软化后进行，一定要确保孩子无痛性解大便后方可进行排便的训练；②时间选择以饭后 15 ~ 30 分钟为宜，此时结肠的蠕动最为活跃；③要让小朋友处于一个舒服的排便姿势，可以买一个儿童专用的便盆；④时间不宜过长，一般 10～15 分钟，时间到了如果没有大便也让其起身，长期蹲坐可引起脱肛反而加重便秘，要鼓励不要责怪，家长在旁边可以故意发出“嗯嗯”的声音予以引导，对于年长儿可以教孩子在排便过程中松弛盆底肌及屏住呼吸，以增加腹压。

此外，注意调整饮食结构，多食富含纤维的食物，足量饮水，年长儿应鼓励进食纤维素含量高的蔬菜、水果和杂粮，避免偏食挑食，参加适当的体育锻炼都有助于便秘的好转。

对于小婴儿，要注意与先天性巨结肠相鉴别，孩子排便减少，并有胎粪排出延迟超过 24 小时且伴随一些症状（呕吐、拒食、腹胀、发热、生长迟缓、大便带血）的婴儿，需高度警惕，往往需要肠造影、直肠活检等特殊检查予以明确。另外还有一种情况，常常被误认为是便秘，婴儿每次排便持续数分钟，伴尖叫、哭闹、因费力排便引起面色发红或发青，这些症状通常持续 10～20 分钟，而每天可有数次排便或者数天 1 次大便，但大便是软的。上述症状生后第 1 个月就开始出现，持续 3～4 周后可自行缓解。这种情况称为“排便困难”，或称为“攒肚”，发生机制为腹腔内压力的增高与盆底肌肉松弛的不协调所致。出现这种情况，母乳喂养的婴儿加喂少量菜汤、枣汁、橘子汁，人工喂养儿在配方奶中加入 8% 的糖可以对其有所帮助。

护理专家答疑（陈晓飞）

对于便秘的孩子，需要采取以下措施：

1. 补充水分 尽可能使孩子多喝水，果蔬汁、牛奶、豆浆也可用于水分的补充，但要避免使用饮料代替水的摄入。

2. 合理膳食（图 2-15） 增加蔬菜、水果、薯类、菌藻类、谷物等膳食纤维含量高的

图 2-15 合理膳食

食物，便于粪便的排出。

3. 习惯养成 培养孩子定时排便的习惯，时间可选择每日晨起或餐后半小时，给孩子预留出15分钟排便的时间，避免督促孩子及在孩子面前表现不耐烦、焦虑等负面情绪增加孩子的心理压力。为孩子准备合适高度的便盆，能使排便时双膝水平略高于臀部，双足着地以便孩子排便时用力（图2-16）。增加孩子排便时的专注力，避免孩子在排便时使用电子产品、玩具等。

图2-16 排便训练

4. 增加运动 给予孩子适当的户外运动，根据孩子的身体素质及爱好安排运动方式，促进肠道蠕动。

案例71

女，7岁，出现口臭（图2-17）3个月，特别是早晨刚起床时味道很重，其他无异常。

图2-17 孩子口臭

问题 71 孩子口臭怎么办？

医生答疑（陈洁）

口臭只是一种常见的症状，不是疾病，在日常保健中，家长需要注意预防和治疗口臭的问题，解除孩子的烦恼。儿童的消化功能未发育完全，牙齿也处于生长阶段，家长若不细心护理就容易导致儿童口臭，处理不好甚至会影响孩子孩的牙齿发育。导致孩子口臭的原因主要有以下几点：

1. **口腔问题** 是儿童口臭最常见的原因，由于有些孩子没有刷牙的习惯，许多细菌和微生物积聚在牙齿上，造成龋齿、牙周炎等，可引起口臭。

2. **消化系统问题** 孩子的消化系统非常脆弱，很容易出现腹泻、便秘等病症，这些疾病会造成儿童口臭，应警惕。

3. **消化系统疾病** 如慢性胃炎、消化性溃疡、肝炎等疾病，会出现口臭症状，特别是最常见的幽门螺杆菌感染。

4. **慢性咽炎、扁桃体炎等炎症** 这些疾病也会诱发儿童口臭。

5. **滥用抗生素** 使胃肠道内菌群失调，正常细菌如乳酸杆菌受到抑制，杂菌却大量生长繁殖，从而导致儿童口臭。

首先要注意口腔清洁，每天刷牙 2 次，有时单单用牙膏刷牙是不够的，可以用牙线清除杂物，使气味相对减少；同时应注意饮食平衡，避免偏食，注意蔬菜的摄入量；让孩子多喝水，凡是能清除局部细菌、促进唾液分泌的方法都能有效治疗口臭。此外，如果因疾病所致，要治疗原发病。

护理专家答疑（陈晓飞）

对于口臭的孩子，需要采取以下措施：

1. **习惯养成** 培养孩子良好的口腔清洁习惯，为孩子选择合适的软毛牙刷及牙膏，保证每日早、晚刷牙（图 2-18），清洁牙齿及舌面、舌根部位，饭后漱口，保持口腔清洁。改变孩子张口睡觉的习惯，睡眠时张口呼吸引起孩子唾液减少，加重孩子口臭。

图 2-18 刷牙

2. 少吃零食 避免孩子进食过多零食，特别是油炸及刺激性食物，增加富含维生素的蔬菜、水果的摄入，如猕猴桃、绿叶蔬菜等。睡前避免进食含糖、淀粉量高的食物，若有进食情况要保证清洁口腔后再入睡。

3. 重点提示 定期携孩子至口腔科，检查有无龋齿、牙齿排列不齐、口腔炎症等引起口臭的相关因素。

案例 72

男，1 岁 3 个月。平时经常腹泻（图 2-19），大便稀水样，5 ~ 6 次 /d，伴有酸臭味，含有不消化食物，无黏液和脓血。胃口好，不挑食，但是体重和身高增长缓慢，睡眠差，经常夜醒，平素体质差，容易生病。系孕 33 周的早产儿，刚出生时被确诊“坏死性小肠结肠炎”，行肠切除术，手术后仅剩下 100cm 小肠，诊断为“短肠综合征”，曾住院接受肠外营养、肠内营养治疗 3 个月。

问题 72 ▸ 短肠综合征的孩子反复腹泻该怎么办？

图 2-19　孩子反复腹泻

医生答疑（马鸣）

短肠综合征是由于小肠大部分切除或功能丧失超过 50%，导致营养素吸收不良，从而使许多患者难以维持适宜的生长和发育。该病早期的表现就是慢性严重腹泻、脱水、电解质紊乱，后期主要是由于营养物质不能被吸收造成的营养不良和各种微量元素、维生素缺乏，最后导致各种并发症（肠造瘘袋见图 2-20）。

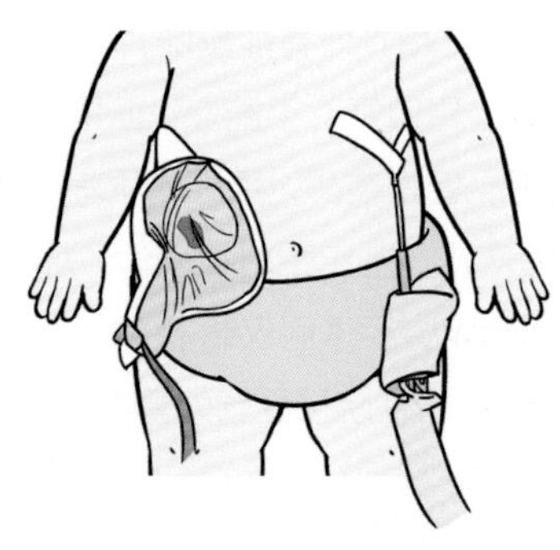

图 2-20　肠造瘘袋

短肠综合征是一种营养高风险疾病，需要营养师良好的营养管理，以改善疾病的预后和孩子的生活质量。疾病早期孩子的生长需要依赖肠外营养和肠内营养支持。随着肠道功能慢慢康复，短肠孩子就可以回家进行家庭营养治疗。

短肠综合征因为小肠吸收功能差，所以平时大便就会比正常孩子多，家长们需要注意以下事项，积极做好短肠综合征孩子居家饮食营养和日常护理：

1. 每天记录孩子 24 小时的大便量，一般建议大便量控制在 30g/（kg・d）以内，确保肛门皮肤不发生破溃。如果大便量明显超标，容易造成脱水、电解质紊乱和营养不良，这时需要减少食物摄入量。同时可予以蒙脱石散、益生菌以及果胶、口服补液盐等对症治疗。注意观察孩子的精神状况和小便量，如果孩子有发热、精神差、小便少，需要及时就医。

2. 避免高糖、高膳食纤维食物的添加。这些食物因为渗透压高，很容易加重腹泻。注意适当增加高蛋白食物，适当增加植物油。短肠综合征孩子要达到生长发育的需求，可能需要更多的蛋白质和脂肪来增长体重，促进肠道康复。也可以选择每天口服无乳糖短肽配方奶粉作为营养补充。注意补充维生素和微量元素，尤其是锌、铁、钙、维生素 A、维生素 D、维生素 B_{12} 等，预防维生素和微量元素缺乏造成的机体伤害。

3. 对于没有回盲瓣的孩子，需要预防小肠细菌过度生长，可以在医生指导下周期性服用一些窄谱抗生素。

4. 居家定期进行生长指标的监测，如体重、身高（图 2-21）、头围（2 岁以下监测头围），手机下载成长记录等进行生长曲线的绘制，追踪和监测孩子的生长发育情况。如果生长偏离正常曲线，尽早寻求医生帮助。

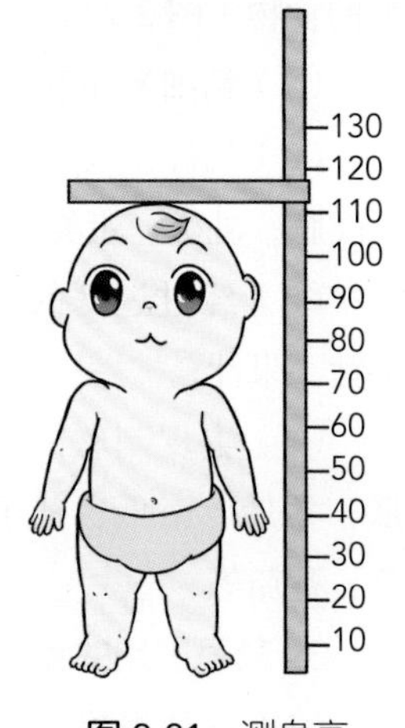

图 2-21　测身高

定期临床营养科随诊，进行营养评估，监测各项营养指标，及时制订和调整营养方案，预防营养素缺乏。

营养师答疑（陈菲）

对于肠道手术后反复腹泻的孩子，在食物选择上尽量采用低渣、低糖、高蛋白膳食：

1. 孩子到达 4 ~ 6 月龄（早产儿按照预产期计算月龄），需要通过营养师的评估后（图 2-22），开始添加辅食。

图 2-22　医生问诊

2. 短肠孩子尽量选用膳食纤维少、细软、易于咀嚼和吞咽的食物（图 2-23）。

（1）精细米面制作的粥、烂饭、面包、软面条、饼干；

（2）切碎制成软烂的嫩肉、动物内脏、鸡、鱼等；豆浆、豆腐脑；乳类、蛋类；

（3）经过过滤的菜汤、蔬菜汁、果汁；

（4）去皮制软的瓜类：丝瓜、冬瓜、南瓜、茄子、西葫芦、番茄等。

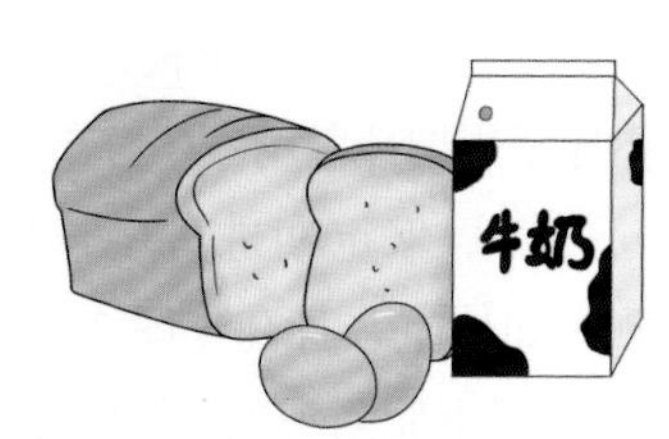

图 2-23　牛奶、鸡蛋、面包

3. 禁忌选用的食物

（1）各种粗粮（小米、糙米、薯类）、大块的肉、老的玉米，整粒的豆子、菌菇；

（2）坚果（花生、核桃、松子、腰果等）；

（3）富含膳食纤维的蔬菜、水果（苋菜、茭白、竹笋、蒜苗、茄子、芹菜、荠菜、菠菜、韭菜、菠萝、草莓、荸荠、干枣、鲜枣、石榴、无花果、猕猴桃、梨、芒果等）；

（4）油炸、油腻的食物，辣椒、胡椒、咖喱等浓烈刺激性调味品（图 2-24）。

图 2-24　油炸、刺激性食物（如辣椒）

4. 避免高糖食物摄入，如甜食、糖果、巧克力、含糖零食、含糖酸奶、饮料、蜜饯、蜂蜜、含乳糖奶粉等。

5. 每天可以安排 5 ~ 6 餐，食物中可以适当放盐。

6. 保证高蛋白食物的摄入，如鱼、虾、蛋、奶、瘦肉，可达到膳食推荐量的 130% ~ 150%。

7. 一般不需要严格限制脂肪的摄入。

8. 定期复诊，在营养师指导下循序渐进地添加食物。

案例 73

女，3 岁，患有神经母细胞瘤，需要定期化疗，化疗期间出现了胃口差、体重下降、恶心等症状，如何促进孩子的食欲，保证营养？化疗导致骨髓抑制时吃什么食物可以帮助孩子血象恢复？

问题 73 ▸ 肿瘤儿童化疗期间如何保证营养？

医生答疑（马鸣）

肿瘤儿童的营养干预包括经口喂养、管饲和肠外营养支持。在化疗期间推荐正常的健康饮食，当孩子白细胞很低或者中性粒细胞绝对值很低的时候，免疫力会下降，容易受到感染，这个时候更需要注意食品卫生。

因为化疗药物的影响，孩子可能出现一些情况比如恶心、呕吐、对气味产生厌恶（图 2-25），导致经口摄入减少。当经口摄入无法达到能量和蛋白质需要量，体重下降明显时，可以考虑管饲和肠外营养支持，管饲是初级营养支持治疗，是有效、安全的方法。管饲最常见的是经鼻胃管，即从鼻子放一根管子到胃部，将营养液通过这个管子输送到胃里，营养液指的是根据孩子实际情况选择的特殊配方奶粉。如果孩子有持续恶心、呕吐，以及存在吸入风险，可以考虑鼻空肠管喂养。

图 2-25　妈妈喂饭，孩子没胃口

如果肿瘤本身造成胃肠道梗阻、严重黏膜炎、无法控制的恶心和呕吐，血小板计数低，不能实施管饲时，医生会根据情况判断是否给予肠外营养支持。就是把氨基酸、脂肪、糖、微量元素、电解质、矿物质等营养物质混合后通过静脉置管输送到人体内，提供机体所需要的能量及各种元素。

肿瘤治疗期间需定期监测营养状况，由临床营养医生、营养师给予营养评估及饮食指导。

营养师答疑（陈菲）

没有哪一种单独的食物会直接帮助升高白细胞，最重要的是用营养均衡的饭菜给身体提供各种充足的营养物质，让身体自己恢复。白细胞低的时候不干净的食物有可能会带来严重的感染，家长应尽可能给孩子做新鲜且熟透的食物，在给孩子准备饮食的时候一定要注意卫生，整个烹饪过程要保证卫生，并注意洗手。

饮食安排上应注意以下几点：

1. 避免以下食物

（1）腌制类食物：如腌肉、腌鱼、火腿、香肠、腊肉、烟熏肉。

（2）路边摊食物。

（3）熟食卤味：熟的肉类只能在室温下放 2 个小时，太久会造成大量的细菌生长。

（4）未经过巴氏杀菌的乳制品及自制酸奶。

2. 不健康的食物也需尽量避免，比如碳酸饮料、油炸食品（例如薯条），这些食物能量、蛋白质低，且会加重孩子腹胀、恶心等症状。

3. 白细胞低的情况下，不要擅自补充益生菌，谨遵医嘱。

4. 如果孩子出现恶心、呕吐，可采取以下方法帮助缓解症状：

（1）少食多餐，孩子能吃的时候就给他 / 她吃。

（2）不要吃有强烈气味以及味道浓烈的食物。

（3）饭后不要立即平躺。

（4）小口喝清淡液体以防止脱水。

（5）化疗当天可以选择软的、易消化的食物。

（6）出现口腔黏膜炎时建议软食，使用光滑、温和、湿润的食物。

案例 74

女婴，10 月龄，出生时诊断“先天性心脏病（室间隔缺损）”，6 月龄行室间隔缺损修补手术，术后恢复良好。出生体重 3.1kg，母乳喂养，术前体重 6.0kg，术后仍母乳喂养为主，添加少量米粉，胃口很小，体重增加缓慢，现体重 7.0kg。

问题 74 ▸ 先天性心脏病手术后孩子如何追赶生长?

医生答疑（马鸣）

先天性心脏病（简称先心病）是小儿最常见的心脏病，目前主要的治疗手段是手术。然而，由于存在发绀、肺动脉高压、充血性心力衰竭、能量摄入减少（吞咽困难、喂养效率低下、厌食、肝大导致胃容量减少）、消化功能紊乱（肠道水肿、胃食管反流）等问题，营养不良（包括消瘦及生长迟缓）在先天性心脏病患儿中十分常见。有的先心病孩子术后的营养状态比术前更差，可能与总能量摄入不足以及高代谢状态相关。先心病孩子术后较差的营养状况可能会导致近期的不良结局，如发生术后感染，也可能会影响远期神经发育。

先心病孩子出院后家庭恢复的主要目标是追赶上正常儿童的生长。对于先心病孩子来说，身高、体重能追赶至世界卫生组织生长曲线的第 25 ~ 50 百分位可以视为生长良好。本案例中的孩子，6 月龄体重 6kg、10 月龄体重 7kg，均位于生长曲线第 3 百分位以下，该孩子术后未实现追赶性生长，诊断为营养不良；膳食评估蛋白质、能量摄入不足。

那如何增加孩子的能量摄入呢？一方面可以选择一些高能量强化营养配方，其中的碳水化合物、脂肪、钙等多种营养含量高于普通配方和母乳，可帮助先心病孩子获得更高的能量和更多的营养素，满足喂养需求。另一方面，先心病孩子 6 月龄后也需合理添加辅食。本案例中 10 月龄的孩子，合理的饮食包括：每天 600ml 母乳 / 配方奶，1 个鸡蛋加 50g 肉禽鱼；一定量的谷物类（米糊、厚粥、烂面等）；蔬菜、水果根据婴儿的需要添加。建议先心病孩子术后需定期在心脏外科和营养科随诊，由营养科医生或营养师评估营养状况，制订个体化营养方案。

营养师答疑（陈菲）

食物的能量密度是指每克或每毫升食物中所含有的能量。先心病孩子由于液体限制、进食困难、食欲不佳等原因导致进食量有限时，高能量密度的食物能在不改变进食量的情况下，帮助孩子摄入更多能量以满足生理需要。婴儿期可选择的高能量密度的食物包括：米饭、面条、包子、饺子等主食；蛋、鱼、虾、蟹、禽畜肉；植物油等。

如何制作适合先心病孩子的高能量密度饮食呢？制作高能量密度食物的方法：

（1）用鱼汤、肉汤、鸡汤、排骨汤等荤汤煮粥、煮面条；

（2）在粥、面条、米糊（图 2-26）中加入肉、鱼、蛋和植物油；

（3）水果奶昔：在牛奶中加入水果，用匀浆机搅拌制成奶昔；

（4）奶香土豆泥：土豆蒸熟后碾成泥状，蛋黄煮熟后碾成泥状，加入牛奶将土豆泥和蛋黄泥混匀；

（5）牛奶鸡蛋羹：鸡蛋打散，加入温奶搅拌均匀，隔水蒸熟。

图 2-26 粥、米糊、面条

案例 75

男婴，6 个月，近 1 个月患儿有拒奶、腹泻以及反复的皮疹出现，疑似为牛奶蛋白过敏。去母婴店被推荐换为羊奶粉，羊奶粉吃了 1 周后，腹泻等症状仍没有缓解，所以来就诊。患儿出生体重 2.9kg，目前体重为 5.9kg（WAZ=-2.7），为中度营养不良。

问题 75 ▸ 孩子牛奶蛋白过敏，可以喝羊奶粉吗？

医生答疑（马鸣）

牛奶蛋白是婴幼儿食物过敏（图 2-27）中的最常见的过敏原，该病的临床表现多种多样，常见的皮肤症状为风疹样皮疹，眼睛、嘴唇水肿，湿疹（图 2-28），肛周皮疹；消化道症状有反复腹泻、呕吐、便秘、肠绞痛，便中带血等以及慢性咳嗽、发作性喘息等呼吸系统症状。若患儿长时间未经过正规的治疗，还会引起缺铁性贫血、营养不良，生长迟缓等营养性问题。因为牛奶蛋白过敏的很多症状没有特异性，加之接触牛奶后过敏反应有时需要数小时甚至数天才会有表现，所以很容易被误诊和漏诊。同时牛奶蛋白过敏因为免疫介导途径多样，有时血特异性过敏原的检测没有阳性发现，所以造成了牛奶蛋白过敏确诊比较困难。临床上把“牛奶蛋白回避和激发试验”作为确诊牛奶蛋白过敏的金标准。所以家长们如果怀疑孩子有牛奶蛋白过敏的可能性，建议一定带孩子去医院请专业的儿科医生明确诊断。

图 2-27　孩子喝奶过敏

图 2-28　孩子过敏后发痒

一旦确诊为牛奶蛋白过敏，孩子应立即回避牛奶以及牛奶制品。如果是母乳喂养儿，母亲应回避牛奶及相关制品，大豆和鸡蛋也是常见的过敏原，所以最好也回避，但是母亲可以多吃猪肉、牛肉等禽畜肉，以保证蛋白质的充足摄入，同时需要补钙 800～1 000mg，以保证乳母和婴儿有充足的钙摄入。配方奶粉喂养儿则需要选择深度水解配方奶或者氨基酸配方奶治疗。深度水解奶粉是通过加热、水解等特殊工艺处理后使牛奶蛋白分解成二肽、三肽以及少量游离氨基酸，从而显著降低了其抗原性，所以可以用于大部分牛奶蛋白过敏孩子的治疗。对于严重的牛奶蛋白过敏或合并其他多种食物过敏以及不能耐受深度水解奶粉的孩子，则可以选用氨基酸奶粉喂养。氨基酸奶粉是不含肽段，完全由游离氨基酸组成的配方奶，故不具有免疫原性。但是国内外的指南均不推荐牛奶蛋白过敏的孩子服用其他动物奶，因为牛奶和其他动物奶之间存在较高的交叉过敏可能。

营养师答疑（陈菲）

有些牛奶蛋白过敏的家长会选用羊奶，但是大多数牛奶蛋白过敏的孩子喝羊奶同样不耐受。首先跟大家分享一下牛奶、羊奶、驼奶的区别。羊奶的钙、维生素 A、维生素 B_6、钾等含量比牛奶略高一点点，但叶酸和维生素 B_{12} 比牛奶低。驼奶中不饱和脂肪酸、维生素 C 含量较高。但是这些奶做成奶粉之后，会有配方调整，所以差别就不太大了。除此之外，这 3 种奶的蛋白结构虽然会有所差别，但是都是以酪蛋白为主，抗原性相近，这和母乳以乳清蛋白为主存在较大差别。市面上羊奶和驼奶贵的原因是因为奶源少，并不是营养价值高。

因此，目前牛奶蛋白过敏孩子的治疗，国内外的指南均推荐母乳喂养或者深度水解 / 氨基酸奶粉喂养，其他类型的配方奶以及动物奶都不被推荐。

如果牛奶是 6 个月之内孩子的唯一食物来源，那么牛奶蛋白过敏的孩子有较高的营养不良风险，孩子的喂养过程中需要注意以下几个方面：

1. 完全回避牛奶蛋白 0 ~ 6 月龄孩子坚持用母乳喂养，母亲回避牛奶蛋白，母乳不足可用特殊配方来替代，同时需保证奶量，除此之外家长必须注意孩子的其他食物如饼干、药物中是否添加少量牛奶，以及包装食品是否共用牛奶制品的生产线。特别提醒家长：氨基酸奶和深度水解配方奶均为特殊医学用途配方食品，家长们不能自行决定购买使用特殊医学用途配方食品，一定要在医生或者临床营养师指导下使用，并定期就诊，使用过程中如出现不适症状，或未达到预期效果，应及时向医生或者临床营养师咨询，千万不要自行更换、停用特殊配方奶。

2. 按年龄及时添加辅食 6 月龄开始，孩子应该及时添加高铁辅食，如强化铁米粉、猪肝泥和肉泥。特别注意不需要过度延迟高蛋白辅食的添加。每次只添加 1 种新食物，观察 2 ~ 3 天，看有无过敏反应。辅食添加需遵循由少到多、由稀到稠、由细到粗的原则循序渐进。

3. 定期营养评估 牛奶蛋白过敏的孩子因为接受了饮食调整治疗，所以根据病情应每 2 ~ 3 个月进行营养状况评估，定期测量身长、体重、头围，连续监测其是否属于正常范围，同时关注钙、铁、锌等营养素是否摄入充足，以保证孩子的正常生长发育。

4. 特殊配方奶粉的选购 必须严格按照医生或临床营养师的指导意见选购特殊医学用途配方食品，国家市场监督管理总局提醒大家，选购时必须看清产品名称为“特殊医学用途婴儿深度水解配方 / 氨基酸配方食品”；看清注册号，格式为“国食注字 TY+8 位数字”；可以至国家市场监督管理总局网站查询产品注册信息。没有标注产品注册号或者查询不到相关信息的，千万不要购买。

案例 76

小宝，男，4 岁 2 个月，半年前上了幼儿园后经常感冒、流鼻涕。妈妈发现小宝每次感冒后都会打呼噜（图 2-29）。最初，感冒好了呼噜会自己好起来，但是最近 2 个月，不感冒的时候孩子也呼噜声音越来越响了，感冒以后响声震天，夜里觉得孩子呼吸很困难，甚至严重的时候会有 3 ~ 4 秒钟呼吸暂停。除了打呼噜，妈妈觉得小宝这 2 个月胃口也不好，很容易发脾气，体重及身高都没有增加。到医院检查，医生拍片发现孩子的腺样体肥大。家长很焦虑，腺样体肥大需要怎么治疗？平时都要注意些什么？

图 2-29　孩子睡觉打呼噜

问题 76 ▸ 孩子睡觉打呼噜正常吗?

医生答疑（吴磊）

腺样体肥大是孩子打鼾最常见的原因。腺样体位于鼻咽顶壁和后壁交界处，两侧咽隐窝之间（图 2-30）。儿童腺样体属于生理组织，随着年龄的增大而增生，6 岁左右达到最大程度，以后逐渐退化。儿童时期易患感冒、急性扁桃体炎等上呼吸道感染，若反复发作，腺样体可迅速增生肥大加重鼻腔阻塞，阻碍鼻腔引流，鼻炎、鼻窦炎的分泌物又会刺激腺样体使之继续增生，形成互为因果的恶性循环。很多孩子，腺样体肥大常与扁桃体肥大合并存在。

图 2-30　正常腺样体和腺样体肥大

腺样体肥大可引起孩子睡眠过程中出现打鼾、张口呼吸甚至呼吸暂停的现象，如不及时治疗，可以导致儿童大脑长期慢性缺氧，进而出现白天烦躁、易激惹、注意力下降、多动、精神不佳、食欲不振等症状。长期的张口呼吸还会对孩子的面形发育造成影响，使颌骨变长，腭骨高拱，牙列不齐，上切牙突出，唇厚，以上变化就是所谓的“腺样体面容”。睡眠打鼾严重的会危害儿童的生长发育及身心健康。

如果伴有感染，可以适当地使用抗生素及鼻喷激素治疗。如果症状持续存在或者加重，保守治疗无效，需要行腺样体切除术。存在手术禁忌的孩子，可以选择无创呼吸机辅助支持治疗作为二线治疗方案。

保守治疗效果好的孩子可以避免手术治疗。保守效果不好、反复呼吸道感染的孩子，难以避免手术治疗。多数孩子术后呼吸情况会显著好转，极少数孩子手术效果不好，可能的原因包括术后复发、持续存在的鼻炎、肥胖、小下颌等。虽然多数孩子 6 岁以后腺样体会逐渐萎缩，但是仍然有一部分孩子 6 岁以后没有萎缩的趋势，需要手术治疗，因此不推荐消极地等待。儿童时期的打鼾不积极治疗，可能会发展为成人的鼾症。相对于儿童，成人的鼾症治疗会更复杂。

护理专家答疑（金国萍）

针对孩子睡觉打呼噜的现象，家长应注意：

1. 孩子要合理营养，加强体育锻炼，劳逸结合，增强抵抗力，减少上呼吸道感染的发生。

2. 观察孩子有没有呼吸暂停、烦躁易激惹、多动注意力下降等行为问题及尿床发生，及时就诊。

3. 观察孩子睡眠时的体位，选择打呼噜轻的体位。

案例 77

孩子出生体重 3.2kg，身长 50cm。现在 6 个月了，人工喂养，一天 8 ~ 10 次奶，每次 180 ~ 250ml，早晚喂养 2 次米糊，现在体重 13.5kg，身长 68cm。由于孩子胃口好，睡眠好，胖乎乎的样子（图 2-31）让其他亲朋好友都夸养得好。但孩子父母也有苦恼，孩子虽然易养，但日常抱起来还是非常吃力，家长担心体重增加太快是否存在其他疾病？

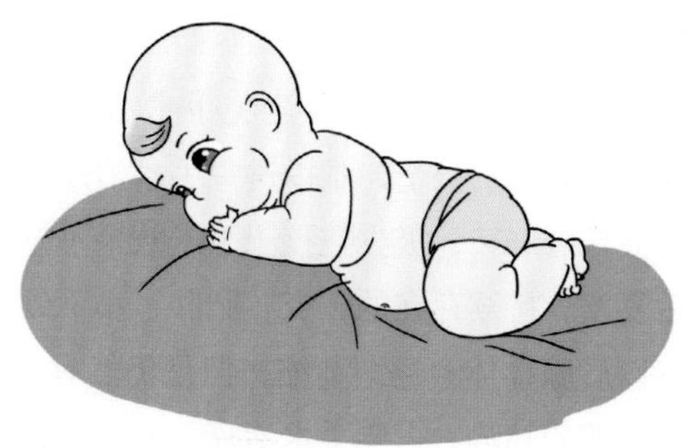

图 2-31　孩子太胖

问题 77 ▸ 孩子为什么会发胖？

医生答疑（傅君芬）

婴儿正常体重计算公式：①≤ 6 个月婴儿体重：出生体重 + 月龄 ×0.7（kg）；② 7 ~ 12 个月婴儿体重：6（kg）+ 月龄 ×0.25（kg）。临床上常用体重指数（body mass index，BMI）即体重（kg）/ 身长的平方（m^2）来判断，当儿童的 BMI 在同性别、同年龄段参考值的 P_{85} ~ P_{95} 为超重；超过 P_{95} 为肥胖。当孩子体重超过同性别同身高参照人群 10% ~ 19% 为超重；超过 20% 为肥胖。所以本案例中的孩子属于重度肥胖。引起孩子发胖的原因多种多样，需要做一些检查来帮助诊断。常见原因如下：

1. 喂养不当 人为地增加婴儿的喂奶次数和奶量，过早地添加高淀粉、高热量食物，摄入过多热量而造成肥胖。

2. 宫内营养过剩 出生时大于胎龄儿（large for gestational age infant，LGA）或巨大儿是婴儿肥胖的高发人群。

3. 疾病因素 某些特殊的内分泌代谢性疾病也可以导致婴儿肥胖，如：Prader-Willi Syndrome（又称肌张力低下 - 智力障碍 - 性腺发育滞后 - 肥胖综合征）、库欣综合征等。另外血清维生素 D 水平不足也可导致肥胖发生。

4. 其他原因 婴儿睡眠不足可以影响瘦素、糖皮质激素、促甲状腺激素、胰岛素等激素的分泌，导致肥胖。

护理专家答疑（陈晓春）

针对肥胖儿童首先要排查疾病引起的婴儿肥胖，因此建议父母带孩子前往专业营养门诊或内分泌门诊就诊。排除病理因素肥胖后，家长应在营养师的指导下合理喂养，通过以下几点将婴儿体重控制在正常范围之内。

1. 饮食管理 1 岁以内孩子的食物以奶为主，适当减少夜奶次数。避免过早添加高淀粉、高热量食物，长牙后避免食物过于精细。

2. 充足睡眠 新生儿睡眠时间超过 18 个小时，1 ~ 3 个月婴儿要保证 16 个小时的睡眠时间，4 ~ 12 个月婴儿每日平均睡眠时间为 14 个小时。

3. 适当运动 小婴儿可以选择游泳、被动操、抚触，促进其新陈代谢。当孩子学会爬行、站立、行走后，就可以自由活动，以促进脂质代谢及骨骼肌生长。选择每天上午 8 ~ 10 点，下午 4 ~ 5 点户外活动，晒晒太阳，有助于机体合成维生素 D。

案例 78

小亮今年4岁了，出生后一直很健康，但2个月前，父母发现原来不喜欢喝白开水的小亮经常讨水喝，一天能喝2个热水瓶容量的水，而且经常要上厕所，晚上尿床情况1周出现3～4次，不给水喝就哭闹。近来体重没有增加，反而略有下降，皮肤干燥，几乎没出过汗。

问题 78 ▸ 孩子喜欢喝水是好事吗？

医生答疑（傅君芬）

小儿饮水虽然是好事，但过量饮水需要引起警惕，如果孩子突然喜欢多喝水，小便增多，需要前往医院及时就诊。导致小儿多饮、多尿的原因有很多，常见的有以下几种原因：

1. **垂体性尿崩症** 由多种原因引起脑垂体抗利尿激素分泌减少而致。表现为口渴明显，喜冷饮，每天饮水量常在几升以上（图 2-32），尿透明如水，到医院检查尿常规可显示尿比重低。

图 2-32 孩子爱喝水

2. 肾性尿崩症 由于肾小管重吸收水分障碍所致。出生后不久即可发生，但婴儿烦渴与多尿不易被人发现；3 岁以后表现为多饮、多尿，并伴有生长迟缓。

3. 糖尿病性多饮 由于体内胰岛素分泌不足而致。除有多饮外，还有多尿、消瘦、乏力等表现。查血糖增高、尿糖阳性，胰岛素治疗有效。

4. 习惯性多饮多尿 这是非病理性的，没有器质性病变，是由于喂养、生活习惯所形成的。只要限制小儿饮水量，多尿现象也随之改善。

5. 其他疾病 维生素 D 中毒、甲状旁腺功能亢进、特发性高钙血症、醛固酮增多症、范科尼综合征、肾小管酸中毒等均可有多饮、多尿的表现，需经专业儿科医师诊断治疗。

护理专家答疑（陈晓春）

针对不同病因所致的儿童多饮、多尿，家长可以采用不同的方法来帮助孩子。

1. 心理疏导 如果孩子是习惯性多饮而导致的多尿，需要认真探究有无不安全因素导致孩子通过饮水来缓解压力，如分离焦虑、学习压力等。通过针对性的医疗干预或者通过增加亲子接触、游戏等方式转移孩子对饮水的需求。

2. 多休息 多饮导致多尿后，部分电解质会随着尿液排出，一些孩子常常有乏力的情况，家长需要注意让孩子多休息，保证睡眠，避免玩耍过度。

3. 加强营养 生活中备好充足的饮用水，避免脱水；餐前餐后避免大量饮水，可用营养丰富的汤、果汁、牛奶等代替，确保营养，保证充足的体力。

4. 注意卫生 多尿会引起会阴部皮肤潮湿，所以需要及时更换内裤或者尿不湿，加强会阴部皮肤护理，保持局部皮肤清洁干燥。

5. 专科治疗 病理性原因引起的多饮，明确诊断后需要严格遵医嘱用药，不得自行停药，观察用药后的反应，做好专科门诊定期随访。

案例 79

孩子出生后 10 天，家长发现患儿生殖器皮肤异常、阴茎和睾丸颜色都比较深（图 2-33），乳晕颜色也比较深，起初以为是不干净，后面洗了很多遍颜色还是比较深，家长有疑虑，是不是疾病引起的？

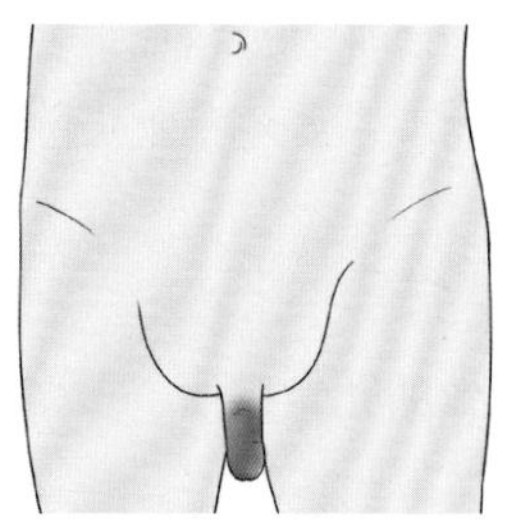

图 2-33　阴茎偏黑

问题 79 ▸ 发现新生儿乳房、阴茎、睾丸颜色偏黑正常吗？

医生答疑（董关萍）

根据这个孩子的临床表现，首先考虑为先天性肾上腺皮质增生症。其原因大多为酶缺乏所致，如 21- 羟化酶缺乏是最常见的一种。此类患儿有不同程度的皮肤、黏膜颜色加深，位于齿龈、外阴、乳晕和关节皮肤褶皱部位；部分患儿可无皮肤、黏膜颜色加深，但存在外生殖器畸形，性别难辨。新生儿期及婴儿期可出现水和电解质代谢紊乱，危及生命。儿童期及青春期患儿存在性早熟、月经紊乱及矮小问题；成年期有生育问题等。

临床上通过新生儿筛查及其他相关类固醇激素、电解质生化检查以及睾酮、雄烯二酮、促肾上腺皮质激素、皮质醇等来诊断。外生殖器严重畸形者可进行染色体分析，鉴定性别，基因诊断可以明确生化诊断的准确性。

先天性肾上腺皮质增生症患儿需要终身糖皮质激素及盐皮质激素替代治疗，遇应激事件时按规范增加激素剂量。定期监测并发症。虽然本病目前无法达到痊愈，但是通过有效的激素替代治疗，能够防止肾上腺危象，保证正常生长和青春发育以及保护远期生殖健康。

护理专家答疑（郑燕）

如果孩子被诊断为先天性肾上腺皮质增生症，家长在日常家庭护理中应注意以下内容。

1. 服药建议　患儿终身需要激素替代治疗，应做到遵医嘱给孩子服药，不可随意更改剂量，不能漏服停服。由于长期应用激素药物，应及时补钾、钙等电解质。

2. 应急处理　当孩子出现感染、发热、腹泻、创伤、手术等应激情况时，机体对糖皮质激素的需要量增加，必须及时来院就诊，预防肾上腺危象的发生。

3. 定期随访　3 个月以下患儿每月监测 1 次，3 个月 ~ 2 岁患儿每间隔 3 个月监测 1 次，2 岁以上每间隔 6 个月监测 1 次，除做实验室检查外，还需要监测生长发育情况。

4. 家庭支持　如性征发育异常，需要手术治疗，家庭成员需要相互鼓励，相互扶持，相互体谅，共同合作，帮助孩子获得良好的治疗。

案例 80

女孩，1 岁 1 个月，妈妈给孩子洗澡时发现双侧乳房增大 1 天，至内分泌科就诊。

问题 80 ▸ 女孩洗澡时发现乳房增大有硬块，是发育了吗?

医生答疑（傅君芬）

乳房是女性的第二性征，是雌激素作用的靶器官，女孩从出生到成年，通常有 3 个年龄阶段可以见到乳房发育性增大。

1. 新生儿阶段　受到母亲雌激素影响，出生 2 周的孩子乳腺会增大。

2. 儿童期　此期乳腺一般处于静止状态，但也有一部分女孩子出现乳房增大，大多数是“小青春期”，也可能是特殊原因引起的中枢性性早熟，需要请专科医生判断。

3. 青春期　乳房开始发育的通常年龄是 9 ~ 10 周岁，乳房发育且隆起，乳头下出现硬节。

女孩乳房增大，不一定是发育提前，需要观察乳房增大的进展，并结合全身生长发育综合评估，在专业医生和家长的共同监护下，注意孩子的青春期发育速度和身高增长情况。所谓“小青春期”是指小儿出生后短期内血清卵泡刺激素、黄体生成素、雌二醇或睾酮的浓度升高达近似青春期水平，有的婴幼儿会出现乳房发育现象。男性大约持续到 6 月龄、女性到 2 ~ 3 岁时，血清促性腺激素才会下降到低水平，而后直至青春期启动才会再次升高。本例患儿可能处于“小青春期”，完成内分泌专科检查后可居家观察，多数患儿在数月后乳房增大自行消失。

护理专家答疑（郑燕）

预防早发育需要在生活照护中注意以下几点：

1. 不要用塑料包裹食物后对其进行微波炉加热。

2. 不要让儿童开灯睡觉，减少面对手机电脑及电视机的时间。

3. 不要服用营养滋补品；不要食入过多高蛋白类食物、

含激素类食物；少食用黄豆类制品。

4. 尽量使用玻璃材质的奶瓶。

5. 避免接触含有激素类物质的护肤品、化妆品、沐浴乳、洗发乳。

案例 81

10岁女孩，较文静，喜欢玩电脑、看电视、吃薯片，不爱出去玩，更加不喜欢运动，导致体重不断飙升，现体重75kg，身高140.2cm，颈部皮肤逐渐变黑、增厚，像天鹅绒（图2-34），怎么都洗不干净，腋下（图2-35）、腹股沟以及全身褶皱多的部位也均有发黑，家长担心由其他原因引起，前来门诊就诊。

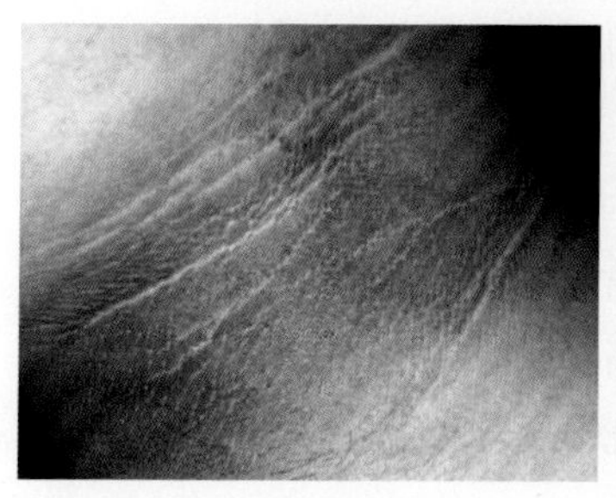

图 2-34　脖子皮肤逐渐变黑、增厚，像天鹅绒

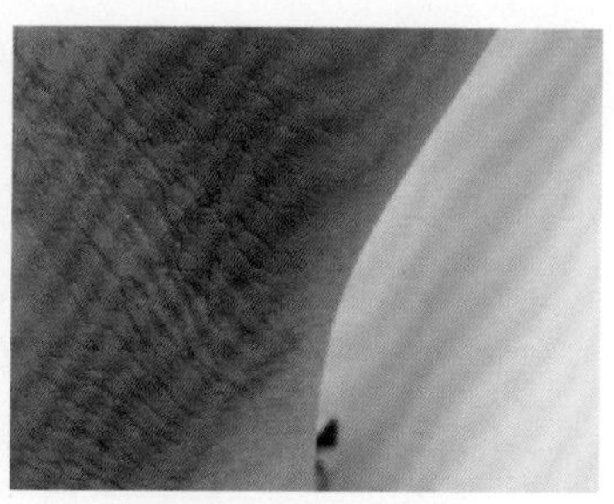

图 2-35　腋下黑棘皮

问题 81 ▸ 孩子颈部、腋窝黑，此现象正常吗？

医生答疑（傅君芬）

本案中的孩子体重超标，存在肥胖问题，根据描述的症状，考虑是由肥胖引起的“良性黑棘皮病”。肥胖儿童贮存了过多的脂肪，导致人体对胰岛素不敏感，导致体内胰岛素生长因子水平升高，而表皮的棘细胞层有胰岛素样生长因子受体，表皮逐渐变黑增厚，出现类似天鹅绒样的皮肤表现。颈部、腋下是黑棘皮病最常见的受累部位，其他常见的受累部位还包括腹股沟、膝盖、肘部、腘窝等。

当肥胖的孩子出现颈部发黑就提示其体内胰岛素水平高，预示着有空腹糖耐量受损、糖耐量异常或糖尿病等风险，需要进行相关检查，判断是否同时存在非酒精性脂肪肝、高血脂、高血压、高尿酸血症等代谢综合征的其他临床表现。出现这些问题家长要高度重视，做好专科随访和生活干预。

护理专家答疑（陈晓春）

肥胖儿童常伴有黑棘皮病，不仅影响美观，更是对健康的重大威胁。家长应及时带领孩子前往内分泌科就诊，同时做好以下生活干预措施：

1. 口渴时应喝水，不能将甜饮料当水喝。

2. 不吃零食，尤其是薯片、巧克力等高热量食物。

3. 每餐定量，限制每顿的米饭或面条等淀粉含量高的食物，建议吃鱼、瘦肉、鸡蛋等含蛋白质高的食物，还有蔬菜等纤维素多的食物，避免含糖分高的水果。

4. 每周至少运动 3 次，每次 45 分钟以上，每次运动心率达 140 次 /min 以上。

5. 不论是饮食管理还是运动任务，均建议全家共同参与，至少有 1 位家长参与，都可以提高孩子对饮食和运动管理的依从性，从而达到健康管理的目的。

案例 82

男孩，7 岁 4 个月，身高 109cm，在班里是个子最矮的一个，每年能长 2 ~ 3cm，家长担心是不是生长迟缓。

问题 82 ▶ 孩子个子矮是矮小症吗?

医生答疑（董关萍）

7 岁多的男孩，平均身高应该在 125 ~ 127cm，本例儿童身高明显落后，需要进一步检查，判断身材矮小的原因。孩子长高的影响因素很多，包括遗传、骨龄、疾病、情绪、运动、饮食、营养吸收、睡眠、发育、内分泌状况等。内分泌专科医生通过临床资料和实验室结果，综合分析、判断矮小的原因，最后确定治疗方案，这是最安全、有效的选择。

检查自己孩子身高是否正常，最简单的办法就是和同龄的孩子比较，如果比同龄的孩子平均矮 5cm 以上、长期坐在班级前两排等，就应引起重视，去正规医院做相关检查。

医学上用百分位数法或标准差法来判定孩子身材是否属于矮小。即身高低于同种族、同年龄、同性别正常健康儿童身高的第 3 百分位数，或低于 2 个标准差（-2*SD*）以下者，属于身材矮小儿童。正常的孩子每年长高 6 ~ 7cm 属于正常范围内。男、女孩的身高标准可以参考国内 2005 年标准（图 2-36、图 2-37）。

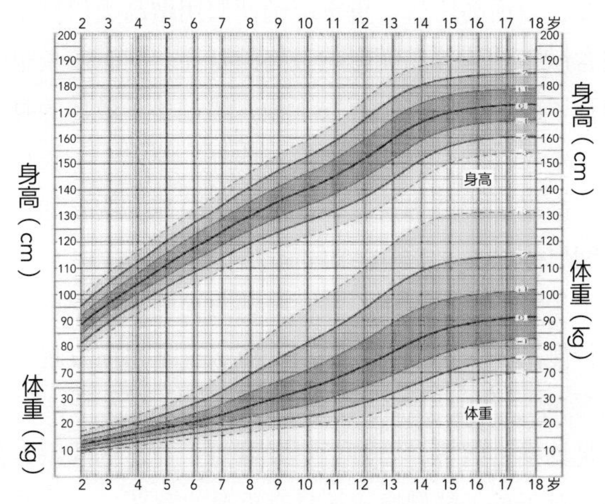

图 2-36　中国 2 ~ 18 岁男童身高、体重标准差单位曲线图

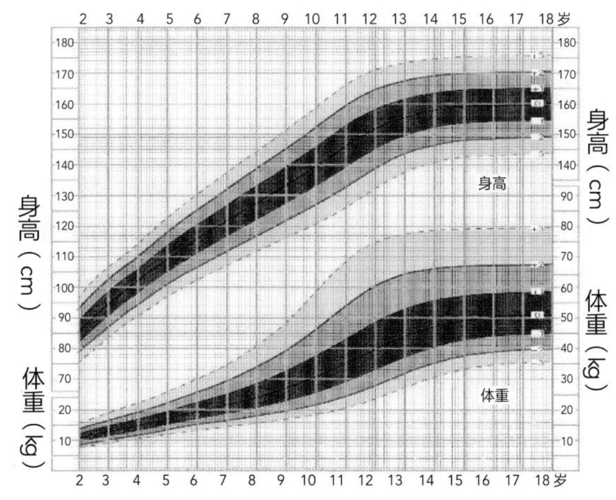

图 2-37　中国 2 ~ 18 岁女童身高、体重标准差单位曲线图

护理专家答疑（陈晓春）

每个孩子的生长都是存在个体差异的，需要科学全面的分析检查，采取针对性的个性化综合解决方案。家长在内分泌专科医师的指导与孩子的积极配合下，让孩子科学长高。

不要轻信增高广告，更不能随便服用增高类保健药物，以免误服含激素的营养品而影响最终的身高。同时家长也千万不要抱着孩子晚长的心态，不去干预，错过孩子最佳的身高增长期，让孩子长高的梦想成为泡影。此外，原来个子长得慢的孩子出现身高增长突然加速，比原有的生长速度明显加快，要警惕青春期启动。

孩子生长发育过程中应关注哪些方面呢？应定期对孩子的身高进行测量，与标准身高进行比照，这是目前发现孩子身高变化的最简单直接和科学有效的方法。培养孩子良好生活习惯，充足均衡的营养，合理的运动锻炼，充足的睡眠，健康的生活习惯对于孩子的健康成长具有重要的意义。

测量身高注意事项：3 个月左右给孩子测量一次，并记录。测量身高三个同：同一个身高尺、同一个测量时间、同一个测量人。早上的身高因为孩子睡觉后，全身放松，比下午和晚上测量要高出 1 ~ 2cm，因此测量身高时最好选择同一个时间。不同的测量人，眼睛平视的角度不同，可能导致测量上的误差。不同的身高尺也测量也有一定的误差。此外，测量时孩子衣服不要穿太多，头不要后仰或低头，孩子的站姿要直，双手自然下垂（图 2-38）。

图 2-38 测量身高

案例 83

芳芳刚解完小便，2 分钟后又喊着要解小便，却只能尿出几滴，一个上午能去厕所十来次，入睡后频繁尿意消失，且尿量正常。上幼儿园中班后也出现这种情况，已经 1 个月了，时好时坏，这下把芳芳的妈妈愁坏了，去医院做了尿常规和泌尿系统 B 超检测，结果都正常。

问题 83 ▸ 频繁小便要紧吗？

医生答疑（唐达星）

这是一个以尿急为主要特征的临床症候群，称为膀胱过度活动症。通常伴有尿频和夜尿症状，伴或不伴急迫性尿失禁，无尿路感染或其他明确的病理改变。在尿动力学中主要表现为逼尿肌过度活动。病因较复杂，与膀胱尿道的神经、解剖及功能异常、泌尿系统感染、便秘等有关。诊断时要注意患儿的排尿方式，尿失禁的细节（时间、频率、严重程度），便秘治疗史以及用药史。

治疗上以行为治疗为主要手段，包括调整生活方式、膀胱训练、盆底肌训练、生物反馈治疗等。行为治疗无效后选择一线药物治疗，常用药物有托特罗定、奥昔布宁等M受体阻滞剂等。注意合并便秘者要同时进行治疗。

大部分为自限性，随着儿童发育成熟，尿急症状就会逐渐消失。少数儿童的主要症状会持续到成年。

护理专家答疑（郑智慧）

孩子患病期间要注意：

1. 调整生活方式 碳酸饮料以及肥胖等因素与膀胱过度活动症明显相关，因此，保持正常体重和健康饮食习惯对治疗很有帮助。

2. 排尿训练 包括调节排尿时间、延长排尿间隔和调整储尿量。分散注意力也可以提高疗效。患儿把对尿频的焦虑转移到别的地方，最好是忙起来，就没有多余的心思来关注尿频，这样坚持一段时间，就会发现这种排尿的强迫感就没有那么严重了。

3. 收缩盆底肌肉 加强膀胱和尿道对排尿的控制，有助于括约肌、泌尿系统神经的正常功能。最容易学会的锻炼方法是提肛法。用力地提动肛门，活动会阴部的肌肉，每天做四五十次。

4. 重点提示 应注意保护患儿心理及自尊心，从而获得患儿信任及配合，以便顺利开展诊治。

案例 84

小强今年 6 岁了，幼儿园大班，班里好几个小朋友割了包皮，小强的包皮尝试翻了几次翻不开，还经常红红的。小强的妈妈很困惑，不知道自家孩子是否也需要割包皮，听说包皮切除越早越好，最好在上小学前完成，这样既不耽误学习，还有利于阴茎的发育。

问题 84 ▸ 包皮需要割吗？

医生答疑（唐达星）

这个孩子的情况属于包茎。包茎是指因为包皮口狭小或包皮与龟头粘连，使包皮不能上翻露出龟头（图 2-39）。包茎一般又可分为先天性和后天性。先天性包茎可见于每一个正常新生儿和婴幼儿，男孩子出生时包皮和龟头之间粘连，数月后粘连逐渐吸收，包皮与龟头分离，一般到 3 ~ 4 岁时由于阴茎和龟头的生长，有些小孩的包皮口增大后可以上翻包皮显露龟头，而有些仍然无法显露龟头，故无法清洗，易诱发包皮龟头炎。后天性包茎一般是因为龟头包皮炎或者龟头及包皮外伤，包皮口形成瘢痕而失去了弹性，亦可称为瘢痕包茎。

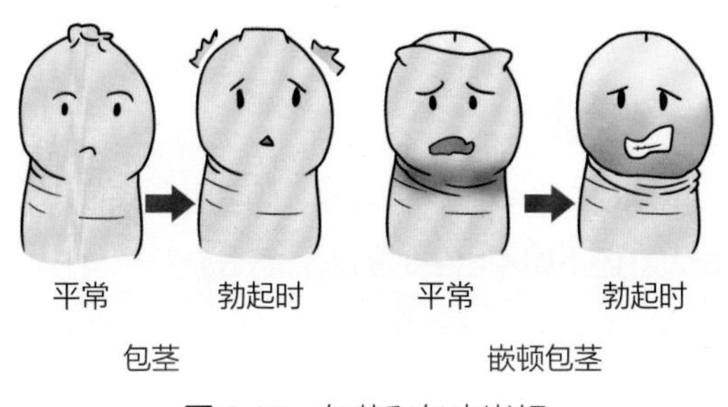

图 2-39　包茎和包皮嵌顿

先天性包茎首选手法翻包皮来解决，辅以包皮口涂抹皮质激素如糠酸莫米松乳膏，可增强治疗效果。如果不能配合手法翻包皮或效果欠佳、能上翻包皮显露龟头但反复包皮龟头炎症、后天性包茎（瘢痕包茎）建议行包皮环切手术。另外，反复尿路感染；包茎合并泌尿系统畸形，如神经源性膀胱、膀胱输尿管反流；包皮嵌顿史（容易复发）；有不适感的包皮过长，可在小儿泌尿外科医生的指导下酌情行包皮环切手术。割包皮不是赶时髦，需根据情况而定。

包茎持续至青春期可能会影响龟头甚至整个阴茎的发育。后天性包茎在之后的发育过程中基本无法上翻显露龟头，手法翻包皮的治疗效果往往无效，故建议尽早行包皮环切手术。

护理专家答疑（刘碧红）

手法翻包皮时应注意以下几方面：

1. **手法扩包** 对于包茎的小朋友，家长手法扩包时手法一定要轻柔，切忌暴力。要循序渐进，不要着急，不要急于一次性将包皮完全翻开。当龟头露出后，清洗包皮垢，翻完之后一定要把包皮复原，否则会造成嵌顿包茎（见图 2-39）。

2. **注意清洗** 清洗龟头及周围的分泌物时避免喷头直接刺激，引起小朋友不适，进而造成厌烦心理。

3. **重点提示** 手法扩包后不能复原包皮，造成嵌顿包茎时，要到医院急诊就诊。

案例 85

磊磊现在 2 岁了，有点胖，阴茎看起来很小，没怎么长大，还不如刚出生时的大，怎么办？

问题 85 ▶ 阴茎很小怎么办?

医生答疑（唐达星）

孩子的这种情况称为不显著阴茎。它是一组解剖结构异常的疾病，临床表现为阴茎外观较同龄人短小。包括以下几种类型：

（1）埋藏式（隐匿性）阴茎（图 2-40）：继发于很差的阴茎皮肤附着和肥胖。

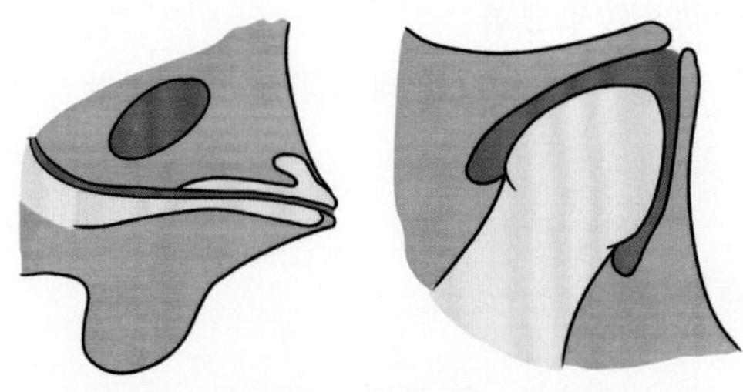

图 2-40 隐匿性阴茎

（2）蹼状阴茎：又称阴茎阴囊融合，指阴囊中缝皮肤与阴茎腹侧皮肤相融合，使阴茎与阴囊未完全分离。

（3）束缚阴茎：继发于包皮环切术后的包皮粘连、包皮外口瘢痕狭窄。

（4）小阴茎：阴茎本身发育差，牵伸长度小于同龄人平均值的 2.5 个标准差。前 3 类一般阴茎长度正常，而第 4 类需要进行多项检查评估，即根据孩子的情况需要来医院做检查，判断有没有耻骨前脂肪肥厚，以及阴茎体发育的大小。

如果肥胖，建议减肥以及手法扩包随访；如果阴茎发育差，建议查染色体、基因、内分泌激素等寻找病因；如果孩子不胖，阴茎发育好但是呈现鸟嘴样外观，就需要进行阴茎的整形手术。对于小阴茎要根据诊断和病因进行针对性治疗。

埋藏式阴茎经过减肥及手法扩包后，阴茎外观能改善，一般不影响发育；小阴茎经过激素治疗大部分会有所增大。

护理专家答疑（郑智慧）

埋藏式阴茎生活中应注意以下几方面：

1. 减肥　把体重减下来，耻骨前脂肪少了后阴茎外露也会变好，很有可能就不需要再手术。

2. 手法翻包皮　很多埋藏式阴茎都伴有严重包茎，常合并肥胖，手术治疗的效果不佳还容易复发，通过手法翻包皮，将龟头翻出来是解决包茎的很好的办法，必要的时候给予皮质激素软膏辅助，效果显著。

3. 重点提示　医院就诊判断阴茎本身的发育情况，排除小阴茎。

案例 86

1 周岁男孩子，阴囊看上去比别人家的小，有时候摸不到里面的睾丸，有时候能摸到，这个要紧吗?

问题 86 ▸ 睾丸去哪了?

医生答疑（唐达星）

可回缩睾丸是由于提睾肌活跃，牵拉睾丸到腹股沟，自然状态下（睡眠或放松时）睾丸能保持在阴囊内。胎儿期睾丸位于腹腔，随着生长发育逐渐通过腹股沟，下降到阴囊。阴囊就像一个“恒温袋”，局部温度高时就会松弛变大，温度低时会皱成一团、变小，局部的刺激也会出现睾丸在阴囊内上下滑动，这是由提睾肌的牵拉引起。但是要与“隐睾”相鉴别。隐睾是指出生时睾丸未正常下降到阴囊内，半岁前的隐睾仍有自行下降的可能。

可回缩睾丸是不需要手术的，定期观察即可。可回缩睾丸随着孩子生长发育仍然有睾丸上缩变成“隐睾”的可能，定期观察非常有必要，尤其是肥胖的儿童。半岁后的隐睾需要尽早手术矫正。最佳的手术年龄为半岁到1岁半。

护理专家答疑（刘碧红）

生活中应注意以下几方面：

1. **睾丸自查** 家长在家可以初步检查睾丸的位置，即孩子在盆浴的时候，可以用手捏一下阴囊，判断里面有没有睾丸。一旦摸不到，就要及早去医院进行专科检查。

2. **定期监测** 当医生诊断孩子为“可回缩睾丸”时，应每年监测1次，并持续至青春期，直到睾丸不再回缩且保留在阴囊内。

3. **重点提示** 睾丸自查不能摸到睾丸，要到小儿泌尿外科体检判断睾丸的位置是否为“隐睾”，是否需要行手术治疗。

案例 87

小涵今年6岁，从小晚上尿床，现在1～2次/晚。天天洗床单，晒被褥，尝试每晚把尿却很难叫醒孩子，经常把尿后还会尿床，所以又用上了尿不湿。爸爸因此经常打骂，孩子也逐渐内向自卑，可把小涵的妈妈愁坏了，去医院做了体检，查了尿常规和泌尿系统B超，也抽了血，结果都正常。

问题 87 ▸ 6岁的孩子经常尿床怎么办？

医生答疑（毛建华）

遗尿症又称夜遗尿，是指年龄≥5岁儿童平均每周至少2

次夜间无意识排尿，包括尿湿裤子或尿湿床，并持续 3 个月以上。有些孩子还可能伴有小便次数增多、小便很急、白天漏尿、排尿困难、排尿延迟等下尿路症状（图 2-41），被称为非单一症状夜遗尿；没有这些症状的则被称为单一症状夜遗尿。原因非常复杂，涉及中枢神经系统、睡眠和排尿的生理节律、膀胱功能紊乱以及遗传等多种因素。目前认为，中枢睡眠觉醒功能与膀胱之间的联系障碍是单症状性夜遗尿的基础病因，而夜间因为抗利尿激素分泌不足导致的夜间尿量增多和膀胱功能性容量减少之间存在不匹配是促发夜遗尿的重要病因。同时夜遗尿还可以合并便秘、尿路感染、睡眠呼吸障碍综合征、神经病变引起的排尿功能障碍等器质性疾病，所以在诊断之前需要做一些检查予以鉴别。

图 2-41　尿急

儿童夜遗尿一经确诊需尽早配合医生进行规范的治疗，家长切勿采取“观望”态度。积极的生活方式指导是儿童夜遗尿治疗的基础，某些夜遗尿儿童可以仅经生活习惯的调整，症状便可消失。同时可以结合药物治疗，但需在医生指导下使用。

据统计大约有 16% 的 5 岁儿童、10% 的 7 岁儿童和 5% 的

11～12 岁儿童患有夜遗尿。儿童夜遗尿虽不会对患儿造成身体急性伤害，但长期夜遗尿常常给患儿及其家庭带来较大的疾病负担和心理压力，对其生活质量及身心成长造成严重不利影响（图 2-42、图 2-43）。此外，儿童夜遗尿虽然每年有 15% 的患儿可以自然痊愈，但 0.5%～2% 的患儿遗尿症状可持续至成年期。

图 2-42　尿床

图 2-43　一箩筐要洗的床单

护理专家答疑（李东燕）

夜遗尿孩子要注意：

1. 休息　调整作息习惯，白天不宜太疲劳，晚上尽早入睡，睡前不要过度兴奋（看惊恐影视及玩游戏）或剧烈活动，生活要有规律。

2. 饮食 鼓励患儿白天多饮水，保证每日饮水量。多吃富含纤维素的食物，避免食用含茶碱、咖啡因及生冷的食物或饮料。晚餐宜早，且宜清淡，少盐少油。睡前 2～3 小时应禁止进食进水。

3. 心理护理 家庭的全部成员需要调整好心态，充分认识夜遗尿，树立战胜疾病的信心，并达成共识。家长不要因为尿床进行责罚，多鼓励孩子，减轻孩子对疾病的心理负担，让孩子自己积极地参与到治疗过程中。

4. 重点提示 ①戒除尿不湿，养成日间规律排尿（每日 4～7 次）、睡前排尿的好习惯。注意清洁外阴和包皮。每日定时排便，积极治疗便秘。②准备量杯、电子秤，认真准确记录排尿日记，以帮助评估患儿的个体化病情并指导治疗。

案例 88

小斌今年 11 岁，平时身体健康，近 2 天流清水鼻涕，轻微咳嗽，咽喉疼痛，自行服用中成药感冒冲剂，白天在学校解过 2 次红色小便，晚上小强再次解红色小便，这可把妈妈吓坏了（图 2-44），连夜赶往医院就诊。

图 2-44 小便红色

问题 88 ▸ 孩子尿红怎么办?

医生答疑（毛建华）

尿红可见于很多情况，如：摄入人造色素（如苯胺）、食物（如火龙果、苋菜、蜂蜜、黑莓、甜菜）或药物（如大黄、利福平、苯妥英钠、某些中药）等；血红蛋白尿；肌红蛋白尿；卟啉尿；新生儿或小婴儿尿内尿酸盐可使尿布呈红色；邻近脏器出血污染小便，如直肠、肛门出血或月经血等；泌尿系统（包括肾、输尿管、膀胱和尿道）（图 2-45）出血性疾病。以上这些除了泌尿系统出血引起真性血尿外，其他原因引起的尿红都不是真正的血尿，也通常被称为假性血尿。假性血尿中除了邻近脏器出血污染外，其他假性血尿的尿常规中基本上没有红细胞。因此，当发现孩子小便颜色红，一定要记得先留取小便送医院检查尿常规，结合家长准确提供的病史和医生详细的体格检查，很容易确定是否为真性血尿。

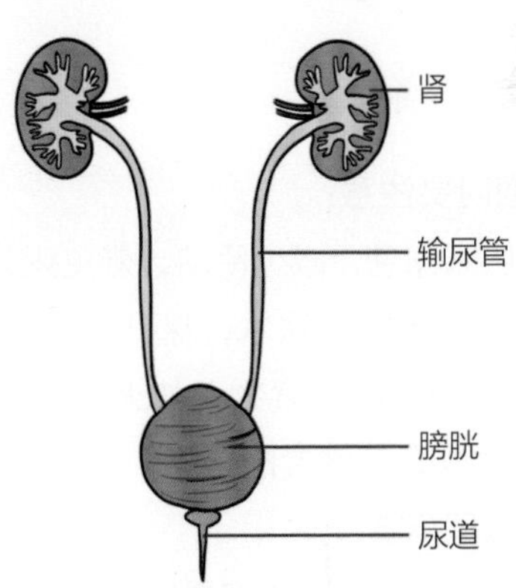

图 2-45　泌尿系统的构成

真性血尿可分为肾小球性和非肾小球性的血尿，可见于尿路感染、尿路结石、肿瘤、外伤、继发或原发性肾脏疾病以及全身性出血性疾病等，需要进一步做泌尿系统 B 超、血和尿等相关检查明确诊断，不同原因治疗方法不同。

值得一提的是，血尿也不一定尿色红。血尿包括肉眼血尿和镜下血尿。镜下血尿是指在显微镜下才能发现的血尿，所以有些时候需要做尿常规才能被发现。而肉眼血尿顾名思义即肉眼能看到的血尿。肉眼血尿会因为血的含量及尿液酸碱度的不同而呈现尿液颜色不同，可表现为鲜红色、洗肉水样、酱油样、浓茶色样、烟灰色样等（图 2-46）。通常 1 升水里滴一滴血就能使水显色且肉眼可见，所以，即使肉眼血尿也不必担心孩子会因此失血过多。

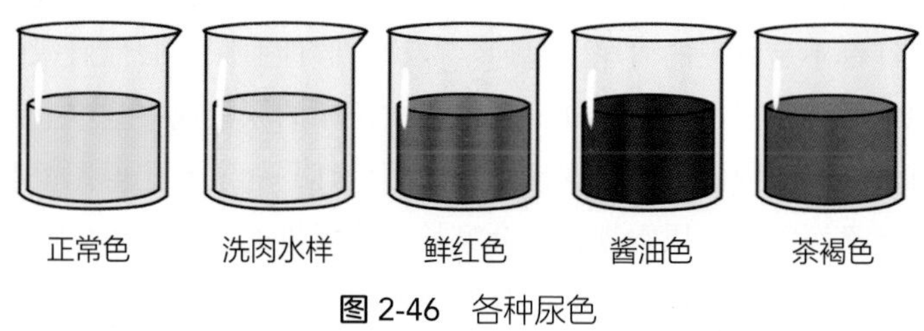

图 2-46　各种尿色

护理专家答疑（李东燕）

孩子患病期间要注意：

1. 休息　居家休息，减少活动，避免疲劳。

2. 饮食　鼓励患儿多饮水，保证每日饮水量。避免摄入大量人造色素（如苯胺）、食物（如火龙果、苋菜、蜂蜜、黑莓、甜菜），多吃富含纤维素的食物。

3. 正确留取尿标本

（1）选用清洁并且干燥的容器盛装小便，以免稀释和污染小便。

（2）留取离发现尿红最近的一次小便，以便更有利于鉴别血尿的真假。

（3）留取标本后要在 1 小时内送检，越新鲜越好，否则尿液失去新鲜度，将会影响检查的准确度。

（4）留取尿液时注意观察尿中有无血丝、血块，排尿时孩子有无不适，尿液红色出现在初始段、终末段还是全过程，以及尿道口、外阴、肛门等有无破损，以便能提供更确切的病史。

案例 89

孩子现在 8 个月了，5 天前出现胃口差，进食后呕吐 1 ~ 2 次 /d，排尿时有哭闹，大便次数有增多，小便也偏黄，去医院诊断为“尿路感染”，遵医嘱给予多喝水，服用 3 天抗生素。之后去医院复查小便好转，医生开了“呋喃妥因”，吃了这个药后小便更黄了，那可怎么办?

问题 89 ▸ 孩子小便很黄怎么办?

医生答疑（毛建华）

正常孩子的尿液呈淡黄色透明，但在寒冷季节放置后可有盐类结晶析出而变浑浊，加热后尿液转清。尿液的颜色随人体每天饮水量的多少、出汗的多少等而发生变化。24 小时当中晨尿尿色最黄，多是正常的生理现象。如果平时小便也很黄，可能的原因有以下几种情况：天气热出汗多，喝水少，孩子体内的水分缺乏导致尿液浓缩，所以出现小便非常黄；急性发热、胃口差、吃得少、呕吐或腹泻的患儿，因为水分会随汗液或粪便排出，摄入又不足，孩子体内的水分也会缺乏，尿液也会浓缩变黄，严重者往往会伴有口唇黏膜干燥、尿量偏少，甚至眼眶凹陷、皮肤弹性差等脱水表现；孩子吃了过多的含色黄素多的食物会导致尿黄，比如胡萝卜、橙子、橘子等；服用某些药物也会导致尿黄，停药后尿黄就会消失，比如呋喃唑酮、呋喃妥因、B 族维生素和一些中药等药物；另外，当肝胆发生疾病或某些溶血病时，血中胆红素异常升高也会从尿液排出，使尿液呈深黄色，此类问题所致的尿色黄一般同时伴有眼白、皮肤发黄，也叫黄疸（图 2-47），胆道阻塞或胆汁淤积的患儿还可以出现白陶土样大便（图 2-48）。因此，尿液发黄，有生理上的原因，也有病理上的因素，需要注意正确地辨别。

图 2-47　皮肤、眼白泛黄

图 2-48　陶土样大便

护理专家答疑（李东燕）

孩子患病期间要注意：

1. 休息　居家休息，减少活动，避免疲劳。

2. 饮食　如果是由于体内缺水引起的尿黄，建议给孩子多喝水，多吃奶，补充足够的液体量，孩子的尿液就不会这么黄了。如果尿色黄与进食的食物或药物有关，一般停用相关食物和药物后尿黄就会好转了。

3. 注意事项

（1）如果孩子胃口差，呕吐、吃不进饭，或者腹泻严重，特别是伴有脱水表现者建议尽快去医院就诊，建立静脉补液，纠正脱水。

（2）尿色深黄持续不退，或者伴有眼白或皮肤黄染表现，同时注意孩子的大便颜色，必须前往正规医院进行相关检查，明确诊断后接受相应的治疗。

案例 90

患儿，女，8个月，35周早产，出生体重2.5kg，出生后母乳喂养至今，目前体重8kg，身长67cm。平时吃奶好，活泼好动，虽然脸色感觉稍微有点白，但并未引起家长重视。这次因咳嗽、流涕到社区卫生院验血常规，血红蛋白76g/L（正常为110g/L以上），被医生诊断为贫血。

问题 90 ▸ 孩子的贫血应该如何预防和治疗？

医生答疑（徐晓军）

本案中的孩子首先考虑营养性缺铁性贫血。该病多见于6个月～2岁的婴幼儿。其发生与以下因素有关：早产儿，母亲孕期严重贫血，未及时添加辅食或含铁丰富的食物，消化道慢性失血（如蛋白牛奶过敏、消化性溃疡）等。

对于明确为缺铁性贫血的患儿，需要给予足量的铁剂治疗，每日元素铁4～6mg/kg，分3次口服，建议两餐之间口服为宜。从预防贫血角度，早产儿宜自2个月左右开始预防性补充铁剂。

补铁有效者，一般2～3周后血红蛋白可明显上升，3～4周后达正常。服铁剂至血红蛋白达正常水平后2个月左右停药，以补足铁的贮存量。如服药3～4周仍无效，应查找原因，是否有剂量不足、制剂不良导致铁不足的因素继续存在等。

护理专家答疑（张超琅）

孩子患病期间要注意：

1. 休息　避免剧烈活动，充分休息，保证足够睡眠。

2. 饮食　婴儿提倡母乳喂养，奶粉喂养选用铁强化配方奶粉。婴儿6个月后及时添加辅食，在添加辅食时应该注意循序渐进、从少到多、从稀到稠、从细到粗、从单一到复杂，从泥状到末状、然后逐渐过渡到碎食物。含铁丰富的食物有：瘦肉、动物血、内脏、鱼、木耳、红枣、菠菜、樱桃、葡萄、桃子等。

3. 用药护理　口服铁剂可能会出现轻度胃肠道反应如恶心、呕吐、腹泻或便秘等，应在两餐之间服用，以减少对胃肠道的刺激，并要观察孩子大便情况；铁剂宜与维生素C、果汁等同服以利吸收；液体铁剂可使牙齿染黑，可用吸管或滴管服用；服用铁剂后，大便颜色会变黑或呈柏油样，停药后会恢复，不用过于紧张。

4. 预防　婴幼儿生长发育快，尤其是6个月以后的婴儿，体内的贮存铁已经消耗殆尽，如果未及时添加含铁丰富的食物，很容易造成缺铁性贫血。婴儿6个月后要及时添加辅食，培养良好的饮食习惯，避免偏食或挑食，尤其注意铁的补充。

5. 重点提示　市面上很多补铁的保健品每日能提供的铁元素量不能达到治疗目的，建议在医生指导下合理选择铁剂。

案例91

患儿，男，7岁，近3个月来常有鼻出血，3~5天1次，每次出血时间不长，稍按压3~5分钟后血止，出血量少。无牙龈出血、身体瘀斑等情况。孩子患有过敏性鼻炎。家长担心会有血液方面的疾病，所以来血液科就诊。

问题91 孩子经常鼻出血，是否有血液系统疾病？

医生答疑（徐晓军）

本案中孩子的病情首先考虑鼻炎引起鼻出血可能性较大。鼻出血是儿童时期较为常见的病症，很多家长因为担心血液系统疾病而带孩子来血液科就诊。鼻出血的原因很多，总体上可分为三个方面：①外伤、炎症、异物等引起鼻血管破裂；②血小板偏低：如白血病、再生障碍性贫血、血小板减少症等，血小板低时可引起鼻腔自发出血；③凝血功能异常导致自发性出血或出血不止。后两种情况严重者鼻出血时间长，不易止血。而单纯鼻部小血管破裂则一般通过正确按压大多容易止血。绝大部分的鼻出血是鼻子本身的问题导致的，而血液系统问题引起鼻出血较少见。如果是一段时间内间隔数日或数周反复出血、每次出血量少、易止血，则更支持鼻部血管的问题。血小板低或凝血功能异常引起出血者，一般检查血常规及凝血功能即可明确，白血病引起鼻出血也与血小板低或凝血功能异常有关。

对于鼻出血的患儿，建议首先去耳鼻咽喉科（五官科）就诊，必要时检查血常规和凝血功能。

护理专家答疑（张超琅）

孩子鼻出血时要注意：

1. **体位** 孩子坐起，上身尤其是头部略前倾、勿向后仰。

2. **按压方法** 用大拇指和示指用力捏住鼻翼两侧向下向鼻中隔按压，使两个鼻孔封闭 5～10 分钟，同时嘱孩子张口呼吸，一般连续压迫 10 分钟可以止住轻度鼻出血（图 2-49）。

3. **观察** 观察咽部，若咽部有血向下流，说明鼻出血没止住。

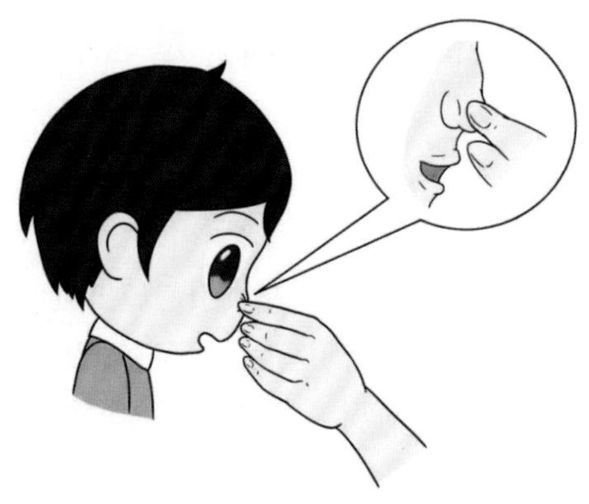

图 2-49 鼻出血的正确按压方法

4. 重点提示 ①要保持镇静、安慰孩子，不要在孩子面前表现惊慌失措，孩子害怕哭吵会加重出血。②让孩子将口腔内的血液吐出来、勿咽下，并及时就近医院就诊。

5. 如何预防 多饮水，避免抠鼻等不良习惯。

案例 92

患儿，女，2 岁 3 个月，近 1 个月以来皮肤经常出现皮疹、眼睛流泪、嗓子痒等情况。家长担心与最近 3 个月搬进新房子有关。检测房子内的甲醛浓度，为正常上限的 10 倍。家长担心孩子会患上白血病，因此带来血液科门诊就诊。

问题 92 ▸ 孩子住进新装修的房子后出现不舒服，会患白血病吗？

医生答疑（徐晓军）

本案中的孩子目前表现出的症状主要与甲醛对黏膜的刺激

有关，暂无白血病的表现。入住新装修的房子会不会得白血病，这一直是家长非常关心和纠结的问题。儿童白血病的发生主要与四大因素有关：化学毒物、射线、病毒感染和遗传因素。很多新装修的房子可能苯、甲醛等化学物质的浓度会比较高，而这些物质是发生白血病的危险因素，可以使白血病的发生率增高数倍。但是，这种相关性不是因果关系。比如正常情况下，儿童白血病的发生率为 3～4/10 万，但接触了这些毒物的人群可能白血病的发生率为 20/10 万，这还是非常小概率的事件。因此，入住了新装修的房子并不意味着孩子就会患白血病或者其他血液系统疾病，如再生障碍性贫血，家长也不必过于纠结。但因甲醛会增加患相关疾病的风险，所以能避免这种接触是最好的。除了血液系统疾病，甲醛等物质还可以引起皮肤过敏、眼睛刺痛流泪、咽痛、鼻黏膜出血、胸闷、咳嗽、头晕等症状，需要引起重视。本案中的孩子主要是出现了暴露于较高浓度甲醛下的一系列刺激症状，而血液系统有没有受影响，则需要通过血常规甚至骨髓穿刺明确。

护理专家答疑（张超琅）

日常生活中要注意：

1. 居住环境 理论上新装修的房子室内装修材料中的甲醛散发至少需要 3 年时间，房子装修后必须彻底开窗通风，强调对流通风，时间尽量长，在高温、高湿条件下会加剧甲醛散发的力度，所以夏天的时候通风效果较好。房间内也可以放置绿植、活性炭包等用于吸附和分解甲醛。入住前建议请专业的机构检测室内甲醛含量是否超标。通常情况下，新房放置 2～3 个月再入住，家有老人、孕妇、婴儿的家庭至少要半年后才可以入住，以确保身体健康。入住后如果感觉有异味、家人出现流泪、恶心、呕吐等症状需要及时就诊。

2. 重要提示 使用活性炭包及植物吸附室内的甲醛时，应该定期更换；柚子皮并不能消除室内甲醛，只是暂时把甲醛的气味掩盖而已。

案例 93

患儿，男，3岁，半个月前家长给孩子洗澡时摸到孩子耳朵后有个圆圆的小疙瘩，绿豆大小，能滑动，不痛不痒，家长未引起重视。半月来小疙瘩始终存在，大小无变化，家长担心会不会有肿瘤之类的问题来医院就诊。

问题 93 孩子耳朵后面长了个小疙瘩会不会是肿瘤？

医生答疑（徐晓军）

根据家长的描述，孩子耳后的这个小疙瘩应该是肿大的淋巴结。引起儿童淋巴结肿大的原因很多，具体包括以下几大方面，①感染：包括细菌、病毒、真菌、寄生虫等感染；②肿瘤：淋巴瘤、白血病，其他肿瘤转移；③其他部位病变引起淋巴结反应性增生。对于淋巴结肿大需要进行仔细评估，具体包括①病史：肿大有多长时间？有没有其他不舒服的表现？有没有接触小动物或有传染病的人？②体检：肿大的淋巴结在哪个部位？是一侧还是双侧肿大？是否疼痛或者触摸后疼痛？③辅助检查：血常规是否正常？B超提示淋巴结的大小是多少？儿童由于淋巴系统发育活跃，受到外界刺激后很容易出现淋巴结肿大，病毒和呼吸道感染是引起儿童淋巴结肿大的主要原因。

家长可以根据以下特点对淋巴结肿大进行初步判断：①大小如绿豆或黄豆，随触摸可滑动，肿大持续数月，一直无明显增大者一般为良性；②病毒感染或反应性肿大者最常见的位置为耳朵后、后脑勺、颈部（图 2-50），如锁骨上这里出现淋巴结肿大需警惕肿瘤；③大部分病毒感染或反应性肿大多为双侧对称，无痛性，若疼痛则多提示为淋巴结发炎；④感染或反应性淋巴结肿大一般不超过 2.5cm，如果一侧明显的无痛性肿大或明显大于另一侧，需引起警惕。

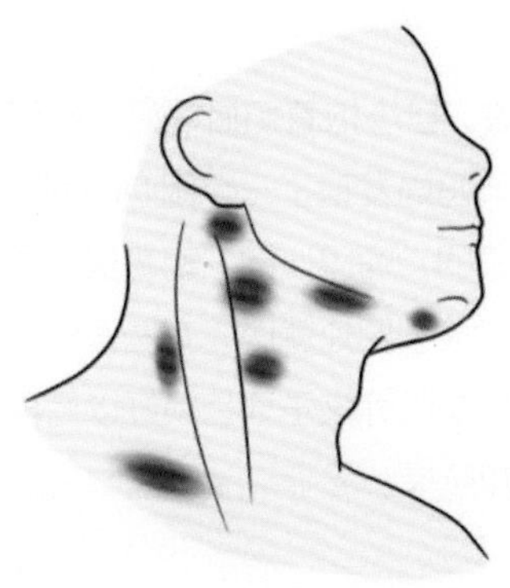

图 2-50　颈部肿大淋巴结

如果偶然发现孩子淋巴结肿大，也不必焦虑，绝大部分是良性的。一般感染引起的反应性淋巴结肿大可在感染消退后 1 ~ 2 周内变小，无需特殊处理。但如果淋巴结比较大，或在数日或数周内增大明显，或有发热、面色苍白、腹胀等其他临床表现，尽快到医院就诊。

护理专家答疑（张超琅）

孩子出现淋巴结肿大时要注意：

1. 休息与运动　养成良好的生活习惯，合理运动，劳逸结合，增强体质。

2. 饮食　合理饮食，避免暴饮暴食、平时多吃新鲜水果、蔬菜，忌吃辛辣刺激性强的食物；保持情绪稳定。

3. 观察　肿大淋巴结部位皮肤是否完整、有无破损、发红、疼痛、瘙痒，肿大范围有无增大、有无新增肿大的淋巴结；注意患儿的体温，观察有无发热。如有以上症状，及时就诊。

4. **重要提示** 已有确诊病因的，遵医嘱积极治疗；对不能明确原因的淋巴结肿大，追踪观察。

案例 94

3岁男孩，自小抱着奶瓶喝奶，甚至含着奶瓶才能睡着。最近，妈妈发现了一个闹心的问题，孩子的上下门牙是反包着的，嘴巴一闭，瘪嘴很明显且不美观。妈妈着急地抱着孩子四处就医，有些医生告诉妈妈尽早治疗，有些医生却说等孩子牙齿换好以后再治疗。妈妈六神无主，不知所措。

问题 94 ▸ “地包天”需要尽早矫正吗？

医生答疑（阮文华）

“地包天”，医学专业术语是“安氏Ⅲ类错𬌗”，是指下颌的牙齿反过来包住上颌的牙齿（图 2-51），是由于上颌颌骨发育不足或下颌颌骨发育过度引起。

图 2-51 下颌过度发育造成下颌骨增长，引起下颌反包住上颌骨

“地包天”的原因比较复杂。但总的来说可以分为遗传因素以及环境因素两类。遗传因素大家都可以理解，种瓜得瓜，种豆得豆。这里主要讲环境因素。首先是喂养方式（图 2-52）。喂养方式分为母乳喂养、奶瓶喂养与混合喂养三种。与奶瓶喂养相比，母乳喂养对儿童的体格发育、智力发育均有很大的好处，世界卫生组织全球范围提倡母乳喂养。然而，现代社会奶瓶喂养比例越来越高，需要引起重视。早在 1999 年笔者就做了一项调查，发现奶瓶喂养儿童容易罹患“地包天”。同母乳喂养儿童相比，奶瓶喂养儿童患“地包天”的危险性比母乳喂养儿童要高出 3 倍多！随后的临床研究发现，奶瓶喂养儿童上颌前牙区的唇肌肌肉压力明显低于母乳喂养儿童。由于得不到恰当的肌肉功能性刺激，上颌骨骨骼生长迟缓，引起中面部发育不足，这样给家长的感觉就是孩子“瘪嘴”。其次是邻近器官的疾病，如唇腭裂患儿术后往往伴有上颌骨发育不足，扁桃体腺样体肥大导致下颌前突，有些严重的龋齿也可造成“地包天”。

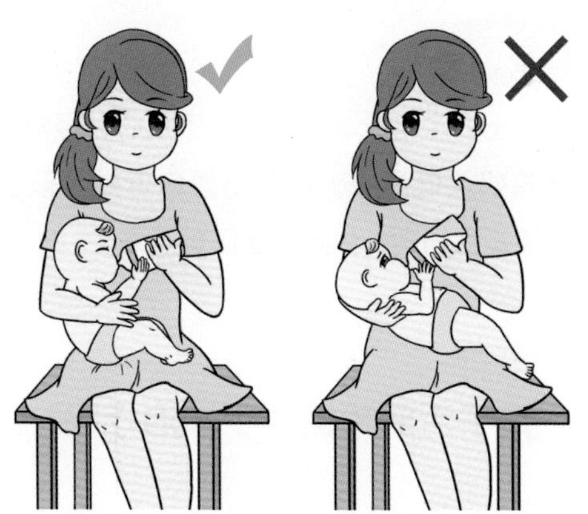

图 2-52　不适当的喂养方式会导致下颌前伸，引起“地包天”

由于“地包天”使上下颌骨及牙齿处于不正常的位置，时间越长对颌骨、牙齿及颞下颌关节的生长发育影响越严重，有些孩子由于瘪嘴经常被同伴嘲笑，造成严重的心理问题。只要孩子配合，建议“地包天”的孩子越早矫正越好。大部分的“地包天”早期矫正都能治愈，矫治的适宜年龄一般为 3 ~ 5 岁。早期矫正，疗程短，一般为 3 ~ 6 个月，方法简单，而且费用相对较低。

护理专家答疑（冯惠贞）

对于“地包天”的孩子，生活上需要注意以下几点：

1. 鼓励母乳喂养，人工喂养的孩子喂养姿势要正确。改变不良的喂养姿势，避免躺着喝奶。

2. 做好口腔护理，早晚刷牙，预防龋齿，为今后矫治做好准备。

3. 尽早带孩子到医院检查孩子有无邻近器官的疾病，早期治疗，消除病因。

4. 对于较大的孩子，告诉孩子瘪嘴可以治疗。做好孩子的心理护理。

案例 95

王女士的宝宝吮吸奶头时力不从心，经常是吸了几口，就将奶头吐出来。孩子奶奶告诉她，孩子吃奶吃力，可能是舌筋短，最好去医院剪一下。

问题 95 ▸ 孩子舌筋短需要手术治疗吗？

医生答疑（阮文华）

舌筋，医学上叫“舌系带”，是连接舌腹部与口底组织的一根膜状组织。早期仅仅为筋膜，薄，很少有血管长入，随着年龄的增长，血管及肌纤维组织长入其中，膜状组织变得粗

厚。正常情况下，舌系带松弛，不紧绷，允许舌尖前伸或侧向运动（图 2-53）。舌系带两端（即舌腹部的附着点、牙龈的附着点）随着年龄的增大尤其是牙齿的萌出，会有轻度的后移。如果两端的附着点过于靠前，或者是舌系带紧绷，将导致舌筋短，即“舌系带短缩”（见图 2-53）。舌系带短缩会影响舌尖的运动，导致舌尖前伸受限，影响婴儿哺乳、吞咽及儿童的准确发音。在牙齿萌出期间，由于舌系带短缩，舌尖运动时与牙齿摩擦会造成舌系带溃疡，也可能造成下颌门牙正中间隙的产生，影响美观。

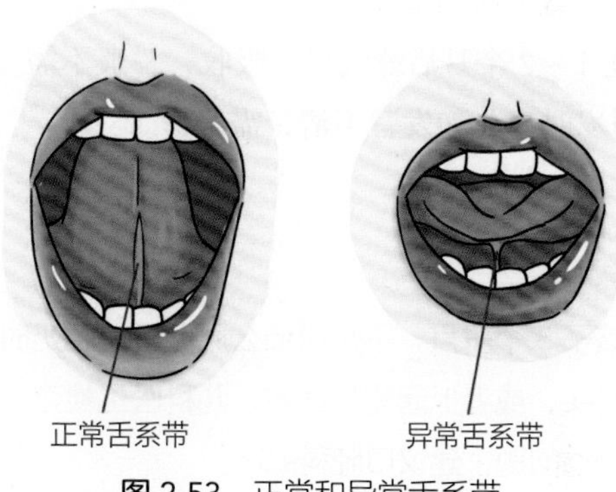

图 2-53　正常和异常舌系带

婴儿期由于舌系带薄，手术相对简单，术后短时间压迫即可止血。一般建议手术时间为 3 ~ 6 个月。大龄儿童舌系带手术一般在麻醉条件下进行，术后需要缝合止血，一般建议手术时间为 3 ~ 6 周岁。儿童的语言发育一般在 6 周岁以前完成，建议 6 周岁前完成舌系带短缩畸形的手术治疗。

护理专家答疑（冯惠贞）

舌系带短缩术后护理，需注意以下几点：

1. 预防出血　婴儿术后 1 小时后可喝奶，人工喂养者应避免牛奶过热，1 周内禁止吮吸手指头。幼儿术后 2 小时可以开始进食，先温凉流质饮食，如无不适再清淡半流质饮食3天。

2. 预防咬舌 幼儿舌系带手术通常需要局部麻醉治疗。麻醉药会持续一段时间，因而术后2～3小时家长需注意观察患儿有无咬舌，如有异常情况应及时制止，防止舌咬伤。

3. 预防感染 保持口腔卫生，仍需进行刷牙等口腔护理措施。必要时遵医嘱口服抗生素3天和/或口腔局部使用有消炎作用的喷雾剂预防感染。预防接种建议术后1周进行。

4. 舌功能训练 婴儿术后1周进行伸舌、卷舌训练，具体方法可采用在患儿饥饿时用奶嘴诱导患儿进行，防止舌系带粘连。幼儿术后1周训练卷舌音。

5. 幼儿1～2个月后缝线自行吸收，一般不需复诊。

6. 3周岁时患儿如发音不清，需复诊。

案例96

孩子5个多月，不知道什么原因最近吃奶时老是喜欢咬奶头，或者抓起物品就咬，儿科医生检查也没有发现全身性问题，建议口腔科就诊。

问题96 ▸ 孩子喜欢咬奶头与长牙有关系吗？

医生答疑（阮文华）

如果没有全身性因素，孩子这种爱好与长牙齿有关。一般来说，孩子6个月左右会萌出第1颗乳牙，即下颌中间的门牙。随后，上颌的门牙也将萌出。当上下8颗门牙萌出后（约12个月），休息一段时间，跳空长出乳牙的第1颗大牙，这个时候的年龄大概是15个月。约3个月后，跳空的空档处萌出尖牙。约2.5～3岁时，孩子的大牙全部萌出（图2-54）。

图 2-54　牙齿萌出顺序

牙齿的萌出是一个正常的生理过程，一般无不适感。个别患儿会出现低热、拒食、哭闹现象。有些患儿在长牙过程中会出现酸胀的感觉。在牙齿突破牙龈的过程中，这种感觉会比较强烈。为了缓解这种胀感，孩子可能喜欢咬奶头、咬手指或其他硬物。结合孩子的年龄，家长可以选择磨牙棒让孩子咀嚼，以缓解不适，同时帮助牙齿穿透牙龈黏膜顺利萌出。另外，牙齿萌出期间，孩子的口水会特别多，家长们经常抱怨围兜刚围上就湿了，这也是众多家长们头痛的事情。其实这是一种正常的现象，不需要治疗。这是由于牙齿萌出刺激了三叉神经，引起唾液分泌量增加。但由于孩子的吞咽功能还不完善，口底又浅，唾液往往流出口腔，造成流涎症。经常流涎比较容易诱发局部湿疹，因而需要及时擦干口水，必要时局部涂擦呋锌油。面对流涎症，家长们可以跟孩子一起做吞咽练习，当四目相对时，家长自己做吞咽的动作，慢一点，夸张一点，让孩子模仿学习，将口水咽下去。假以时日，孩子就会学会吞咽动作，口水也就不会再流出来，流涎症慢慢就会消失。

护理专家答疑（冯惠贞）

孩子长牙期间，家长需要注意以下几点：

1. 注意口腔卫生，从孩子长出第 1 颗牙开始就需刷牙，开始可以用棉签、纱布或者指套牙刷进行，逐步过渡到牙刷。

2. 观察孩子有无喜欢咬东西的表现，如有可以给孩子准备磨牙棒或者咬胶，以帮助孩子缓解长牙引起的不适。

3. 注意观察孩子有无低热、拒食、哭闹等现象，如出现低热，要给孩子多喂温开水，注意休息，及时复测体温，一般能自行缓解。如出现拒食、哭闹等现象，家长要有耐心，多陪伴孩子，多和孩子互动，分散注意力，饮食尽量多样，少量多餐，保证孩子营养供给。

4. 注意孩子手和玩具的清洁卫生，长牙期间孩子会经常吃手和玩具，家长要经常清洗孩子手和玩具，以防病从口入。

案例 97

孩子 1 岁了，爸爸一直犹豫要不要给他刷牙，可是又不知道怎么给他刷牙。

问题 97 ▸ 孩子该怎么刷牙?

医生答疑（阮文华）

孩子 6 个月萌出牙齿，牙齿的萌出意味着需要辅食的添加。辅食添加后，口腔菌群环境会发生很大的变化。萌出以后的牙齿突然面对如此复杂的新环境会“束手无策”，因此，家长要给它营造出一个整洁健康的居住环境，其中之一就是刷牙。严格来讲，只要牙齿突破牙龈，家长就要进行牙齿清洁工作，否则牙齿就有可能发生蛀牙。

一般早晚各 1 次，晚上刷牙尤为重要。晚上刷过牙齿后，也尽量不要再吃东西。吃了东西，就意味着牙齿表面马上形成一层菌斑，这层菌斑可能会危害到牙齿的健康。3 岁以内，建议家长养成习惯，帮孩子刷牙。3 岁以后，随着孩子手部精细动作的不断成熟，鼓励他们自己刷牙，父母可以在旁边辅助。

刷牙是一个精细活，也是一个需要长期坚持的工作。起初孩子不一定会喜欢，需要家长一开始就要培养孩子刷牙的兴趣。可以进行两个人刷牙前后的比较，刷牙前和刷牙后，家长和孩子面对镜子张开嘴巴看看牙齿白不白，看谁刷得干净，必要时予以奖励，激发孩子对刷牙的兴趣。

护理专家答疑（冯惠贞）

孩子长牙前后，口腔护理及刷牙方法指导：

1. 乳牙长出前，每次喂完奶后可以给孩子喂些温开水，也可以一天 2 次用纱布蘸上温开水给孩子轻擦牙龈和口腔，保持口腔卫生。

2. 乳牙长出后，在牙齿颗数少的情况下，可以选择指套牙刷、硅胶牙刷，方便给孩子刷牙。牙齿颗数多了以后，刷牙前建议给孩子使用牙线清洁牙缝，再用牙刷刷牙。

3. 刷牙方法 推荐圆弧刷牙法，一颗一颗从里向外刷，不要遗漏，刷完外侧面还应刷内侧面和后牙的咬合面，刷牙时间 2～3 分钟（图 2-55）。每天刷牙 2 次，分别在早餐后和入睡前。养成良好的卫生习惯，每次吃东西后漱口。晚上刷牙后就不能再吃东西，否则细菌会整夜都黏附在牙面上，引发龋病。

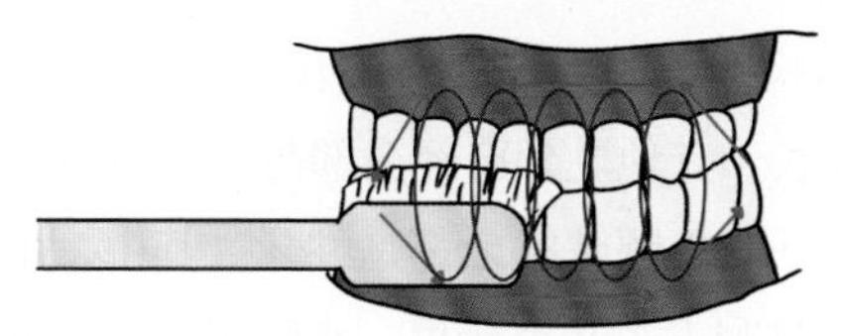

图 2-55　圆弧刷牙法

4. 牙膏选择 在孩子还没学会漱口之前，不建议使用牙膏，可以选择温开水刷牙。会漱口后选择含氟牙膏，3 岁以下幼儿仅需使用米粒大小的牙膏，3 岁以上的幼儿可以使用豌豆

大小。

5. 牙刷一旦出现磨损、刷毛外翻或刷毛不完整就应立即更换，常规 3 个月更换。

6. 家长要培养孩子刷牙的兴趣，鼓励孩子自己动手刷牙，并监督孩子刷牙，直到他们能够正确刷牙。

7. 要定期带孩子到医院进行口腔健康检查，第 1 次检查时间是孩子长出第 1 颗牙的时候，以后建议每半年检查 1 次。

案例 98

小张的孩子 2 岁了，长得机灵可爱又讨人喜欢。但孩子有个每天晚上睡觉时喜欢抱着奶瓶睡觉的习惯，否则就哭闹，不睡。小张拿她没办法，只好由着她。可是，孩子的上颌门牙越来越黑，有些牙齿还缺了一大块，她非常着急，不知道哪里出了问题，于是来到医院口腔科咨询。

问题 98 ▸ 孩子的蛀牙要补吗?

医生答疑（阮文华）

医生仔细检查孩子的口腔，共长了 16 颗乳牙，除了 4 颗第二乳磨牙没长，其他乳牙已经全部萌出。16 颗乳牙中，上颌 8 颗牙齿以及下颌 2 颗乳磨牙都是蛀牙。其中，上颌 4 颗门牙蛀牙最严重，只剩下了几个牙根。小嘴张开后，蛀牙显得特别显眼且严重影响孩子的颜值。医生告诉家长，这与孩子晚上含着奶瓶睡觉有关。建议家长改变孩子的不良习惯，还要帮助孩子刷牙。

牙齿很硬，但它有个缺点，就是怕酸。酸使牙齿脱矿，软化，导致牙齿组织坍塌，形成“烂洞”（专业术语为“龋病”）。

那么，酸从何而来？除了酸性食物外，最大的来源是口腔中致龋细菌分解糖分后的酸性产物。牙齿表面经常会有一层粗糙的膜状物，这层膜我们称之为“菌斑”。刷牙后这层膜状物会消失，但不久以后又会重新形成。菌斑中聚集了各种各样的细菌，它们相互作用，利用糖作为自己的食物，代谢后排出大量的酸性产物如乳酸、乙酸。这些酸性产物掏空牙齿表面的矿物质，就像水泥失去钢筋的支撑要塌陷一样，牙齿没有了矿物质的支撑也会坍塌形成龋洞（图 2-56）。龋病不光影响牙齿健康，还影响全身健康及心理健康，需要引起重视。

图 2-56 龋齿（蛀牙）的成因

理论上讲，孩子的蛀牙都是需要修补的。但是由于补牙过程的复杂性以及孩子的配合能力较差等因素，修补时医生会给出一些递进式的方案。比如第一步要孩子学会刷牙，或者是家长们学会帮助孩子刷牙；同时，要求孩子养成良好的饮食习惯，定时喂养，餐后清水喂养，及时清洗牙齿。第二步是涂氟治疗。氟可以减少致龋细菌在牙齿表面的定居，抑制致龋菌的增殖，促进牙齿表面的再矿化。对于龋病的预防大有裨益。正常情况下，建议每半年涂氟 1 次，必要时可以增加频次，每

1～3 个月涂氟 1 次。第三步是蛀牙治疗。

护理专家答疑（冯惠贞）

孩子有蛀牙后，家长需注意以下几点：

1. 首先要带孩子到正规综合性医院的口腔科或口腔专科医院就诊，配合医生检查治疗。看牙一般来说无法一次完成，家长要坚持完成整个治疗过程。

2. 必须养成良好的口腔卫生习惯，正确刷牙，吃东西后漱口。

3. 减少含糖食品摄入，多吃一些粗糙、纤维性的食物，如蔬菜、水果、肉类，不仅能补充营养，更能通过咀嚼、摩擦来清洁牙面，减少残留物，以减少蛀牙。

4. 可以在医生的指导下进行氟保护治疗。

5. 养成 3～6 个月定期进行口腔检查的习惯，蛀牙早发现、早治疗。

案例 99

患儿，男，2 岁，因“双手背红色丘疹近 2 周”于门诊就诊，2 周前患儿去海边度假在海滩玩沙子玩了近 3 小时，2 天后出现双手背密集细小的红色丘疹，逐渐蔓延至手腕，伴瘙痒，没有发热和其他不适症状。

问题 99 ▸ 孩子玩沙子后手背起皮疹伴痒怎么办？

医生答疑（李云玲）

1. **诊断**　沙土性皮炎。沙土性皮炎又名摩擦性苔藓样疹，是夏季儿童常见的皮肤病，好发于手背、前臂及肘膝部（图 2-57）。该病为皮肤受到非特异性刺激导致的炎症反应。

夏天孩子皮肤暴露，如较长时间接触沙子、泥土、橡皮泥、颜料、肥皂、玩水及在地毯和爬行垫爬行，加上强烈的阳光照晒以及汗液浸渍，很多孩子容易患此病。该病有如下特点：①好发于 2 ~ 9 岁儿童。②夏季发病。③皮损部位：皮损开始好发于手背、前臂和指背等，可逐渐向其他部位蔓延，如前臂、肘、膝、上臂、大腿或躯干等部位，皮损常稀疏对称分布、少数有群集倾向，皮损为正常皮色、灰白色或淡红色。④皮损为圆形或扁平隆起丘疹，有时表面覆有细小糠秕状鳞屑，可呈苔藓样。轻症一般无症状，重者可有瘙痒，严重者皮损可泛发全身，瘙痒严重。

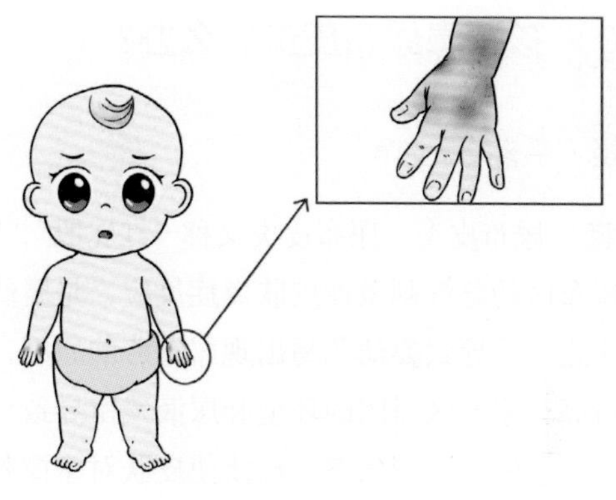

图 2-57　手背皮肤皮疹

2. 治疗　本病病程一般为 4 ~ 8 周，轻症者避免接触沙土等外界不良刺激后能自愈，对于皮损泛发，瘙痒严重者可外用皮质类固醇药物和口服抗过敏药物。

护理专家答疑（徐霞）

沙土性皮炎是可以预防的，生活上需要注意以下几点：

1. 避免或者减少孩子与沙子、泥土、橡皮泥、颜料、肥皂、绒毛等直接接触，减少玩耍的频次和时间，接触上述刺激物后及时清洗皮肤，或者玩的时候戴上手套。

2. 减少皮肤在粗糙物质上直接摩擦，在爬行垫爬行的时候，穿长衣和长裤，也可以在爬行垫上铺一层柔软的棉布。袖口宜宽松以减少摩擦。

案例 100

患儿，女，4 月龄，因“外阴部红斑丘疹”于门诊就诊，患儿最近 2 周反复出现外阴部皮肤大片红斑和丘疹，并伴局部少许糜烂。

问题 100 ▸ 孩子患尿布皮炎怎么办？

医生答疑（李云玲）

1. 诊断　尿布皮炎。尿布皮炎又称“红屁股”“尿布疹”，为发生在尿布区的急性刺激性皮肤炎症反应，是婴幼儿期最常见的皮肤病之一。导致婴幼儿易出现尿布疹的原因，①尿布区皮肤含水量高：尿布区封闭的环境和尿液残留导致局部皮肤含水量过高或处于潮湿浸渍状态，浸渍使皮肤对摩擦刺激抵抗能力下降；②理化刺激：粪便中的尿素酶催化分解尿液中的尿素生成氨气，使局部皮肤 pH 值升高呈碱性，碱性环境又可激活粪便中蛋白酶、脂肪酶以及尿素酶的活性，加重对皮肤的刺激，进一步损伤皮肤屏障；③菌群定植：尿布区皮肤表面定植菌群以白念珠菌和金黄色葡萄球菌为主，有时还可伴有各种肠道菌群，这些菌群在温暖、潮湿的环境下可迅速增殖，加重皮炎。尿布皮炎通常发生在直接接触尿布的凸出皮肤，包括臀部、生殖器、大腿上部和下腹部，皮肤皱褶部位（不接触尿布的区域）通常不被累及（图 2-58）。轻度尿布皮炎表现为局部皮肤区域出现分散的红斑丘疹，中度尿布皮炎表现为更广泛的红斑和丘疹，伴有浸渍或浅表糜烂，重度尿布皮炎表现为广泛红斑、疼痛性糜烂、丘疹和结节。

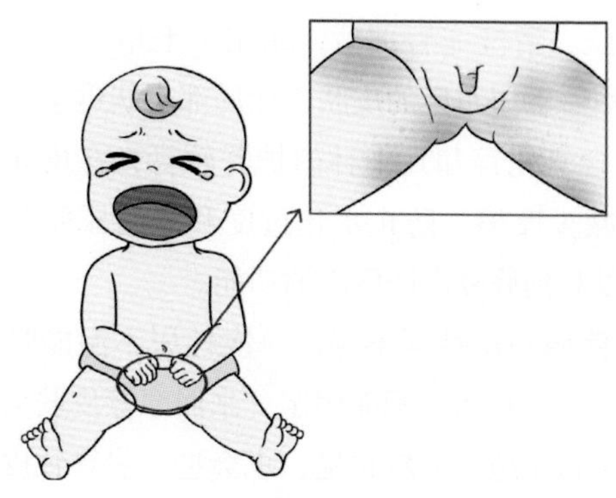

图 2-58　孩子尿布皮炎

2. 治疗　根据尿布皮炎严重程度选择治疗方法，对于轻、中度患儿通过加强局部护理，基本可以使病情得到缓解，对于不能缓解或皮损较重的患儿则需要药物治疗。①护肤剂治疗：屏障剂可阻挡外界环境的化学刺激和减少摩擦，可选用含氧化锌和 / 或凡士林的糊剂或软膏，每次尿 / 便后或更换尿布时均需使用；②抗炎治疗：对于中重度病例可选用低效且不含氟的外用皮质类固醇药物，应避免将强效或含氟的皮质类固醇用于尿布区，因为尿布区的封闭性会促进全身吸收；③抗感染治疗：对于常规治疗效果不佳的患儿，需注意有无继发真菌或细菌感染，如出现感染应及时给予相应的抗感染治疗。

护理专家答疑（徐霞）

1. 尽量少用尿布，尽可能使皮肤直接暴露在空气中，以使皮肤透气、减少摩擦刺激和避免尿布区含水量增加。

2. 采用温水和软布轻柔清洗皮肤，不能过分清洗，过分清洗会加重刺激和损伤皮肤屏障。

3. 减少皮肤与粪便和尿液的接触时间，勤换尿布，经常检查尿布，若湿则换之。孩子每次大便之后清理时，推荐使用流动的温清水清洗，在没有清水的情况下，使用不含芳香剂且无酒精的湿巾，轻轻拭去尿、便，不要用力擦，否则会损伤孩子娇嫩的皮肤。清洗完臀部后，使用干毛巾蘸干是最好的办法，或者晾晒一下尿布区的皮肤，让局部皮肤迅速干洁。

4. 选择含氧化锌和凡士林的护臀软膏，在皮肤表面形成一层脂膜以减少摩擦、防止水化过度和隔离尿便及其他刺激物，同时可以起到修复皮肤屏障的功能。

5. 建议使用一次性尿不湿，一次性尿不湿能吸收自身几十倍的水分，而尿布因为不能固定，来回摩擦皮肤会加重皮肤损伤，而且尿布质地一般较粗糙，也会进一步导致皮肤机械性损伤。

案例 101

患儿，男，6 月龄，因“反复红斑、丘疹 5 个月”于门诊就诊，患儿从出生 1 个月就出现面颊部红斑、丘疹，伴瘙痒，严重时皮肤会糜烂和结痂，曾给予断断续续使用外用激素和保湿剂，仍反复发作。

问题 101 ▸ 孩子爱长湿疹怎么办？

医生答疑（李云玲）

1. 诊断　湿疹。婴儿湿疹是由多种内外因素引起的一种具有明显渗出倾向的皮肤炎症性疾病，通常在生后第 2 或第 3 个月开始发病，皮损主要发生在两颊、额及头皮，严重者可发展至躯干、四肢（图 2-59）。该病的病因非常复杂，由多种内部或外部因素综合作用引起。外界因素如日光、紫外线、寒冷、干燥、多汗、搔抓、摩擦、各种动物皮毛、植物、肥皂、尘埃、真菌、尘螨、羊毛、人造纤维等均可诱发该病，某些食物也可诱发湿疹或使部分患儿湿疹加重。内在因素如患儿免疫功能不成熟和皮肤屏障功能障碍也容易引发湿疹。湿疹一般夏季改善而冬季加重，病程慢性，易反复发作。按皮损表现特点分为急性、亚急性及慢性湿疹三种。急性者表现为红斑、丘疹、丘疱疹、水疱、糜烂、渗出和脱屑。亚急性皮损以小丘疹、鳞屑和结痂为主，仅有少数丘疱疹或小水疱及糜烂。慢性湿疹表现为皮肤增厚、浸润，表面粗糙，覆以少许糠秕样鳞屑，或因抓破而结痂，可有不同程度的苔藓样变，外围亦可有散在丘疹、丘疱疹。

图 2-59　面部皮疹

2. 治疗　婴儿湿疹如果不进行正规治疗和科学护理，容易加重，并可能继发单纯疱疹、脓肿等并发症及皮肤色素沉着等后遗症；而且湿疹的剧烈瘙痒影响患儿食欲和睡眠，长期不愈可能导致体重不增、身高不长。

婴儿湿疹治疗主要目的是控制症状、减少复发。①基础治疗：教导家长让患儿尽可能回避环境中的过敏物质及刺激物。②外用皮质类固醇药物：局部外用皮质类固醇药物是治疗婴儿湿疹的首选药物，轻度湿疹可选用弱效皮质类固醇药物，如氢化可的松和地奈德乳膏，中度湿疹可选择中效皮质类固醇药物，如糠酸莫米松乳膏等，此外，面部及皮肤皱褶部位一般选用弱效皮质类固醇药物。一般连续外用皮质类固醇 7 天左右皮损完全消退，但此时不能马上停药，需接着再隔日使用 1 周，然后隔 2 日再使用 1 周停药。病情重者，可再继续每周 2 日外用皮质类固醇药物，维持 1 ~ 2 个月以预防复发。湿疹治疗的第 1 周炎症重，外用皮质类固醇药物要足量。外用皮质类固醇药物不足量和停药太快会导致湿疹一直反复发作，难以痊愈。③保护皮肤屏障：皮肤干燥会导致外界环境中各种物理、化学刺激物容易进入皮肤而导致湿疹，因此使用润肤剂修复皮肤屏障能减少湿疹复发，是湿疹长期管理的最基础措施。润肤剂涂抹原则为“多次足量”，必要时局部可每天使用 5 ~ 10 次。④治疗继发感染：湿疹如继发细菌、真菌或单纯疱疹病毒感染，给予相应的抗感染治疗。⑤内用疗法：对于瘙痒剧烈者，可内服抗组胺药。

护理专家答疑（徐霞）

反复湿疹的孩子，日常生活要注意以下几点：

1. 衣服要比同龄孩子穿得少些，平时可以经常触摸孩子后颈部和背部，如有潮湿感，说明孩子穿衣过多。衣服应选择柔软的全棉面料，避免化纤、羊毛和粗糙面料的衣服直接接触孩子皮肤。衣服应宽松透气，避免密闭紧身的衣服。盖被也不宜太厚，以棉花被为宜。

2. 居室应通风良好，冬季尽量少用暖空调，可以使用加湿器，以适当提高房间空气湿度。避免阳光直接暴晒孩子湿疹处的皮肤。

3. 提倡母乳喂养，乳母不需要刻意忌口。如发现有可疑加重湿疹的食物，可暂停进食该食物，在湿疹症状消失或症状轻微的时候少量进食该食物，观察 2 ~ 3 天，如孩子湿疹症状没有明显加重，则不必忌口该食物。人工喂养和混合喂养的患儿，如果湿疹症状严重，或合并有消化道和呼吸道症状，可考虑给予氨基酸或深度水解配方奶粉喂养 3 ~ 6 个月，症状稳定后逐渐过渡为部分水解配方奶粉和普通奶粉。添加辅食时一次添加 1 种新食物，观察 3 ~ 5 天，观察孩子对食物的反应，甄别是否过敏。

4. 保持皮肤滋润是湿疹孩子护理最重要的工作。可以每天沐浴 1 次，水温 37℃以下，以孩子能耐受尽可能低的水温为宜，浸洗 5 分钟左右抱起，稍吸干水分，趁皮肤还在潮湿状态尽快涂抹保湿霜。涂抹保湿霜要做到以下几点：①从头到脚都要涂：可以剪短头发，方便涂抹保湿霜；②保湿霜用量要足量；③尽量在皮肤潮湿状态下涂抹；④面部涂抹保湿霜次数要多，吃奶前后，擦过眼泪、鼻涕、口水后都要重新涂抹。沐浴和涂抹保湿霜时可以开空调，但要避免环境温度过高。

5. 湿疹孩子一般可以接受常规免疫接种，要选择湿疹症状控制好的时候。接种后留院观察半小时，以便及时处理可能发生的过敏反应。免疫接种有可能诱发湿疹症状加重，如果接种后有湿疹症状加重尽早外用皮质类固醇药物进行治疗。

案例 102

患儿，女，9 月龄，因“头部鳞屑结痂 8 个月余”于门诊就诊。患儿从生后 3 周开始头部囟门处出现黄色鳞屑，越积越厚，目前头部囟门部位见黄褐色片状厚痂。

问题 102 ▸ 孩子的乳痂应该清除吗？怎么清除？

医生答疑（李云玲）

1. 诊断 脂溢性皮炎。头皮皮脂腺丰富，为脂溢性皮炎好发部位。该病常发生于年龄为 3 周至 12 个月的婴儿，表现为头皮堆积厚薄不等的油腻性淡黄色鳞屑或黏着性厚痂（图 2-60）。一般不痛不痒或轻微瘙痒，进食和睡眠一般不受影响。婴儿头部皮脂腺由于受胎盘的母体雄激素转移刺激，皮脂腺生长分泌旺盛，加之许多家长认为婴儿皮肤娇嫩，怕给婴儿洗头，更不敢洗囟门处，导致头皮皮脂腺的分泌物与脱落的表皮、毛发以及灰尘等积聚在一起，久而久之就形成“乳痂”。婴儿头皮长了“乳痂”，如不清除，会越积越厚，既影响美观，还可能导致细菌和真菌感染，所以建议及时清除乳痂。

图 2-60　头部皮疹

2. 治疗　可以在头皮上涂抹凡士林、植物油或矿物油以松解鳞屑和痂，随后用细齿梳去除鳞屑或痂。对于累及范围广泛、持续时间长和头皮潮红的病例，可以在清除痂后短程外用弱效皮质类固醇药物，持续 1 周，或使用 2% 酮康唑洗发水洗头，1 周 2 次，持续 2 周。

护理专家答疑（徐霞）

1. 乳痂多发生在前囟部位，家长多不敢触碰，前囟部位可以触摸，但一定要动作轻柔，不得按压。

2. 轻症乳痂可用温水清洗，可用婴儿专用洗发液，清洗后局部涂抹保湿霜。

3. 乳痂厚者，不要直接揭去，以免损伤头皮。先剪短头发，用温水清洗，痂皮部位涂抹润肤油或消毒的橄榄油或麻油，量稍多，半小时后，待痂皮软化再顺毛发方向轻轻擦去，或用小梳子轻轻梳去软化的痂皮，再用温水清洗。

案例 103

小鹏今年 7 岁，半年前开始出现眨眼、挤眉、耸肩、喉咙发出怪声，甚至出现骂人、说脏话等情况（图 2-61）。因孩子“怪”表情多，经常受到同学嘲笑，影响孩子的身心健康。家长经常提醒孩子不要做这些怪表情，但是感觉越关注，孩子病情越严重。

图 2-61　各种怪动作

问题 103 ▸ 孩子老是挤眉弄眼怎么回事？

医生答疑（高峰）

孩子的情况属于抽动秽语综合征，简称抽动症。经常发生在 2 ~ 15 岁的孩子身上，男孩子比较常见。孩子会有眨眼睛、清嗓、耸肩等症状，一般会在精神紧张时加重，精神放松时减轻，入睡后消失。智力一般不受影响，但会因为频繁抽动影响日常生活，导致生活能力下降，阅读、书写及作文困难，影响正常学业。这些孩子常常被老师和家长误认为“调皮捣蛋”而施以打骂、责罚，导致孩子缺乏自信，甚至出现抑郁、焦虑、品行障碍和反社会人格等不良现象。

对于轻症孩子，只需要进行心理行为干预即可。但是对影响到日常生活、学习或者社交活动的重症孩子，单一的心理行为治疗效果不佳，需要加用药物治疗。主要的治疗药物有：硫必利、氟哌啶醇、可乐定、阿立哌唑、氯硝西泮、利培酮等，一般从用小剂量开始，缓慢增加药量至有效剂量，严格按医嘱用药。症状控制后，按照医嘱逐渐减量，不能擅自停药或者换药。

本病预后相对较好，抽动障碍症状可随年龄增长和脑发育逐渐完善而减轻或缓解，仅少部分患者抽动症状迁延到成年期。

护理专家答疑（章毅）

对于有抽动症状的孩子，生活上要注意：

1. **合理安排作息时间** 鼓励孩子参加创造性活动和体育活动，如画画、手工、乒乓、跳绳等，但需避免过度兴奋及劳累。

2. **饮食** 注意平衡饮食，适当补充含锌丰富的食物，不吃油腻、生冷、含铅量高的食物，不吃辛辣、海鲜、方便面、膨化食品。

3. **电子产品** 减少电视、电脑等电子产品的使用。

4. **学习** 与学校老师沟通，减轻学业压力，注意劳逸结合。

5. **重点提示** 正确对待孩子出现的症状，避免过分紧张；不过分关注孩子的症状，可利用玩具、图书等孩子感兴趣的东西转移其注意力。

案例 104

小叶今年 2 岁，平时身体都挺好，但今天在午睡醒来的时候突然出现抽搐，眼睛定住且眼珠向上翻，牙齿咬得很紧，嘴唇发紫，两只手握拳，四肢僵硬，小便也解出来了，2 分钟后孩子缓过神。父母不愿意相信这样的事情发生在自己孩子身上，一直强调家里人都没有出现过类似情况，担心再次出现抽搐。

问题 104 ▸ 孩子在家里抽搐了怎么办？

医生答疑（高峰）

抽搐俗称抽筋。一般是指四肢、躯干与颜面骨骼肌的非自主强烈收缩或抽动，可引起关节运动和强直，甚至出现窒息的情况。抽搐是由大脑神经元的异常放电引起，常常在孩子出现感染、高热、颅脑疾病、中毒、代谢及内分泌性疾病等情况时发生。

如果是第 1 次出现抽搐，建议到专科医院进行相关检查。医生需要详细询问病史，同时需要采血化验来辅助诊断，特别是血常规、血气 + 电解质、血糖、生化等，也会做脑电图、磁共振（图 2-62）等检查，部分孩子需要进行视频脑电图 / 腰椎穿刺术（图 2-63）等检查，根据检查结果针对性进行治疗。

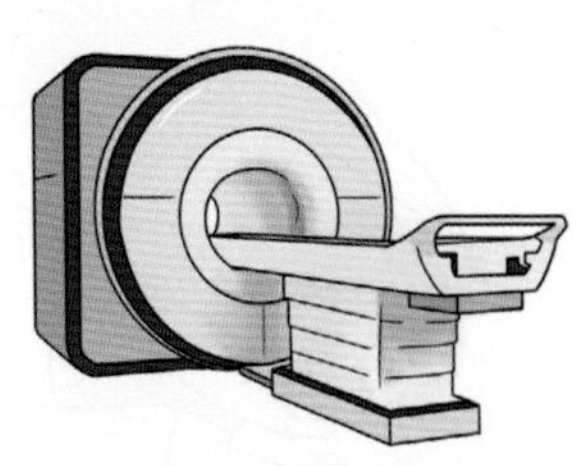

图 2-62　磁共振检查

图 2-63　腰椎穿刺

因为抽搐可能仅仅是某一些严重疾病的其中一个表现，因此，对第 1 次出现抽搐的孩子，应及时去专科医院就诊。但对于有癫痫史的孩子，家长需要按要求做好一些家庭的急救护理（图 2-64），做好癫痫日记，并做好及时门诊复查，进行必要的抗癫痫药物的调整。

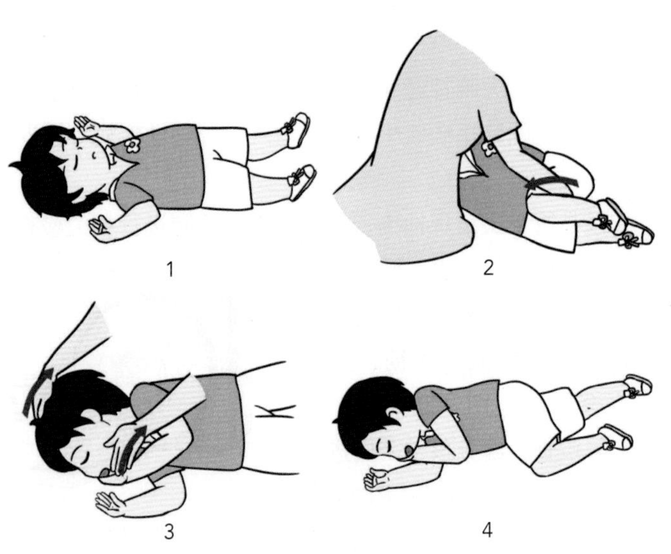

图 2-64　紧急救援

1. 让孩子平躺，松开衣领；2. 头偏向一侧，保持呼吸道通畅，全身搬动；3. 头偏向一侧，保持呼吸道通畅；4. 孩子侧躺

护理专家答疑（章毅）

孩子发生抽搐时，需要注意：

1. **保持呼吸道通畅** 就近平躺，松开衣领，头偏向一侧。

2. **环境安全** 移开孩子周围的尖锐物品，确保环境安全，避免受伤。

3. **记录** 记录抽搐发作时间，有条件者做好视频拍摄。

4. **发生抽搐时"四不要"** 不要大声呼叫或摇晃来叫醒孩子；不要按压肢体来限制孩子抽动；不要撬开紧闭的牙关或往口中塞压舌板、毛巾、汤匙、手指等物品；不要采用掐人中、虎口等方式来制止抽搐。

5. **重点提示** 如孩子发生以下情况之一，家长需要拨打120或者送孩子到医院急救：①孩子为首次发生抽搐；②短时间内发生超过1次抽搐；③孩子抽搐超过5分钟；④抽搐停止后，孩子一直不清醒（15分钟以上）；⑤孩子抽搐过程中有受伤等。

案例 105

小宝，2岁，从小身体就很健康，身高、体重都正常，除了偶尔感冒，就没生过病。11个月学会走路，刚开始走路都是正常的，可是最近走路的时候脚尖总是有点向内，家长换了好几个牌子的鞋也未见好转，小宝也不胖。后来去医院检查，医生诊断"双足内八字"。

问题105 ▸ 孩子走路时脚尖有点向内，是什么原因？

医生答疑（叶文松）

幼龄儿童经常被父母发现其行走呈内八字步态，特别是学步期儿童，其行走时双足内旋更加明显，使得父母异常担心。双足内八字改变其实反映的是骨骼成熟的过程，是一种正常的生理现象。跖骨内收、股骨前倾、胫骨内旋等均可导致足部内八字改变，并且均能随着年龄逐渐改善。正常情况下，在膝关节屈曲呈直角的情况下，足与大腿的轴线在婴儿呈 5°内旋，随着年龄增长，逐渐外旋，至 8 岁步态成熟时呈 15°～20°外旋，以后保持不变。

对于轻度的双足内八字改变，家长们要做的就是仔细观察直至 8 岁左右；如果双足内旋情况在生长发育过程中逐渐改善，都是属于生理性的内八字，不需要佩戴支具、鞋垫或者矫形鞋等辅助治疗。

由于是生理性现象，密切观察即可，但是，如果儿童行走或跑步经常出现绊倒，或者双侧出现不对称的内八字改变，或者观察后无改善并逐渐加重就需要到医院进行检查。

护理专家答疑（许丽琴）

1. **运动**　多参与户外运动，多晒太阳。

2. **饮食**　提供充足的含蛋白质、钙质和维生素 D 丰富的食物。

3. **药物**　遵医嘱适量补钙，维生素 D 等。

4. **定期复诊**　8 岁以内轻微内八字属于生理现象，无需过度紧张，加强骨科门诊定期复诊。如果内八字有进展或经常绊倒至骨科门诊就医。

5. **如何预防**　穿大小合适、透气舒适的鞋，软硬适中。观察孩子步态，纠正不良习惯而引起的内八字。

案例 106

小马，1 岁 6 个月，罗圈腿（图 2-65），之前 8 个月的时候，家长换尿不湿发现罗圈腿，那时候问过医生，说孩子还小，属于正常现象。现在快 2 岁了，孩子走路正常，但是罗圈腿仍然明显，家长很担心。至医院检查，医生诊断为“生理性膝内翻”。

图 2-65　孩子罗圈腿

问题 106 ▸ 孩子罗圈腿该怎么纠正？

医生答疑（叶文松）

这个案例里面存在两个问题：第 1 个问题是 8 月龄时家长发现的罗圈腿其实是胫骨弯曲，是因为怀孕期间胎儿在子宫内蜷缩过久，受子宫压迫双侧胫骨出现一定的弯曲，出生后胫骨弯曲在一定时间内继续存在，是正常的生理现象，随着孩子生长会逐渐减轻，不需要干涉。第 2 个问题是 1 岁 6 个月时家长发现其走路罗圈腿，这里的罗圈腿医学上称之为“膝内翻”。儿童膝内翻分为生理性膝内翻和病理性膝内翻。正常情况下，2 岁以前儿童膝关节通常是内翻状态，到 2 岁后逐渐由内翻转变为外翻。因此，一定程度的内翻同样也属于正常的生理现象。

一般认为把两脚踝并拢后，双侧膝关节之间距离小于 3cm 的称为轻度膝内翻，这种情况一般不需要干预，仅仅需要观察即可。如果膝间距过大，或无明显改善，或不对称内翻则可能是由病理原因导致的，需要及时到医院检查。

护理专家答疑（许丽琴）

1. 运动 根据生长发育的规律，8 ~ 9 个月可扶站片刻，10 个月左右能扶走，11 个月能站立片刻，15 个月可独立走稳，不宜过早站、走或过分依赖学步车，合理运动（图 2-66）。

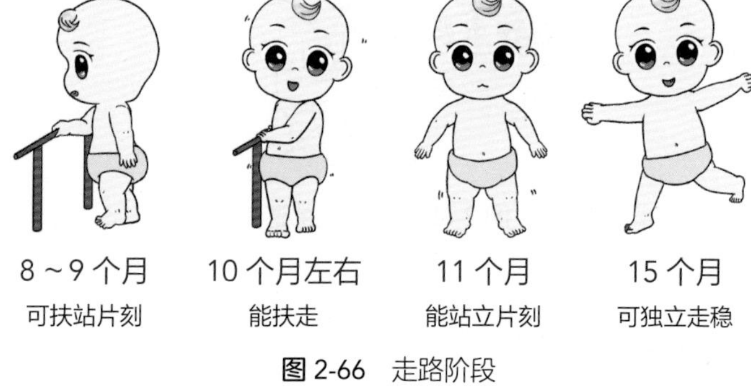

图 2-66　走路阶段

2. 饮食 提供富含蛋白质、维生素、膳食纤维的食物，合理膳食，均衡营养。及时补充维生素 D，增加钙质吸收。

案例 107

乐乐，2 个月，女孩，洗澡时家长发现腿纹不对称，当时以为胖，没引起重视。等到 3 个月体检时，医生给予 B 超检查，并告知严重的有可能以后两条腿长短不一，诊断“腿纹不对称”。

问题 107 ▶ 孩子腿纹不对称怎么办?

医生答疑（叶文松）

腿纹不对称或臀纹不对称，是反映婴幼儿髋关节状态的一个重要指标，尽管其准确度和特异度不高，但仍然是婴幼儿髋关节脱位的早期临床体征。因此，在儿童保健科检查中，腿纹或臀纹不对称是非常重要的儿童髋关节脱位筛查项目。当髋关节脱位时下肢短缩，导致臀部和腿部皮肤出现褶皱，出现双侧不对称，因此体检时发现双侧纹路不对称时家长们一定要引起重视。由于该病的危害严重，影响深远，在发现后需及时去骨科等相关科室进行检查，医生将根据全面体格检查的结果选择是否进行影像学检查。目前，基于我国的情况，对于 6 月龄以下婴儿首先选择 B 超检查，无辐射，准确度相对较高；对于 6 月龄以上的婴儿，则选择骨盆 X 线检查。当然，大部分腿纹或臀纹不对称的婴幼儿检查后并没有发现髋关节脱位，但家长不能因此而忽视异常的体征，需要专业的医生来帮助全面判断。

对于因臀纹或腿纹不对称检查发现的髋关节脱位或发育不良的患儿，需行髋关节外固定支具治疗，严重的脱位或年龄较大的患儿需行手术治疗。

该病患儿如果能做到早发现早治疗，其预后和远期生活质量将大大提高，因此一定提高对髋关节体格检查的重视。

护理专家答疑（许丽琴）

1. **活动**　正确舒适的襁褓，勿绑绳（图 2-67），确保孩子双腿活动自如。孩子能走路时加强观察，发现步态似鸭步，行走不稳及时就医。

图 2-67　错误的襁褓

2. **如何预防**　学习自检方法，养育孩子过程中早发现早治疗，可取得满意效果。洗澡时加强观察，有无腿纹或臀纹两侧不对称的现象（图 2-68），如有及时到骨科门诊做早期筛查，6 个月内可行 B 超检查。

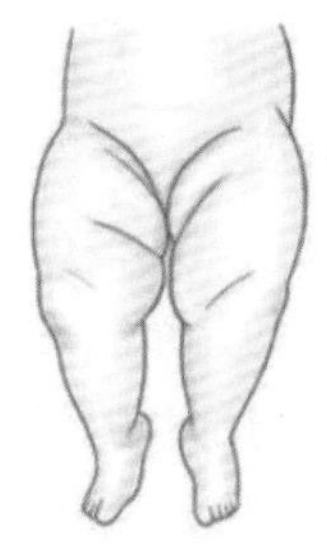

图 2-68　腿纹不对称

案例 108

豆豆，2 岁，男孩，爸爸跟豆豆玩时候，拉着他的胳膊做操（图 2-69），突然左胳膊咯嘣一声响，然后豆豆就哭了，左手不愿意动，也不愿意拿东西，一碰就哭，紧急去医院就诊，医生诊断“桡骨小头半脱位”。

图 2-69　做操

问题 108 ▸ 孩子脱臼了怎么办？

医生答疑（叶文松）

案例中的孩子没有明确的外伤史，比如跌倒、撞击等情况，因此不会首先考虑骨折等损伤。根据孩子的病史描述，可以诊断为桡骨小头半脱位，俗称“脱臼”“牵拉肘”。顾名思义，是由于肘部受牵拉力量，桡骨头自周围韧带滑出导致。患儿桡骨头脱位后通常诉腕部或者肘部疼痛，哭吵，拒绝使用患肢。

出现上述情况后，应第一时间去医院进行复位治疗。复位成功后患儿一般可立即停止哭吵，恢复患肢活动。但伤后超过24小时才复位者，症状不会立即消失，可前臂固定1周。

幼龄儿童由于韧带较松弛，其脱臼后容易出现复发，因此，家长日常应避免对其手部拉拽；年龄超过5岁的儿童，由于其桡骨头周围韧带变厚，骨膜附着点加强，脱臼的发生将会逐渐减少。

护理专家答疑（许丽琴）

1. 对症护理 孩子玩耍拖拉过程中，出现手臂酸胀、疼痛、不愿意活动等现象，存在可疑脱臼，应及时就医（图2-70）。复位后手臂相对制动，脱臼侧的手在以后的活动中，尤其注意保护，勿暴力拖拉，以防再次脱臼。

2. 如何预防 儿童在生长发育过程中，照顾人员避免粗鲁动作，要轻柔，特别是穿衣、拖拉前臂时避免以下动作：突然暴力拖拉前臂，提拉两侧手臂拎起孩子，这两个动作易造成脱臼。

图2-70　医生检查

案例 109

小北，5 岁，男孩，在幼儿园操场跑步时，被隔壁班的小朋友撞了一下，老师发现小北是右手肘关节着地，肘关节有点肿，皮肤表面有擦伤，哭得厉害，一直说痛，也不敢动，手指能轻微活动，校医简单消毒包扎后送医院。医生给予 X 线检查，诊断：右肱骨髁上骨折，建议手术。

问题 109 ▸ 孩子骨折如何判断和处理？

医生答疑（叶文松）

儿童因好动，磕绊摔倒经常发生，因此儿童骨折非常常见，再者因为儿童韧带强度比软骨高，损伤更容易发生在骨和软骨部分，形成骨折而不是韧带损伤。儿童肱骨髁上骨折是儿童肘关节最常见的骨折，通常表现为肘部外伤后出现肘部疼痛、肿胀、关节活动受限，严重的外观可见明显畸形，儿童损伤时因不能准确描述，多只会哭吵，需家长仔细观察，以免遗漏，出现上述症状时很有可能已经发生骨折了，这时候需要及时到医院就诊。在就诊之前，家长需要寻找到周围硬质的木块或者纸板等，作为临时固定装置，保护骨折部位，防止移位继续加重。此外，严重骨折还伴随局部皮肤穿破形成开放损伤，需要及时包扎止血，四肢长骨的骨折还需要观察手指颜色，颜色发白可能因为损伤到大血管，更加提示需尽早就医治疗。

对于轻微移位的骨折，一般给予石膏固定，定期复查即可恢复，移位较多的骨折需要手术治疗，否则会导致残余畸形或者关节功能受限。

大部分骨折在合理的处理下，基本上能顺利愈合，极少残留关节功能障碍，需在医生指导下进行康复锻炼。

护理专家答疑（许丽琴）

1. **观察要点** 骨折有三大表现：疼痛和压痛、局部肿胀和瘀斑、活动障碍。注意观察受伤侧手指的颜色、温度、感知觉、活动情况。

2. **饮食** 提供富含蛋白质、维生素、膳食纤维的食物，合理膳食，均衡营养，促进骨折愈合。

3. **活动** 术后加强患肢的功能锻炼，循序渐进，动动手指，做做握拳动作，活动中观察有无关节活动障碍、手指活动情况等。

4. **应急处理** 如果摔倒可疑骨折（图 2-71），保持相对制动，用急救包、硬纸板、绷带、丝巾、皮带等，固定受伤的肢体（图 2-72），立即送医院。

图 2-71 摔哭

图 2-72 手部夹板

案例 110

患儿，女，5 岁 2 个月，因发热、咳嗽，门诊就医后诊断为“流行性感冒”，医生给予开具抗病毒药物，建议回家观察。2 天后，家长携 1 岁 3 个月的二宝来院就诊，主诉也是发热、咳嗽，医生诊断为“流行性感冒”。

问题 110 家里两个孩子有一个生病了，如何在家中治疗和护理？

医生答疑（陈英虎）

流行性感冒是由流感病毒（包括甲型或乙型）引起的急性呼吸道传染病，经飞沫、空气或接触传播，多见于冬春季节。流感的传染性强，常呈聚集性发病，流感的潜伏期是 1 ~ 7 天，一般 2 ~ 4 天，在潜伏期末到急性期（1 周左右）都具有传染性，人群普遍易感。流感患者需要隔离到热退 2 天，且起病后满 7 天。

家里一个孩子患流感后需要隔离 7 天，另一个孩子避免与之接触。在居家隔离期间，要注意精神状态，有无发热、头痛、肌肉酸痛，有无咳嗽、鼻塞和流涕，有无全身不适、乏力、食欲减退等。

考虑流感的孩子应尽早隔离治疗，起病后 48 小时内服用抗病毒药物（奥司他韦）能减轻病情，缩短病程。居家隔离时，要保持房间通风，佩戴口罩。充分休息，多饮水。

无肺炎等并发症的流感患儿，一般于发病 3 ~ 5 天后发热逐渐消退，头痛肌肉酸痛好转，但咳嗽和体力恢复时间较长。如高热 3 天不退、嗜睡、惊厥、呼吸增快、胸痛胸闷、吐泻明显等情况，需要及时就医。

为预防流感，6 个月 ~ 5 岁儿童推荐接种流感疫苗。有基础疾病如慢性肺部疾病、心脏病、肾病、恶性肿瘤化疗后、免疫抑制剂应用等，接触流感患儿后，需要口服奥司他韦药物预防。

护理专家答疑（黄国兰）

孩子患病期间要注意：

1. 休息　居家休息，减少活动，避免疲劳。

2. 饮食　推荐清淡容易消化、富含维生素的食物，如牛奶、鸡蛋羹、稀粥等，避免进食刺激性（如酸性、辛辣）和较硬的食物加剧口腔疼痛。

3. 发热护理 定期测量体温，一般体温 > 39℃使用退热药，2～6月龄婴儿发热推荐对乙酰氨基酚，6月龄以上可使用对乙酰氨基酚或布洛芬，禁用阿司匹林。鼓励多饮水。

4. 口腔护理 保持口腔清洁，婴幼儿进食后可喂少量温开水，年长儿饭后用温开水或淡盐水漱口以清洁口腔。

5. 预防传染 ①需要与其他婴幼儿、儿童分室居住，接触患儿时戴外科口罩。②家长及孩子注意勤洗手，玩具可用含氯消毒剂，如84消毒液消毒。③孩子咳嗽或打喷嚏时，用纸巾、毛巾等遮住口鼻，咳嗽或打喷嚏后洗手，尽量避免触摸眼睛、鼻或口。④不混用餐具。⑤房间每天开窗通风。⑥家长不要亲吻孩子的嘴和手。⑦建议居家隔离1周或者至主要症状消失。

6. 重点提示 ①持续高热的患儿应给予适当补液。②出现精神差、抽搐、烦躁不安、呼吸急促等情况应及时就医。

案例 111

患儿5岁3个月，因发热、皮疹3天后就诊，诊断为“水痘”，医生给予开具口服药，让回家隔离观察，关注体温及病情变化。5天后该患儿再次门诊就诊，该患儿躯干部皮疹出现破损、渗液情况，家长主诉探望患儿的同学出现同样皮疹及发热症状。

问题 111 ▸ 孩子患水痘怎么办？

医生答疑（陈英虎）

水痘是由水痘-带状疱疹病毒引起的急性传染病，经飞沫和接触传播，多见于冬春季节，主要发生于 5 ~ 14 岁的孩子，病后获得终身免疫。开始常有发热、食欲减退，发热 1 ~ 2 天后出现皮疹，在头皮、面部或躯干部出现，最初皮疹为瘙痒的红点，然后发展为充满透明液体的水疱、1 ~ 2 天后透明液体变浑浊、疱疹出现凹陷、结痂，最初的皮疹结痂后，在躯干和四肢出现新的皮疹。同时存在不同时期的皮疹，是水痘的特征。

阿昔洛韦对水痘有一定的治疗效果，但病情大多轻微，抵抗力正常人群不需要使用，以在家休息和观察为主。根据情况可给予退热药，应特别注意每日补充足够的水分。

水痘有自限性过程，一般 1 周内病情好转，自行恢复。极少数可能会有病情进展，甚至出现抽搐、痉挛等危急情况。如出现精神萎靡、嗜睡、惊跳、抽搐、头痛、强烈呕吐、气急、口唇发绀等情况，应及时就医。10% 的水痘患儿，一生中会发生带状疱疹，带状疱疹者中 75% 发生在 45 岁以后。

接种水痘减毒活疫苗可预防水痘。未接种水痘疫苗的免疫抑制儿童，密切接触水痘后，在接触水痘 72 小时内接种水痘疫苗，或接触水痘疫苗 10 天内注射丙种球蛋白，可起到预防作用。

护理专家答疑（黄国兰）

孩子患病期间要注意：

1. 休息　居家休息，减少活动，避免疲劳。

2. 饮食　推荐给予高蛋白、高维生素、易消化的饮食，忌食辛辣刺激性食物。

3. 发热护理　测量体温，一般体温 > 39℃使用退热药，鼓励多饮水。

4. 皮肤护理　①床单被套不宜过厚，衣服宽松柔软，勤换洗。②注意口腔清洁，每日用温水或漱口液清洁口腔 2 ~ 3 次；口唇或口角干裂者，可局部涂以甘油。③皮疹处于眼部者，应注意避光，不用手揉眼。分泌物多时，可用生理盐水冲洗眼部。④保持手部清洁，剪短指甲，婴幼儿可戴并指手套或用布包裹双手，以免抓伤皮肤。皮肤瘙痒吵闹时，用温水洗浴、局部涂炉甘石洗剂或口服抗组胺药物。疱疹破溃时用聚维酮碘溶液外涂，继发感染者局部加用抗生素软膏。禁用含激素类软膏，以免病变部位扩散。

5. 预防传染 ①患儿宜单独隔离，与其他婴幼儿、儿童分室居住，使用单独餐具。接触患儿时戴外科口罩。②家长及孩子注意勤洗手，尤其是接触了水疱里的疱液后必须用流动水洗手。玩具可用含氯消毒剂，如 84 消毒液消毒。③房间每天开窗通风，保持空气流通。④家长和孩子避免近距离亲密接触。⑤建议居家隔离至出疹后 7 天或水痘全部干燥结痂为止。

6. 重点提示 出现高热不退、咳喘，或呕吐、头痛、烦躁不安、嗜睡等情况应及时就医。

案例 112

患儿 3 岁 1 个月，就读幼儿园中班，发现手指指端疱疹，体检发现口腔黏膜及口周都有散在疱疹，医生诊断为“手足口病”。联系幼儿园老师发现班级内出现 10 例类似的病例，轻重程度不一。

问题 112 ▸ 手足口病怎么办?

医生答疑（陈英虎）

手足口病是由一组肠道病毒（如柯萨奇病毒 10 型、16 型和肠道病毒 71 型等）引起的急性传染病，经飞沫和接触传播，多见于夏秋季节，主要发生于 1 ~ 7 岁的小儿，尤其是 3 岁以下的孩子。初起常发热，伴喉咙痛、流口水，饮食和饮水因疼痛而受影响，手、足、臀部有疱疹。躯干部皮疹较少。

手足口病无特效抗病毒药物，且病情大多轻微，一般不需要特别用药，以在家休息和观察为主。根据情况可给予退热药，应特别注意每日补充足够的水分。大多呈自限性过程，一般1周内病情好转，自行恢复。少数可能发生病情进展，甚至出现抽搐、痉挛等危急情况。如出现精神萎靡、嗜睡、高热持续不退、惊跳、抽搐、头痛、强烈呕吐、气急、口唇发绀等情况，应及时就医。

为预防手足口病，可接种肠道病毒71型疫苗，适用于6个月～5岁儿童，建议在1岁前完成疫苗接种。

护理专家答疑（黄国兰）

孩子患病期间要注意：

1. 休息 居家休息，减少活动，避免疲劳。

2. 饮食 推荐温凉清淡易消化的流质或半流质食物，如牛奶、鸡蛋羹、稀粥等，避免进食刺激性（如酸性、辛辣）和较硬的食物加剧口腔疼痛。

3. 发热护理 测量体温，一般体温＞39℃使用退热药，鼓励多饮水。

4. 口腔护理 保持口腔清洁，婴幼儿进食后可喂少量温开水，年长儿饭后用温开水或淡盐水漱口以清洁口腔。

5. 皮肤护理 衣服、被子保持清洁、柔软，剪短孩子指甲，防止抓破皮疹；臀部有皮疹应随时清理患儿的大小便，保持臀部清洁干燥；手足部皮疹初期可涂炉甘石洗剂；疱疹破溃时可涂聚维酮碘，如有感染应用抗生素软膏。

6. 预防传染 ①与其他婴幼儿、儿童分室居住，接触患儿时戴口罩。②家长及孩子注意勤洗手，尤其是处理患儿粪便后要洗手。玩具、衣物、桌椅等可用含氯消毒剂，如84消毒液消毒。③孩子的痰、唾液、粪便等倒入适量消毒剂，再倒入厕所。④不混用餐具。⑤房间每天开窗通风。⑥家长不要亲吻孩子的嘴和手。⑦建议居家隔离2周。

7. **重点提示** 持续高热不退、呼吸急促、精神差、呕吐、头痛等情况应及时就医。

案例 113

患儿玥玥，从小就长着一双水灵灵的大眼睛，睫毛又长又密，小脸蛋胖乎乎，是个人见人爱的小女孩。尽管她只有 4 岁，但已经是眼科的“常客”了。玥玥最近 2 年时不时地爱揉眼睛，一到户外就揉得更厉害了，眯着眼还怕光，有时甚至泪汪汪的。每隔 2～3 个月，妈妈都要带着玥玥来医院看眼睛。每次来不用打针，也不用吃药，就为了让医生看看玥玥眼皮上那几根“顽固”睫毛有没有擦伤她那双大眼睛。

问题 113 ▸ 孩子经常揉眼睛怎么办?

医生答疑（史彩平）

玥玥的情况属于倒睫。正常睫毛是由毛囊处向外生长，而倒睫就是指睫毛生长方向出现异常，睫毛触及角膜的状态（图 2-73）。一般来说，儿童倒睫多见于下睑近内眦部，下睑内翻达到一定程度时，睫毛会磨损角膜。尤其是脸胖乎乎的孩子，两颊部丰满，鼻根部扁平，眼间距宽，更加容易引起倒睫。倒睫的危害可大可小，因为出生初期的孩子睫毛多数纤细柔软，即使睫毛接触角膜也不会对角膜造成损伤，部分孩子随着年龄增长，脸形逐渐变长，鼻梁逐渐长高，绝大多数的倒睫也就自行好转了，所以不必过于担忧，2～3 岁前不急于手术治疗。但是如果孩子的睫毛偏长偏硬，倒睫的睫毛数量又多，长时间就能造成角膜损伤，一般表现为眼红揉眼、畏光流泪等，检查时可发现角膜上皮出现点状损伤。

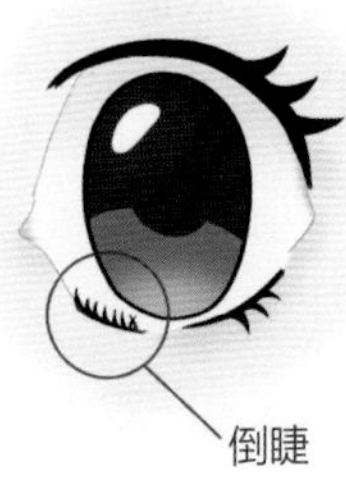

图 2-73 倒睫

图 2-74 揉眼睛

第 1 种方法是采取保守治疗，就像玥玥这样，平时下拉下睑手法矫正，定期来医院检查角膜情况，再配合眼药水抗菌修复。第 2 种治疗方法则是手术治疗，严重的倒睫可在孩子 3 ~ 5 周岁期间考虑手术。

其实，孩子揉眼睛也可能是其他原因（图 2-74），除了倒睫，还要看看眼睛里有没有异物，眼睑皮肤有没有湿疹，有没有过敏性结膜炎以及视物模糊、视疲劳等情况，由于孩子们往往无法清楚表达，所以还需仔细甄别。不论什么原因，频繁揉眼都容易造成感染。

护理专家答疑（裘妃）

当孩子揉眼时，应及时地用柔软的纸巾帮他 / 她擦净眼泪。平时需注意手卫生、勤剪指甲，如孩子面部、眼部有汗水或尘污时，应及时帮他 / 她洗净擦干，保持孩子眼睛和脸部的清洁干净，这样可减少孩子揉眼的机会，避免养成揉眼的不良习惯。孩子倒睫切忌自行拔除或剪去，因为拔除睫毛往往会损伤毛囊和睑缘皮肤，造成睫毛乱生倒长和睑内翻，日后即使手术矫正，睫毛也会排列不整齐，影响眼睑的美观。

患儿小虎，4个月，出生后右眼眼泪多且伴有黄色黏性眼分泌物，出生时医生给开具了氧氟沙星滴眼液，用过几天有好转，后来因家长听说小孩子不能用氧氟沙星，就停用了。之后右眼反复出现黄绿色眼分泌物、流眼泪，近期家长带来医院进一步检查，发现按压小虎右眼泪囊区可见黄色黏性分泌物溢出，诊断：考虑右眼先天性泪道阻塞。

问题 114 ▸ 孩子眼睛分泌物多怎么办？

医生答疑（史彩平）

先天性泪道阻塞是儿童最常见的泪道疾病，见于 5% ~ 20% 的新生儿。大多数原因为鼻泪管远端发育不良，鼻泪管中的 Hasner 瓣膜状物阻塞，泪液无法及时被引流排空致泪囊及泪液中细菌繁殖而出现分泌物增多（图 2-75）。

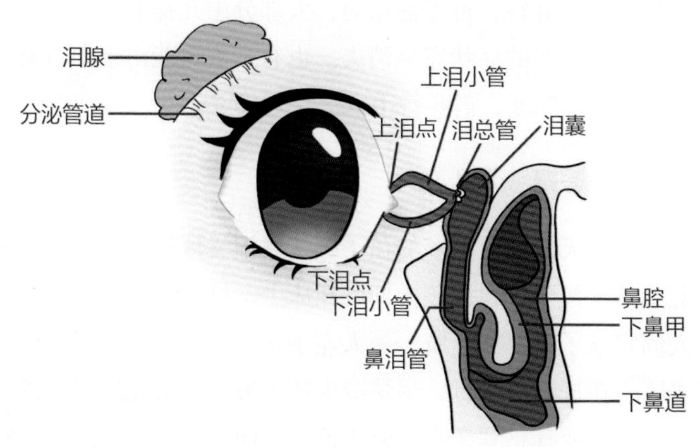

图 2-75　泪道结构

治疗上首先按摩泪囊区，家长可用洁净的示指从下往上按压泪囊区，挤压出黏脓性分泌物，然后用棉签擦拭干净，下睑结膜囊内滴抗生素眼药水消炎，几分钟后再用示指沿着内眦部从上往下按压鼻泪管数次，再滴抗生素眼药水。如此每天反复按摩直至好转（图 2-76）。但是，如果半岁甚至 1 岁还未见好转，可至医院就诊行泪道冲洗及探通。这是一个有创的治疗，所以治疗前患儿需全身情况稳定并行必要的术前检查。

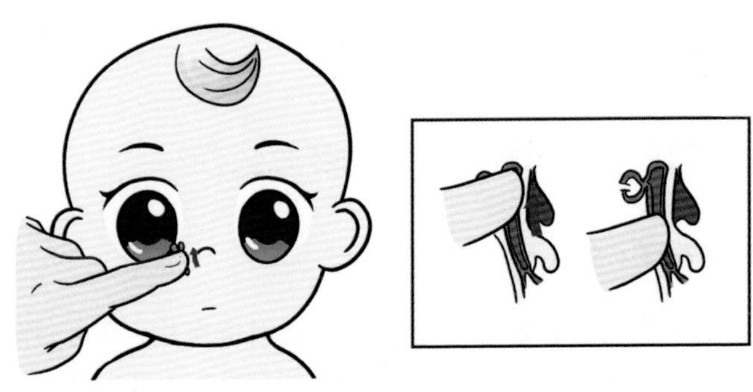

图 2-76　泪囊按摩示意图

部分患儿通过泪道按摩及滴眼药水后，自行好转。如果 6 个月后还没有好转，可考虑探通，大部分患儿探通成功后，流泪及分泌物增多的症状完全消失。也有少数可能由于泪道畸形或者泪道骨性阻塞，需要行手术治疗。

护理专家答疑（裘妃）

对于先天性泪道阻塞的孩子，按摩泪囊区极其重要，在家也能给孩子按摩。建议孩子仰卧在床上，最好两人同时操作，一人固定孩子头部和上肢，一人左手扶孩子头，示指指腹按摩泪囊区。在进行按摩时，尽量减少孩子哭闹，可先用双手按摩患儿脸颊，使其感到亲密，避免惊吓，同时笔者主张由孩子妈妈进行按摩，这样可减少孩子的恐惧感。

患儿多宝，3 周岁 10 个月，幼儿园小班，平时很少接触电子产品，父母均有轻度近视，幼儿园体检视力右眼 0.4，左眼 0.6，被要求到医院进一步检查。家长问医生："我们很少看手机和电视，怎么就近视了呢？"经过专业的眼科检查，发现其实多宝并不是近视，而是远视！

问题 115 ▸ 如何判断远视和近视？

医生答疑（史彩平）

远视是一种屈光不正。屈光不正就是外界光线不能正常聚焦在视网膜黄斑部，也就是平时说的近视、远视、散光的总称。对于学龄前儿童的视力不良，不能简单地认为是近视。首先，正常儿童的视力发育同身高、体重一样，随着年龄增长也有一个变化的过程。新生儿远视眼约占 88%～98%，屈光度平均在 +2.0D～+3.0D，随年龄增长眼轴逐渐变长，远视度数逐渐下降。多数学者认为 7～10 岁基本完成正视化过程。按照正常的视力标准，一般来说，3 岁 10 个月的标准视力为 0.5～0.8。多宝的视力，右眼属于异常，左眼还在正常范围内，建议散瞳后验光明确多宝的屈光状况，同时测量眼轴、角膜曲率等相关指标，建立屈光发育档案，定期复查以及早发现异常并给予视力保护指导（图 2-77）。

图 2-77　医生提醒

如果散瞳验光提示远视储备过高或者合并散光等，需要佩戴眼镜矫正，如果散瞳验光提示远视储备不足，需引起重视并限制近距离用眼时间，以防近视过早出现。另外，建议家长定期带孩子至眼科门诊检查屈光状态，半年 1 次，若远视储备不足，可每 3 个月检查 1 次，防患于未然（图 2-78）。

图 2-78　测视力

护理专家答疑（裘妃）

不管近视、远视，都应尽早发现，早预防和早干预。预防方法：

1. 视力表检查法　一般孩子到 3 岁时，父母可购买标准视力表，挂在光线充足的墙上，在 5 米远处，分别遮住孩子双眼让孩子识别。若发现视力低于同年龄正常儿童视力，则有必要带孩子到眼科做进一步确诊。

2. 留意孩子异常行为　观察孩子双眼、单眼注视情况，注意看电视时是否喜欢凑得很近。观察孩子看东西有无异常头位，如是否喜欢抬头、低头、偏头视物。观察孩子看物体能否稳定地注视，如孩子眼球来回转动或震颤，则有弱视可能。

3. **遮盖试验法** 对不愿配合检查视力的孩子，可通过遮盖试验来了解。家长有意遮盖一只眼睛，让孩子单眼注视物体，若孩子表现很反感，就应尽早到眼科医院检查。

案例 116

患儿皓皓，5 岁，爸爸是飞行员，妈妈是医院的护士，平时爸爸经常出差在外，妈妈加班加点也是常事，都是爷爷奶奶带着。上幼儿园期间生活还有规律，早上送出，晚上接回来。可是，一回到家，孩子玩厌了家里的积木和拼图，听厌了家里的虎虎兔讲故事，在家无聊的时候皓皓总是想要看电视，玩手机和电子产品，还时不时地想和妈妈、外婆视频。长此以往，家里人都很担心皓皓的眼睛。

问题 116 ▶ 电子化时代如何保护视力？

医生答疑（史彩平）

随着经济条件和技术的发展，越来越多的电子产品走进我们的生活，那么如何引导孩子合理使用电子产品，将是家长不得不面对的问题。一般来说，2 岁以下幼儿应避免接触电子产品。对于 2 岁及以上的儿童，大人们应引导孩子合理使用电子产品。

俗话说："知其意，晓其理，方能践其行"。首先要让孩子知晓长时间使用电子产品的危害，这不仅仅影响眼球发育，也会对骨骼生长、神经系统发育等多方面造成影响。家长可以借助绘本，通过讲故事的方式引导孩子，让孩子形成自我保护眼睛的意识。其次，保持正确使用电子屏的姿势，确保环境光照充足，光线柔和，减少屏幕反光。另外，需控制孩子接触电子产品的时间，每次不超过20分钟，1天累计不超过1小时，可与孩子达成“君子约定”或者制定闹钟，每次孩子做到后给予适当的奖励，当然家长也要以身作则，尽量减少在孩子面前使用电子产品。一般观看电子屏幕20分钟后需抬头远眺（6米外）20秒（图2-79）。总而言之，学龄前儿童应尽量避免接触电子产品，每天保持2小时以上户外光照，1周不少于10小时的户外光照，减少近距离用眼的时间和强度，以预防近视。当然，均衡饮食，充足睡眠也是保护视力的必要因素。

近看半小时，远看十分钟

图2-79　近看、远看

护理专家答疑（裘妃）

保护视力、防治眼部疾病，需从多方面着手，首先学习环境需明亮，坐姿要正确，其次最重要的是每日需保证户外运动2小时以上，另外需注意营养，可进食富含维生素A（如各种动物肝脏、鱼肝油、胡萝卜等）、维生素C（如西红柿、柠檬、猕猴桃等）、钙（如奶类及其制品、贝壳类、虾等）、铬（如糙米、动物肝脏、葡萄汁等）、锌（如牡蛎、肉类、蛋类等）等食物（图2-80）。

图 2-80　富含营养素的食物

欣欣，2 岁，一次洗头后妈妈无意间看到她两只耳朵里都有耳垢，平时欣欣也没说耳朵疼、没有明显听力不好的表现，但妈妈还是很担心耳垢太多会引起感染，想自己给她挖出来，但挖耳朵时欣欣很不配合，一直动来动去，一不小心，耳朵出血了，吓得妈妈赶紧带她去医院就诊。

问题 117 ▸ 孩子耳朵里有耳垢一定要弄出来吗？

医生答疑（付勇）

耳垢又称耵聍，是由外耳道内的耵聍腺分泌的。在我国，大部分人的耳垢都是干性的，呈片状，可随着头的运动从耳朵里掉出来，也有一部分人的耳垢天生就是黄黄的、黏黏的，称油性耵聍，不易掉出。正常情况下，耳垢对外耳道和鼓膜都有保护作用。但也有些孩子因各种原因耳垢产生过多、排出少，堆积在外耳道内，日积月累凝结成块，堵塞外耳道，就成为耵聍栓塞。

发现孩子耳朵里有耳垢，但不是特别多，也没什么不舒服症状，就没必要经常清理。有些家长喜欢用塑料或金属质地的挖耳勺自行给孩子挖耳朵，大部分孩子都不愿配合，强行挖耳容易划伤孩子的外耳道及鼓膜，造成外耳道出血、发炎甚至鼓膜穿孔等后果。即使出现耵聍栓塞，一般孩子也不会有什么感觉，部分孩子会说耳朵痒、喜欢抓耳朵，有时在洗头、游泳等活动后耳道进了水，可能会使耵聍膨胀而出现耳朵痛，也有小部分严重堵塞外耳道时可能引起听力下降。发现有以上这些情况后建议带孩子去医院，由耳鼻喉科医生用专业的工具取出耵聍。

护理专家答疑（裘妃）

正常情况下，耵聍可借咀嚼、吸吮、张口等下颌运动，以薄片形式自行排出，不用给孩子掏耳朵，只有耵聍逐渐凝聚成团，阻塞住了外耳道才需要清理。

保持外耳道清洁是预防耳垢栓塞的首要条件。如果碎耳垢较多，感觉外耳道发痒，可用棉签蘸取少量耳道清洁液轻轻擦拭，这样不但止痒而且有消毒、防止感染的作用。切忌用掏耳勺、发卡等伸到孩子的耳朵里掏。

游泳之前最好由医生检查一下，若有耵聍栓塞最好先把耵聍取出，以防进水后耵聍膨胀造成耳痛。

一旦耳垢诱发了炎症，应及时就医，先积极消炎，并尽快取出栓塞，以防引流不畅，致使炎症向内扩散。

案例 118

小淳，女，3岁，午睡醒来后突然哭闹，说自己左耳疼痛。妈妈看了下小淳的耳朵，发现她左耳部有一些黄白色的液体快要流出来，而且一碰耳朵她就立刻哭闹着喊疼，于是妈妈带小淳去了医院。医生诊断急性化脓性中耳炎。

问题 118 ▸ 发现孩子耳朵里流脓了怎么办？

医生答疑（付勇）

“急性化脓性中耳炎”或“急性外耳道炎”是引起儿童耳痛、流脓最常见的疾病。导致耳朵发炎的原因有很多，如感冒、在不干净的水中游泳、洗头洗澡时耳朵进水、婴儿躺着吃奶导致乳汁进入中耳等。本病耳痛比较厉害，吞咽、咳嗽、拉扯耳郭时可加重，可伴有耳闷、听力减退，还可能出现发热、精神不振等全身症状，部分严重的急性中耳炎可导致鼓膜穿孔。

治疗上应给予足量的抗生素抗感染，一般 1 周左右，同时清理耳道（图 2-81）。

大部分中耳炎及时治疗，1 周左右即可痊愈。即使有鼓膜小穿孔，大多能在感染控制后自行愈合，只有很少一部分感染控制不佳的可能变成慢性中耳炎。

图 2-81　医生检查耳朵

护理专家答疑（裘妃）

急性化脓性中耳炎是小儿常见病、多发病，但只要遵循正确的预防措施，就可以防止急性化脓性中耳炎发作或反复发作。预防要点：

1. 增强体质，预防上呼吸道感染 上呼吸道感染时，细菌与病毒易通过小儿咽鼓管逆行导致中耳感染，引起化脓性中耳炎。如果患上呼吸道疾病（如急性鼻炎、慢性鼻炎）时避免用力擤鼻涕、双侧鼻腔同时擤鼻涕等不恰当的方式，易使鼻涕由咽鼓管侵入中耳，引起发炎。

2. 注意外耳道卫生，防止污水入耳 外耳道不卫生，使用不洁器具挖耳，特别是污水进入耳内，均可将致病菌直接带入中耳，导致化脓性中耳炎。

3. 正确喂养，防止反流 小儿消化系统功能尚未发育完全，喂养不当，易导致胃食管反流，产生呛咳，牛奶、水等物质易通过小儿咽鼓管进入中耳，导致中耳感染。

案例 119

军军，3岁，晚饭吃鱼时突然指着嘴巴说痛，奶奶赶紧让他喝醋，军军喝了一小口醋后开始哭闹，一直喊痛，此后不愿吞咽，嘴巴张开、口水直流。于是爸爸妈妈立即带着军军去了家附近的医院，医生检查后发现左侧扁桃体上卡着一根鱼刺，取出后军军终于说不痛了，一家人松了一口气。

问题 119 ▸ 孩子卡鱼刺了怎么办？

医生答疑（付勇）

卡鱼刺是耳鼻喉科最常见的急诊之一，不论是小孩还是大人，吃鱼时不注意都容易卡鱼刺。吃鱼时仔细挑刺、不说话玩闹是预防的关键，但万一不慎卡住鱼刺，大孩子还能描述自己

“喉咙痛”“咽口水时有东西在扎”，幼儿往往表达不清，但常表现为不愿喝水、不愿吃东西、异常哭闹、吐口水等。

发生这种情况，首先应立即停止进食，试着让孩子用力咳嗽、催吐，比较松动的鱼刺可能随着咳嗽的气流带出或随着呕吐物吐出，不推荐吞饭团，饭团有可能将鱼刺一起吞下去，但也可能导致鱼刺扎得更深更牢，甚至完全扎进咽喉的肉里，也不推荐喝醋，醋并没有溶解鱼刺的作用。如果咳嗽、呕吐后孩子的症状仍没有好转，建议尽快到就近医院的耳鼻喉科就诊。

若医生能看到鱼刺，一般夹出后症状即好转。也有一部分孩子就诊后医生未发现明显鱼刺，这可能是鱼刺被患儿咽下导致咽部划伤，一般疼痛较轻，可观察 1 ~ 2 天，大部分可自愈。

护理专家答疑（裘妃）

鱼肉很有营养，但不能因为怕扎到鱼刺就不给孩子吃鱼，可注意以下几点：

1. 孩子还小不能自己剔鱼刺时，爸爸妈妈一定要细心再细心，一定要保证把鱼刺剔除干净再给孩子吃。

2. 孩子能自己吃饭了，父母要勤示范，耐心教孩子如何吃鱼，并注意监督，确保孩子不把鱼刺吞进去。孩子毕竟是孩子，尽量做一些鱼刺较少、较大、容易剔刺的鱼给孩子吃，这样既饱了口福，又降低了卡到鱼刺的风险。另外，较小的孩子则最好吃剁烂的鱼肉泥。

适合孩子吃的鱼：首推海鱼，如罗非鱼、银鱼、鳕鱼、青鱼、黄花鱼、比目鱼等。这些鱼肉中鱼刺较大，几乎没有小刺。吃带鱼时去掉两侧的刺，只剩中间与脊椎骨相连的大刺，给孩子吃也较安全。如果吃鲈鱼、鲫鱼、鲢鱼、鲤鱼、武昌鱼等则最好给孩子选择没有小刺的腹肉。

案例 120

磊磊，男，4 岁，平时喜欢揉鼻子，还经常挖鼻子。一天晚上，磊磊左边鼻孔突然流出了很多鼻血，妈妈赶紧用纸巾塞进磊磊鼻子里，还让他仰起头，结果不仅鼻血没止住，嘴巴里也吐出了血。

问题 120 ▸ 孩子突然流鼻血了怎么办？

医生答疑（付勇）

鼻出血是儿童时期的常见急症，喜欢挖鼻的生活习惯、粗暴的擦鼻涕方式、外伤等原因都有可能导致鼻出血。

如遇鼻出血，父母不要惊慌，正确的止血方法能够起到事半功倍的效果：

1. 注意安抚患儿，一般采取坐位或半卧位，不要仰头，嘱咐患儿勿将血液咽下，口中有血尽量吐出，以免刺激胃部引起呕吐、腹痛、腹胀等不适。

2. 用手指压紧双侧鼻翼 5 ~ 15 分钟（图 2-82），同时可用冷毛巾敷前额或后颈部，促进血管收缩，有利于止血。

图 2-82　流鼻血的正确和错误处理方式

3. 对于鼻腔出血量不多但反复出血的患儿，可在压迫止血后，短期于鼻腔局部涂抹抗生素软膏（例如红霉素眼膏等），以促进黏膜愈合。

4. 如果压迫鼻翼 15 分钟，鼻腔出血仍不能停止，应立即前往医院，必要时由专业医生进行鼻腔填塞止血。

5. 对于反复鼻腔大量出血的儿童，应警惕血液方面的疾病，应及时转诊至血液科等相关科室。

护理专家答疑（裘妃）

1. 应注意通风和保持室内的温湿度，劳逸结合，增强体质，预防感冒。

2. 注意养成良好的个人卫生习惯，不挤压、碰撞鼻部，不挖鼻，不用力擤鼻。

3. 避免进食辛辣刺激性的食物，以清淡饮食为主。辛辣、油炸的刺激性或者过热食物，不利于止血。保持大便通畅，多吃鱼、新鲜蔬菜、水果（如芹菜、黑木耳、西红柿等）。

4. 鼻出血采用鼻腔填塞压迫止血时，在进食或吞咽会有窒息感，因此应小口进食，避免进食过快造成换气不足或急于呼吸而将食物误入气道，导致更加严重的后果。

5. 反复鼻出血儿童应根据出血原因加以预防，积极治疗原发病。

案例 121

小源出生后家长就发现臀部上方有一个小洞（皮肤小凹陷），平时不红不肿，手脚活动和大小便都很好，就一直没太在意。1 岁体检时，保健医生建议父母带小源去上级医院再检查，做了 X 线发现“隐性脊柱裂”，磁共振发现“潜毛窦，脊髓栓系考虑”，同时医生建议小源接受手术治疗。家长一听很慌张，想知道什么是脊髓栓系？为什么要做手术？不做手术会怎么样？手术是怎么做的？

问题 121 ▸ 孩子臀部上方有个小洞要不要紧？

医生答疑（沈志鹏）

潜毛窦（现称之为“藏毛性窦道”）、隐性脊柱裂、先天性脊髓栓系综合征等一系列疾病，常由胚胎发育早期神经管闭合不全所致，病因并不明确，一般认为与叶酸的相对缺乏相关。产前筛查能排查大部分严重的神经管闭合不全，如脊髓外露、无脑畸形、严重的脊膜膨出等，但对于较小的畸形常难以发现。这部分儿童在出生后常表现为腰背部的皮肤异常：如局部凹陷、肿块、毛发异常生长，色素沉着等。而这些儿童需要进一步做磁共振成像来明确是否合并存在脊髓栓系的情况。首先家长们无需特别担心检查本身的危害，因为磁共振成像是不具有放射性的。但因为检查时间较久，机器有较大的噪声，因此儿童在做检查时需要用药物来镇静，一般建议在这类儿童出生后 6 个月内完善磁共振成像检查。因为随着儿童年龄及身高的增长，会逐渐出现因脊髓栓系、牵拉导致神经功能障碍的各种症状，主要表现为大小便异常，包括大小便无法控制、长期的遗尿、尿频尿急、大便污裤，甚至反复的尿路感染等，有些人会出现双下肢的异常，如马蹄足、行走不稳、跛行等。当病程较长时，往往会使得这些神经功能症状变得不可逆，因此建议早发现早治疗。

当然并不是所有这类疾病都需要通过手术来治疗。根据患儿磁共振成像的结果以及临床症状的严重程度，再加上经验丰富的专科医生判断，才能制订出最适合患儿的治疗方案。脊髓栓系的手术方式也多种多样，大部分可以通过微创手术治疗，其基本原则是松解神经和脊髓的粘连，解除脊髓的牵拉，以缓解或解除脊髓栓系所引起的神经功能障碍。因此作为家长如果发现孩子在腰背部有皮肤的异常，应当予以重视，并及时去专科医院进行咨询诊疗。

下面是一些常见异常的图片（图 2-83 ~ 图 2-87），供参考：

图 2-83　腰背部隆起

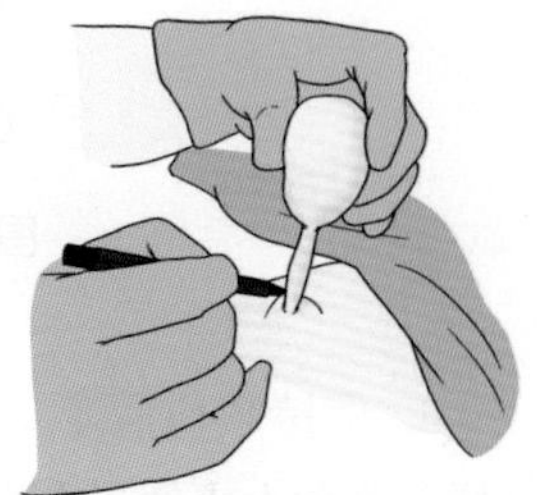

图 2-84　腰背部肿块

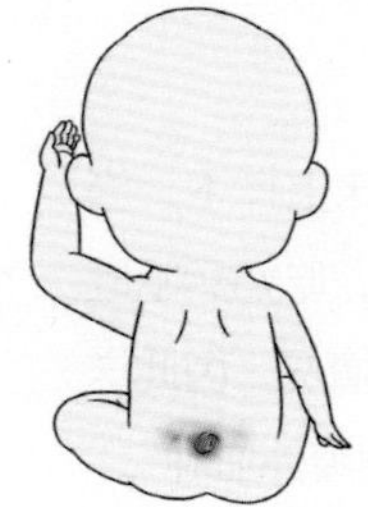

图 2-85　色素沉着

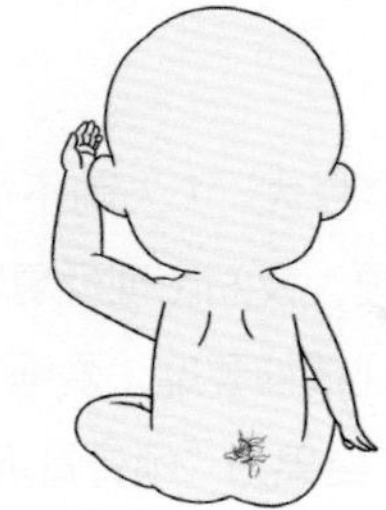

图 2-86　毛发异常生长

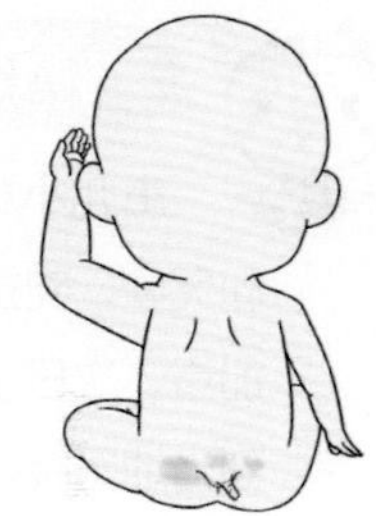

图 2-87　腰背部皮赘

护理专家答疑（虞露艳）

对于这些孩子需做好以下照护：

1. **保持局部皮肤干洁**　如有红肿流脓、增大、破溃等及时就诊。

2. **关注儿童平时大小便习惯**　有无腹胀、慢性便秘、大便污裤、遗尿、尿急、反复尿路感染等症状，如有应就诊。

3. **关注孩子双下肢活动、发育情况**　避免过度弯腰（图 2-88）等体育运动。

图 2-88　过度弯腰

4. **保持敷料清洁**　经过手术的孩子，术后取俯卧位或侧卧位，避免大小便污染伤口。

5. **定期随访**　一般需随访至青春期发育结束。

案例 122

患儿小林，7 个月大，1 天前不慎从床上摔下，当即哭吵，安抚后入睡，夜间出现反复呕吐，吃奶后呕吐加重。次日小明出现精神萎靡、爱睡觉的情况，因此送到当地医院检查 CT 结果为“颅骨骨折伴硬膜外血肿”，建议立即手术治疗。

问题 122 ▸ 孩子摔到头了怎么办?

医生答疑（沈志鹏）

小林经 CT 检查确诊为颅骨骨折伴硬膜外血肿。医生主要根据家长描述的孩子受伤过程，受伤后出现的症状以及神经系统检查等情况来综合判断病情。有必要时做头部 CT 检查，虽然有一定的放射性，但偶尔一次的检查并不会对孩子造成明显的影响，相反犹豫检查带来的危害而延误病情则可能造成更严重的后果，甚至影响生命。

儿童因为自主意识及运动协调能力尚不成熟，头部占比较大，与躯干发育不平衡，自救能力又相对较差，所以容易发生头部受伤等意外。其实，大部分轻微的头部外伤无需特殊处理，只需观察即可，而关注的重点在于孩子的精神状态以及胃口好不好，有没有恶心、呕吐、肢体抽搐等情况，头部撞击处是否有肿胀或皮肤出血等。因为儿童的言语表达能力较弱，但对外伤的耐受性却较成人好，有时家长会把握不准外伤的严重程度，感觉孩子看上去精神还行，只是没有平时活泼，或者状态与平时不一样，这时建议去医院专科检查一下比较放心。

当诊断明确时，大部分头部外伤的孩子只需要进行保守治疗，即止血、降颅内压、补液等输液治疗即可缓解临床症状。只有当孩子颅内出血较多，经临床医生判断可能导致严重后果时，才需要进行急诊手术治疗。手术的目的在于挽救生命，同时减少脑组织长时间被血肿压迫所产生的后遗症。

轻度头部外伤的孩子多数经保守治疗恢复良好，但应注意密切观察。目前来说，开颅手术临床已经很成熟，一个顺利的手术，其本身并不会对孩子产生长期的影响。

护理专家答疑（虞露艳）

头部外伤后需要做好以下照护：

1. 观察 儿童头部外伤后一般建议密切观察。如有精神变差，呕吐，抽搐及四肢活动障碍等不适及时就诊。观察期内多安抚患儿，尽量避免剧烈哭吵。

2. 饮食 注意饮食卫生，少量多餐，进食清淡易消化饮食。如呕吐次数多，应注意保持呼吸道通畅，避免呛咳窒息。同时需要关注孩子精神、意识及尿量情况，必要时需静脉补液治疗。

3. 体位 头高卧位，卧床和环抱时可以抬高上半身，增加孩子的舒适感。

4. 血肿护理 避免受压。24小时内可间断冷敷，每次10～20分钟，在冰袋外包裹一层薄毛巾，防止冻伤，起到减缓出血、消肿、止痛的目的。24小时后，改用温毛巾敷，促进血肿消退。

5. 伤口护理 出现头皮裂伤、大量出血时，用无菌纱布包裹、按压，尽快送医院。

案例123

患儿，男，2岁，近几天家长发现孩子哭吵时右腹股沟有一包块鼓起，休息后又能自行恢复。医生诊断腹股沟斜疝。

问题123 ▸ 孩子腹股沟突然鼓起一个包块怎么办？

医生答疑（钭金法）

腹股沟斜疝（图2-89）是小儿常见病，老百姓称为“小肠气”或者“疝气”，简单讲就是肠管从腹腔突出到腹股沟区。本质上是腹膜鞘状突畸形，正常情况下鞘状突在出生前闭合，如果出生后还没有闭合，在腹内压增高时（如剧烈哭吵、便秘或者长期咳嗽），肠管或者其他腹腔脏器从鞘状突突出，导致斜疝发作。斜疝并不是男孩所特有的，女孩也会有，发病率比男孩低，但是危险性比男孩更大，因为导致斜疝突出的还可能是卵巢。斜疝多数发生在右侧，少数发生在左侧或者双侧。腹股沟斜疝有发生嵌顿

图2-89 小儿疝气

的风险，就是腹腔脏器进入疝囊后不能自行复位而停留在疝囊内，同时疝入的脏器血液供应发生障碍，如不及时处理将导致脏器坏死。

一旦发现有腹股沟包块突然鼓起，一定要及时就诊，家长同时要注意以下几个方面，准确提供给医生：①鼓起的时间；②是否伴有呕吐；③是否伴有局部疼痛；④是否明显增大。医生会根据孩子具体的情况，选择手法回纳或者急诊手术。斜疝很少有自愈可能，因此，一旦确诊后，都应进行手术治疗。手术可以分为小切口手术或者腹腔镜手术，手术创口小、恢复快，腹腔镜手术尤其适合怀疑另一侧也有斜疝时的探查。

一般手术可治愈，复发概率较低。如果嵌顿未能及时处理，可能会发生严重的后果，导致肠管坏死、卵巢坏死、睾丸缺血坏死，严重者甚至危及生命。

护理专家答疑（应燕）

对于腹股沟出现包块的患儿，生活上需要注意以下几点：

1. 休息 如果诊断明确是腹股沟斜疝，平时在家中应注意保暖，避免感冒、咳嗽；避免剧烈哭闹，有哭吵时及时安抚。

2. 饮食方面 多吃蔬菜、水果，多饮水，保持大便通畅，如患儿大便干结，可适当使用开塞露辅助排便。

3. 术后护理 确诊为腹股沟斜疝的患儿一般需要手术治疗。家长要注意适当增加营养，给予易消化的饮食，多吃新鲜蔬菜、水果；保持伤口及周围皮肤清洁、干燥，避免孩子用手去抓伤口，伤口未愈合前忌过早浸水洗浴，防止大小便污染，以免伤口感染。如果发现伤口红、肿、热、痛，应尽早就医。术后复发的情况虽然比较少，但也有发生，家长也要多关注，观察腹股沟区有无肿物突出，及时到医院就诊。

4. 重点提示 腹股沟斜疝多发生在男孩，肿块一般在腹股沟或阴囊，但是女孩也会发生，肿块常位于大阴唇外上部。

家长要多注意留心观察，当孩子有不明原因的呕吐或哭闹时，一定要检查孩子的大腿根部，有无肿块突出，甚至触碰肿块后患儿哭闹加剧者，应立即到医院急诊科就诊，以免造成脏器缺血坏死。

案例 124

患儿，男，6 岁，1 小时前玩刀子时不慎将手指割破，伤口比较深，伴流血。

问题 124 ▸ 孩子被利器划伤或割伤怎么办？

医生答疑（钭金法）

利器割伤或划伤（图 2-90）可发生于不同年龄阶段，发生利器割伤或划伤，首先要观察伤口的深浅。如果是浅表的皮肤划伤或割伤，伤口浅，局部渗血量少，如果割伤或划伤的伤口较深，可以看到马上有大量鲜血涌出，不压迫难以止血。

图 2-90　划伤

如果伤口表浅，不压迫也很快会自行停止出血。这种伤口不需要缝合，只需要局部消毒或包扎。可以在家自行用聚维酮碘消毒伤口，用创可贴包扎，每天消毒更换，也可以去医院外科急诊进行消毒包扎。由于伤口浅表，无局部缺氧的微环境，不利于破伤风杆菌的感染，因此不需要打破伤风抗毒素，不需要口服抗生素。如果伤口深，家长需要做好以下几方面：①马上用干净的纱布或者纸巾压迫伤口，减少出血；②注意割伤利器的种类外观，是否有生锈或污物，或用手机拍照，给医生提供准确信息；③及时就近就医。这类伤口一般需要局部的清创缝合，医生会根据伤口深度，是否伴有大血管、神经及肌腱损伤，进行相应的处理。同时，如果伤口深、污染严重，还需要注射破伤风抗毒素，并预防性使用抗生素。

缝合伤口 7 ~ 10 天愈合拆线，关节附近伤口需要 2 周拆线。一般伤口完全治愈，少部分留有瘢痕。

护理专家答疑（应燕）

对于利器划伤的孩子，需要采取以下措施：

1. 浅伤口消毒方法 局部皮肤轻微破损，伴有少量渗血，可用聚维酮碘消毒伤口后，再用创可贴包扎，并每天消毒更换，关注伤口愈合情况。用蘸有聚维酮碘的棉签在伤口表面及周围轻轻擦拭，棉签要从伤口中央向外擦，擦拭伤口 2 ~ 3 遍。

2. 深伤口紧急处理 应立即用干净的纱布或者纸巾进行局部压迫止血，并及时到医院急诊科就诊，必要时进行清创缝合、注射破伤风抗毒素等治疗。

3. 伤口护理 伤口要注意保持清洁干燥，防止感染。避免碰撞，关节处伤口应注意制动，以免影响愈合。

4. 其他护理 应注意观察伤口以外的伴发症状，如手指割伤应注意观察手指的感觉与运动有无异常。

5. 如何预防 平时生活中要注意将家里锐器利器放置在小孩难以接触的位置，应当对孩子进行安全意识培养。

6. 重点提示 ①不建议使用毛巾或者湿巾按压伤口，以免二次感染。②出现发热、皮肤红肿、化脓等情况应及时就医。

案例 125

小婷，女孩，今年 10 岁，平时很健康。上周在学校参加升旗仪式时突然晕倒，过了一两分钟就醒过来了。1 个月前她在刚起床上厕所时也晕倒过一次，也是突然摔倒叫不醒，过一两分钟后自己醒来。爸爸妈妈不敢怠慢，赶紧带来医院检查。

问题 125 ▸ 孩子突然晕倒怎么办？

医生答疑（龚方戚）

晕厥俗称“晕倒、昏倒”，是一种突然发生的、短暂的意识丧失，孩子会因为肌肉的张力丧失，没有办法维持身体的姿势而倒地，可以伴有头晕（图 2-91）、恶心、面色苍白、抽搐等表现，并能自行恢复。根据基础病因可分为：自主神经介导性（比如血管迷走性晕厥、体位性心动过速综合征、境遇性晕厥、直立性低血压及直立性高血压等）、心源性（心律失常或结构性心脏病）、代谢性（低血糖等）或神经源性（癫痫发作或偏头痛等）等。

图 2-91　头晕

寻找晕厥的诱发因素有助于识别是否存在危及生命的疾病及初步判断晕厥的病因：强体力活动时发生的晕厥很可能有心源性因素，而长时间站立后或体位变化后发生的晕厥可能与自主神经介导性晕厥相关。比如儿童血管迷走性晕厥发生前通常是站立体位，升旗仪式或者洗热水澡时；也有可能是突然改变了体位，比如迅速从躺或坐姿变为站姿；也有部分诱发因素是突然发生的疼痛或情绪紧张。

除了这些诱发因素之外，发生晕厥时的表现也很重要：如果孩子晕倒时家长不在场，也一定要向目击者比如老师等详细询问这些情况：跌倒方式是慢慢滑倒？还是突然猝倒？还是只感觉晕却没摔倒？晕倒时的皮肤颜色是什么样的？有没有面色口唇很苍白？或者出现青紫？还是没有变化？晕倒之后意识丧失了多久？只有几秒钟？还是只有几分钟？或者持续了很久？晕倒时四肢的状况如何？有没有四肢发软？或者是轻微抖动？还是出现了四肢强直或抽搐？晕倒的时候，有没有出现大小便失禁？在晕倒醒来后，试图立刻坐起来时，会不会再次发生晕厥？

孩子以往的健康状况以及家庭成员的健康状况对于晕厥原因的判断也很有用：如有没有先天性心脏病（矫正或未矫正）？有没有获得性心脏病伴残余心功能不全（比如川崎病、风湿性心脏病或心肌炎）？以前有没有发生过心律失常？以前有没有发生过低血糖？如果是比较大的女孩子，需要提供月经情况的病史。有没有服用特殊药物或接触有毒有害物质？如果在父母、兄弟姐妹、祖（外祖）父母或其他一、二级血缘亲属中有以下任何情况的家族史，请一定要告诉医生：早年心脏性死亡（< 50 岁）；猝死；已知心律失常，如长或短 QT 综合征或者 Brugada 综合征；家族性心肌病。

治疗上最重要的是尽快去医院专科就诊（图 2-92），明确病因，再采取相应的治疗方案。如是血管迷走性晕厥，需要避免晕厥诱因、适当体质锻炼、自主神经功能锻炼及补水补盐或药物治疗；如是心源性晕厥，及时治疗原发病。

自主神经介导的晕厥预后良好，而心源性及其他病因所致的晕厥预后视具体原发病存在很大差异。

图 2-92　孩子生病去医院

护理专家答疑（朱建美）

孩子一旦发生晕厥要注意：

1. **保持镇静**　爸爸妈妈在现场时不要慌张。

2. **简单处理及评估**

（1）立即将孩子放平，可以将下肢垫高，形成头低脚高的体位以维持脑部供血，头偏向一侧。

（2）注意空气流通，解开孩子衣领、裤腰带，保持呼吸道通畅。

（3）触摸孩子脉搏是否有力、四肢皮肤温度是冰凉还是温暖。

（4）当孩子有肢体抽搐时，避免强行摇晃、拉拽孩子，不要向口腔内塞任何物品，以免孩子受伤或窒息。

（5）一般的晕厥在数分钟后可自行缓解。当孩子开始清醒时，不要急于坐起，更不要站起，应再平卧几分钟，然后慢慢坐起，以免晕厥再次发生。

3. 寻求帮助 立即联系医务人员，向其描述孩子的状况。

4. 重点提示 如果孩子曾经晕倒过，做好以下这些可以预防再发：

（1）注意劳逸结合，平衡休息与活动。保证充足的睡眠，避免过度疲劳、过度紧张、长时间站立等。

（2）保持环境通风。避免在夏季高温、高湿度或无风天气条件下长时间活动，注意及时补充盐分水分等。洗澡时保持室内空气流通，水温不宜过高，尽量缩短在湿度、温度较大房间中逗留的时间。

（3）晨起时不要立即起床，应在床上休息 5 ~ 10 分钟；在起床及如厕等需要改变体位的活动时动作宜慢；避免单纯一种姿势长时间的站立等。

（4）爸爸妈妈要做好监护，不要让孩子单独去水边、工地、马路等危险的地方玩耍。

（5）找出导致晕厥的原因很重要，然后再根据病因给予相应的治疗或功能锻炼，可以有效预防晕厥的发生。

案例 126

小建今年 4 岁，一向健康活泼。上幼儿园前需要做入学体检，保健医生给小建听了听心脏，然后告诉家长，孩子心跳很快，最好去医院做检查。经医生检查，心电图提示窦性心动过速，而心脏彩超和心肌酶谱等都是正常的。这下爸爸妈妈很紧张：心动过速是不是就是心跳太快？为什么孩子好端端的会心跳太快？门诊和他类似症状的孩子很多，但有的孩子医生看过说没事，有的又很严重，这又是为什么？孩子心跳快（图 2-93）到底应该怎么办？

图 2-93　心跳加快

问题 126 ▸ 孩子心跳快怎么办？

医生答疑（龚方戚）

心动过速通俗地讲就是“心跳快”，它只是一个症状，出现这种症状的原因多种多样。有些可能是正常现象，而有些则需积极治疗，否则可能导致心功能不全甚至危及生命。如果体检发现心动过速、心律不齐，仅凭一次听诊或心电图是不能诊断的，需要结合普通心电图和 24 小时动态心电图检查来综合评价。心动过速分生理性和病理性两种。生理性的如运动、精神紧张、情绪激动都可能引起，休息后心率就会明显下降，一些年幼的孩子因为害怕心电图检查，在检查的时候哭闹不止，也会使心率明显增快，出现窦性心动过速。发热也会引起窦性心动过速，等体温正常以后心率也会恢复正常范围。这些原因引起的“心跳快”不需要进行特别的治疗。病理性的心动过速需要警惕，常见的如室上性或室性心动过速；伴随心脏器质性疾病的心动过速，如伴随心肌病、心肌炎或心包炎的心动过速，需要根据其他临床表现和检查鉴别；甲亢也可引起窦性心动过速；另外，失血、脱水也会伴有心动过速。这种类型的

"心跳快"就需要及时查明原因，并积极地治疗。严重的心跳过快可以出现心悸、胸痛、头晕、眩晕、半昏迷或昏迷等症状。

让我们来看看，正常儿童的心率范围（表 2-2）。

表 2-2　各年龄段正常心率范围

年龄	心率
0 ~ 3 个月	100 ~ 150 次 /min
3 ~ 6 个月	90 ~ 120 次 /min
6 ~ 12 个月	80 ~ 120 次 /min
1 ~ 3 岁	70 ~ 110 次 /min
3 ~ 6 岁	65 ~ 110 次 /min
6 ~ 12 岁	60 ~ 95 次 /min

发生心动过速时，要立即就诊，明确病因，积极治疗。有些则需要用抗心律失常药物来控制，而射频消融术可根治某些心动过速，如室上性或室性心动过速。

心动过速根据不同病因，其预后差别很大，生理性的预后较好，部分病理性的甚至是恶性心律失常预后较差，会危及生命。

护理专家答疑（朱建美）

对于心动过速的孩子，生活上需要注意这些：

1. 休息　注意劳逸结合，避免过度劳累。各种活动，以孩子自己不觉得累、不觉得不舒服为宜。

2. 饮食　注意饮食卫生，少量多餐。避免刺激性食物如咖啡、浓茶、可乐等含咖啡因的食物，宜给予高维生素、易消化饮食（图 2-94），适量膳食纤维。

图 2-94　蔬菜、水果

3. 心情愉悦　避免过度情绪波动，适度尊重孩子的意愿。

4. 服药注意事项　对于需要服药控制的孩子，要注意抗心律失常药物必须按时、足量口服（图 2-95），以保持药物治疗浓度。不能自行停药或者减少药物剂量，以免心律失常复发。

图 2-95　按时吃药

5. 重点提示　①学会监测心率的方法，比如听诊器听心脏搏动，或者数手腕部的动脉搏动，以利于自我监测病情。②在呼吸道、消化道疾病高发的季节做好个人防护，戴好口罩、勤洗手，预防感染的发生。③生活中尽量避免各种诱发心律失常的因素，如发热、疼痛、寒冷、饮食不当。有胸闷、心悸、恶心等不适请及时到医院就诊。

小红，4 岁，平时身体挺好。在家突然出现发热，体温最高 39℃，口服布洛芬后体温会降至正常，但 3～4 小时后体温又升到 39～39.5℃，发热时手脚凉伴寒战。退热后精神好，胃口好，呼吸平稳。从白天到晚上一共发热 4 次，高热持续不退。贴降温贴，温水擦身，吃退热药、感冒药，晚上赶去医院，全家忙得团团转。

问题 127 ▶ 小孩高热不退，怎么办?

医生答疑（张晨美）

大多数儿童发热是急性上呼吸道感染，从概率上讲以病毒感染的可能性大，大多是一个良性的过程。如果孩子只有发热，并不推荐一有发热就去医院。

对于 > 3 个月的孩子，如果热退时反应好，能正常地玩耍，呼吸平稳，那可以先在家里观察 1～2 天。如果 2 天后仍有发热建议去医院找医生就诊。因为除了流感治疗上有抗流感药物，其他病毒导致的基本都没有特效药，多数是自限性疾病，可以自我恢复。对于 < 3 个月的婴儿，若肛温≥ 38℃，即使看起来精神状态正常，也建议立即去医院就诊。

感冒导致的发热大多是一个良性的过程。但任何年龄儿童如果持续高热或出现精神差、难以安抚的烦躁、嗜睡、呕吐、拒绝喝水、尿量少应尽快就诊。

护理专家答疑（黄玉芬）

孩子患病期间要注意：

1. **降温**　目前不推荐使用物理降温，尤其是酒精擦浴的方法，会增加孩子不适感。

2. 穿着与环境 给孩子穿着轻便的衣服，保持室温凉爽，一般来说，最合适的室温在26℃上下，用薄的床单或轻薄的毛毯盖着入睡就可以，切不可刻意捂汗。

3. 补充水分 保证水分的充足摄入，发热会导致水分额外丢失，补充水分不仅仅限于温开水，奶、水果汁等都是可取的。

4. 注意休息，避免剧烈运动和疲劳 发热后需要休息来恢复体力，轻微活动可以正常进行，比如带孩子到户外散步，室内玩玩具等。

案例 128

小宝，11个月，家长无意中摸了下孩子的面部，感觉有点热，立刻赶到儿童医院急诊科就诊。急诊科护士帮助测量耳温，温度为37.3℃。“我家孩子是不是发热了？”妈妈焦急地问道。“孩子没有发热，您不用担心！”护士阿姨笑着说。孩子真的没有发热吗？

问题 128 ▸ 怎么判断孩子是不是发热了？

医生答疑（张晨美）

孩子耳温37.3℃，是正常体温，不属于发热。一般来说，人体体温是相对恒定的，不过这个“恒定”，并不是一个固定的数字，而是指一个范围，只要在这个范围内就行。儿童的正常体温在37℃左右，但不同部位所测的正常体温有所差异，肛门温度为36.5～37.5℃；腋下温度或者耳道温度要低些，正常在36～37℃，口腔温度比腋下温度高0.2～0.5℃；目前耳道温度应用较广泛，一般在36.2～37.3℃。临床上，超过37.5℃为发热，< 38℃为低热，38 ~ 38.9℃为中度发热，39 ~ 40.9℃为高热，41℃以上称为超高热。

影响体温的因素有哪些呢？其实体温的影响因素有很多，正常人体体温在生理情况下，是随着昼夜、环境温度、性别、年龄、情绪、进食等因素的影响而波动的。一般来说，体温清晨最低，午后最高；年龄越小，正常体温值越高；男孩新陈代谢旺盛，体温会比女孩高些，但发育后女孩受激素水平的影响，体温反而比男孩高些；进食对体温也有影响，进食 1 小时后，体温会升高；另外，剧烈运动、情绪激动都会引起体温升高。其他如四季变更、环境冷暖均会造成体温的变化。短暂的体温波动，只要没有其他异常表现，孩子也没什么不舒服的症状，爸爸妈妈不要“草木皆兵”！

护理专家答疑（黄玉芬）

孩子因免疫能力比较低，体温调节中枢不成熟，易体温不稳定，但是孩子一旦有体温过高，并不能说明孩子一定生病了。孩子的体温会受到各个方面因素的影响，体温过高甚至会超过 38℃，尤其是新生儿，易受外界环境等因素的影响，体温普遍偏高。此外，体温也受到测量方式的影响，与测量体温的部位有关，不同部位（肛门、口腔、腋下、耳）所测得的体温会有一定的差异；也会因为测量方法不当，导致测量结果不准确。

测量腋温需先擦干腋下汗液，将温度计置于腋下紧贴皮肤，嘱屈臂过胸夹紧手臂，测量 5 ~ 10 分钟（适合大龄儿童）；测量耳温要先评估患儿外耳道有无异常，将耳郭轻轻拉向后上方，对准耳道底部鼓膜按下测量开关键约 3 秒左右，听到仪器发出提示音则取出耳温仪（图 2-96）；测量体温还要注意，患儿如果从温度较低的环境入室，应在室内待 10 分钟以上再测量。

图 2-96　测耳温

案例 129

轩轩，3 岁半，发热 3 天，已经口服布洛芬退热，但是效果不好，体温反复上升。一天前开始精神不好，反复呕吐，吃不下食物。爸爸妈妈看在眼里（图 2-97），急在心里，该怎么办呢？目前病毒肆虐，需不需要上医院看病？家长们非常焦虑，拿不定主意。

图 2-97　孩子生病，妈妈照顾

问题 129 ▸ 孩子发热，什么情况下需要去医院就诊？

医生答疑（张晨美）

在门诊，笔者会经常碰到孩子家长问：“孩子发热了，要不要上医院，什么时候该到医院就诊？”儿童发热大多是病毒感染造成的，病毒感染是自愈性疾病，多数 3 天左右会恢复。如果孩子精神好，胃口不错，没有其他伴随不适症状，可以先在家观察。

如果孩子发热超过 3 天；或者高热持续不退；或者出现一些其他伴随症状，如精神差、意识改变、抽搐、呼吸困难、心率明显加快、胃口差、呕吐、严重腹泻、尿量减少等，应及时到医院就诊，给予各项化验检查，寻找发热的原因，再做进一步地处理。

需要特别强调的是，小年龄（< 3 个月）、严重营养不良、具有基础疾病（如免疫缺陷、严重心肺疾病、遗传代谢性疾病等）的孩子，一旦发热，应及时就诊，因为这类孩子发热后出现并发症的概率比普通孩子要大得多。

本案中的轩轩发热已经 3 天了，而且出现了精神差、胃口差、呕吐等伴随症状，应及时去医院就诊，一刻也不能耽误！

护理专家答疑（诸纪华）

应对发热的护理措施：

（1）如果孩子仅仅是低热，而无其他不适症状，精神状态也很好，这时不需要急于想办法退热或就医。多饮水、注意休息；密切观察孩子体温。

（2）如果孩子体温超过 38.5℃，并且出现明显不适症状，应首选药物降温。

（3）不建议酒精擦浴，可使用温毛巾敷额头、降温贴等

（图 2-98）。

（4）中暑与感染后发热容易混淆，中暑是由周围环境温度过高导致的，机体散热受阻，应将孩子移至阴凉通风处，保持环境舒适，室内空气流通。

图 2-98　额头贴降温贴

案例 130

杨杨，男，2 岁 8 个月，平时身体健康。前天夜里踢被子“着凉感冒”后开始出现咳嗽，家长给予止咳糖浆，咳嗽（图 2-99）症状明显增加，并出现 37.5℃的低热，咳嗽声音发生了明显变化，变为“吼吼”样类似小狗叫的声音，哭声也变得明显嘶哑了，呼吸还稍有些费力表现，特别是在吸气时。父母十分担心，带杨杨到儿童医院急诊科就诊，诊断急性喉炎。

图 2-99　咳嗽

问题 130 ▸ 孩子咳嗽后声音嘶哑怎么办？

医生答疑（张晨美）

急性喉炎是一种特殊的急性上呼吸道感染，和普通感冒不同的是，急性喉炎主要病变部位是喉部黏膜。小朋友的喉腔狭窄、软骨柔软，一旦喉部黏膜水肿可导致气道狭窄。喉炎一般是由病毒感染导致的，常见为副流感病毒、腺病毒、呼吸道合胞病毒等，也有支原体、细菌等。急性喉炎可发生于任何季节，冬春季相对较多。小朋友最开始会有一些低热、倦怠的表现，一旦喉部水肿后，症状会快速加重，最具特征性的表现是：犬吠样咳嗽、声音嘶哑、吸气时出现喉鸣声。病情加重时候小朋友呼吸会费力，家长会觉得孩子呼吸很“重”，吸气时颈以下部位会有皮肤凹下去，进一步加重，孩子呼吸会很辛苦，大汗淋漓，面色难看，甚至到最后会无力呼吸。严重的喉梗阻就好像“勒住”孩子的颈部，是极度危险的。这里强调一定要早发现，早就诊，处理得当，大部分喉炎病情都能较好地控制。

作为家长，如果孩子出现“咳嗽时像小狗叫，声音嘶哑”等喉炎特征性表现时，就要来医院就诊。

喉炎主要的治疗措施是吸氧支持，雾化，激素抗炎，消肿。做雾化是能迅速起效的治疗手段，往往孩子在雾化后症状能有明显改善，但可能半小时或数小时后局部药效消退，症状又会加重，如果病情需要，医生会给孩子多次间断雾化，甚至持续雾化，并酌情配合使用激素静脉输液。强调一定要早发现，早就诊，处理得当，大部分喉炎病情都能较好地控制。

护理专家答疑（黄玉芬）

孩子患病期间要注意：

（1）注意观察：小儿急性喉炎经常在晚上睡觉时发作，因此在孩子睡觉的时候，可以用枕头将肩颈部垫高，有利于保持呼吸顺畅。随时关注孩子的体温及呼吸状况，如果孩子出现严重的呼吸困难、脸色苍白或者高热（体温 > 39℃）等症状，要及时送往医院治疗。

（2）室内湿度：如果室内的空气过于干燥，会使得孩子的喉部黏膜变干，咳嗽时血管容易破裂出血，进而加重孩子的病情。保持室内空气湿度，最好控制在 60% ~ 70% 之间。最为简便的加湿办法就是在室内的地上撒一些水或者直接在室内放一盆水。

（3）合理饮食：口味要以清淡为主、多喝水、多补充优质蛋白、维生素（新鲜的蔬菜和水果）等。对于那些过辣、过咸、过甜的食物要尽量避免，这些食物不利于孩子病情恢复。

（4）通风换气：家长们要做好室内的通风换气工作，尽量避免过多的人员进出室内，避免室内的烟雾以及厨房的油烟。特别是吸烟的家长，要避免在孩子面前吸烟。经常开窗通风换气，保持室内空气流通。

（5）情绪安抚：尽量避免孩子剧烈哭吵，多安抚，多怀抱，试着用音乐或故事转移孩子注意力，使其配合雾化等治疗（雾化前半小时避免进食）。

案例 131

果果，男孩，4 岁，平时身体健康，活泼好动，一次妈妈给他买了一袋“膨化食品”，果果很喜欢吃，吃完后意犹未尽，居然将里面一个白色小袋子也咬破且吞了一大部分进去（图 2-100），这可把妈妈吓坏了，赶紧带孩子去儿童医院急诊科。

图 2-100 吃错食物

问题 131 ▸ 孩子在家吃了干燥剂该怎么办？

医生答疑（张晨美）

一般来说，孩子在家庭生活中能接触到的干燥剂主要来自食品，不同干燥剂类型有不同成分，主要是：①氧化钙（CaO_2，生石灰）和氯化钙（$CaCl_2$）均为白色粉末状，优点是吸水效果好，价格便宜。②硅胶：一般为透明或彩色的微小球体，有些遇水会变色，优点是低毒或无毒。③三氧化二铁（Fe_2O_3）：咖啡色粉末，具有轻微刺激性。

目前生产厂商对于安全越来越重视，一般在选择干燥剂尤其是用作食品干燥剂时多选择硅胶型。但不排除部分厂家仍然使用低成本的氧化钙或氯化钙作为干燥剂。所以，遇到了孩子误服干燥剂的情况，首先要看食品包装中对干燥剂成分的标注，或者检查剩下的干燥剂。如果形态上是明显的小球体，考虑硅胶干燥剂，基本不会有什么问题，硅胶在胃肠道不被吸收且基本无毒，可经粪便排出体外，只需要家中观察，无需到医院。如果是咖啡色粉末的三氧化二铁，误食的量不是很大，给孩子多喝水稀释就可以，但如果孩子误食得比较多，甚至出现了恶心、呕吐、腹痛、腹泻的症状，可能就是铁中毒，这时必须赶快去医院。如果是白色粉末的 CaO_2 或 $CaCl_2$，因为在吸收水分时会产生大量热量，会损伤消化道黏膜，应及时去医院就诊。

儿童是食品干燥剂的主要“防范”人群。为让孩子远离有安全隐患的干燥剂，提醒家长们，在给孩子吃零食时，一定要把里面的干燥剂取出来，丢弃或放在远离孩子的地方；同时，家长应叮嘱孩子不要玩干燥剂，更不要将干燥剂投入水中，以免造成伤害。

护理专家答疑（黄玉芬）

护理孩子时要注意：

1. **看护**　家长应注意看护好小孩，买回食品后首先取出干燥剂，或者告知孩子干燥剂不能食用。

2. **现场处理**　一旦有干燥剂误入眼睛，应争分夺秒，尽快在现场进行大量流动水冲洗后送至医院。如一旦发生误服，无症状者，则可给孩子喝牛奶，起到保护食管及胃肠道黏膜的作用，并及时带上误服的干燥剂去医院就诊，以减轻干燥剂对患儿造成的伤害。

3. **及时就诊**　如出现过度哭闹、呕吐、流涎、拒绝饮食，可能预示损伤严重，应尽快至医院就诊。

案例 132

小波，男，3 岁，平时身体健康，无基础疾病，无明显过敏史。平时吃什么都香，今天在家吃了芒果，10 分钟之后，突然出现嘴唇红肿（图 2-101），伴瘙痒。全身其他地方无明显皮疹，精神也挺好，呼吸顺畅，能够与家人正常沟通。家里人有点儿紧张，不知怎么办。

图 2-101 嘴巴红肿

问题 132 ▸ 孩子吃了食物后突然嘴唇肿胀，怎么办？

医生答疑（张晨美）

小波的这种情况是芒果过敏，这是一种食物过敏反应。孩子的食物过敏可轻可重。轻症可表现为：荨麻疹（皮肤上出现隆起的红色风团，瘙痒剧烈），皮肤发红或肿胀，眼部瘙痒、流泪或肿胀，流鼻涕或打喷嚏等；严重的过敏反应（也叫“全身性过敏反应”）可表现为：顽固性咳嗽、呼吸急促或呼吸困难，声音嘶哑、四肢发冷，心跳加快、腹痛、呕吐或腹泻，头晕或昏倒，甚至死亡等。

当发现孩子出现可疑食物过敏时，家长可以做的事情是：①用凉水清洗口腔；②若有嘴唇肿胀，可用冰块或冷敷袋敷在肿起的嘴唇或舌头上 10 分钟；③使用抗过敏药：如西替利嗪等（按说明书使用）；④若有荨麻疹，可用炉甘石液外涂止痒。但是，若孩子出现以下严重情况，如呼吸困难或喘息、声音沙哑或刺激性呛咳致脸涨红、吞咽困难、流口水或说话含糊不清或晕厥等，需立即就近就医。

护理专家答疑（黄玉芬）

孩子患病期间要注意：

（1）避免再次食用引起过敏症状的食物。

（2）如果孩子感觉好一些，可以回学校继续学习，并不影响正常的活动。

（3）发生过敏反应时要密切观察孩子的情况，及时就医。

案例 133

孩子 2 岁，看见家里地上有个红枣核，捡起就塞进了嘴巴里，妈妈看见了马上过来抢，想把红枣核从嘴巴里挖出来，结果孩子开始哭闹，突然孩子没有哭声了，脸色青紫，神志不清，妈妈马上抱起孩子送往附近医院，但医生检查发现心跳呼吸已经停止。

问题 133 ▸ 孩子异物卡住喉咙出现窒息了怎么办？

医生答疑（张晨美）

异物吸入窒息是幼儿死亡的第四大原因，当孩子能够自己拿着东西放到嘴里的时候，大人就要注意，不要将任何小物品（扣子、豆子、珠子等）放在他/她的周围。这些物品很容易被吸进气管，引起窒息。

呼吸道异物窒息时，应立即对患儿进行现场急救，而不是送医院。施救者要学会使用“海姆立克急救法”并现场进行抢救。当孩子发生异物呛入气管时，家长千万别惊慌，首先应清除鼻腔和口腔的呕吐物或食物残渣，建议试用下面方法排出异物。

1. 小于 1 岁婴儿可采用拍打背部或推压腹部法

（1）拍打背部法（图 2-102）：孩子脸朝下，医生用左手支撑躯体并托下颌，并搁在医生左侧大腿上，头低于躯干。用右手掌根向前向下拍击肩胛骨连线中点背部 3 ~ 5 次。然后转身仰卧，观察口腔有无异物排出。如果没有排出，患儿体位放平，按照下面（2）方法处理。

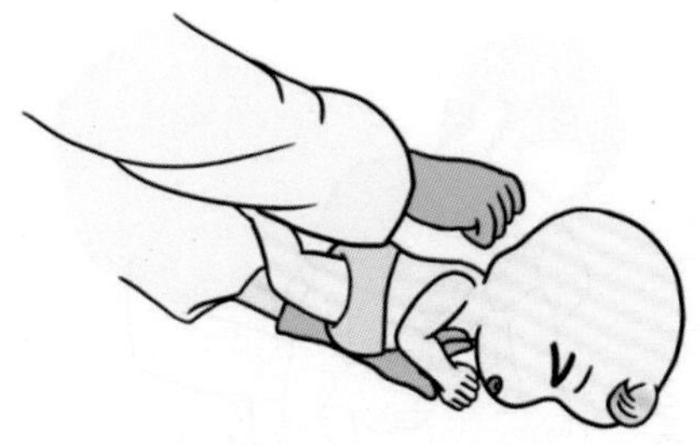

图 2-102　拍打背部法

（2）挤压胸部法或者推压腹部法（图 2-103）：患儿翻转仰卧于手臂上，用右手示指和中指放在两乳头连线中点处向前挤压 5 次；也可以让患儿平卧硬板上用右手示指和拇指放在脐上腹部，向前向下冲击 3 ~ 5 次，观察口腔有无异物排出。

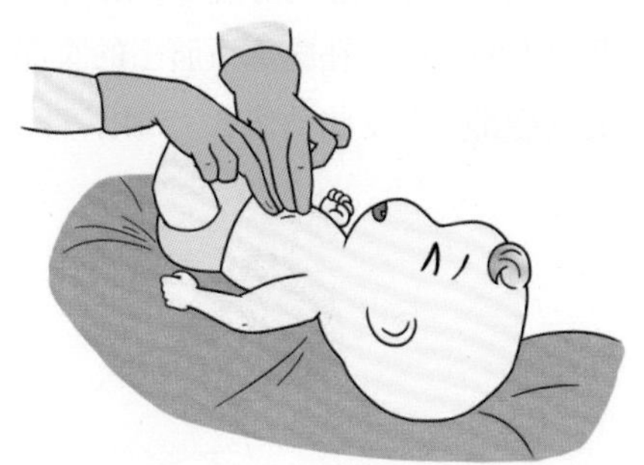

图 2-103　指腹按压法

2. 大于 1 岁儿童可采用环绕腹部法或推压腹部法

（1）环绕腹部法（图 2-104）：如果孩子刚发生窒息，神志还清醒，抢救者可以站在孩子背后，用两手臂环绕紧抱孩子的腰部。一手握拳，将拳头的拇指一侧放在孩子胸廓下和脐上的腹部。用另一只手抓住拳头、快速向上向内重压孩子腹部。重复以上手法 3 ~ 5 次使异物排出。如果仍没有排出且出现昏迷，采用推压腹部法。

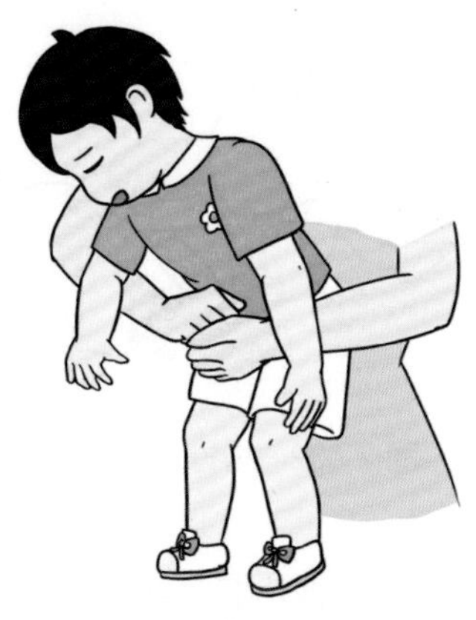

图 2-104　环绕腹部法

（2）推压腹部法（图 2-105）：适用于昏迷晕倒的患儿。仰卧，抢救者面对患儿，骑跨在患儿的髋部；抢救者用一手置于另一手上，将下面一手的掌根放在胸廓下脐上的腹部，快速向前向下冲击压迫患者的腹部，重复此动作 3 ~ 5 次，直至异物排出。

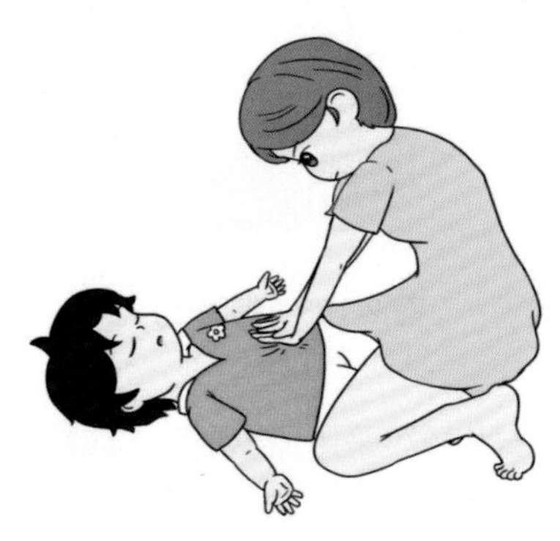

图 2-105　推压腹部法

护理专家答疑（黄玉芬）

儿童呼吸道异物有较高的窒息率与死亡率。多发于 5 岁以下儿童，尤其是 3 岁以下最为常见。为避免悲剧发生，家长应重视看护儿童，妥善放置物品，容易导致儿童呼吸道嵌顿的物品放置在不易碰触到的地方；孩子在长出磨牙之前，不可给予其难以咀嚼、难消化的食物；3 周岁以下的孩子不建议食用瓜子、花生、黄豆、果冻等食品；培养孩子良好的就餐习惯，不边吃边玩；就餐时严禁打骂孩子，更不能利用喂食制止孩子哭闹，不追赶喂食。

呼吸道异物的常见症状是阵发性呛咳及喘息，严重时出现呼吸困难、口唇发绀。如果症状仅为阵发性呛咳及喘息时，尽量避免孩子哭吵，严禁拍背，及时就医。如果出现呼吸困难、口唇发紫等窒息症状，应立即采取“海姆立克急救法”进行现场急救，如果现场急救效果不佳应及时就医，为抢救争取时间。

案例 134

孩子 2 岁半，一个人在房间里玩耍，奶奶在厨房做饭，约 20 分钟后发现孩子躺在地板上，脸色没有改变，双眼紧闭，手脚没力气，叫也没反应，就像是睡得很熟的样子。突然奶奶发现抽屉里爷爷吃的抗精神病的药物少了几颗，赶紧把孩子送到医院，医生立即给孩子洗胃和输液，半天后孩子迷迷糊糊地醒了过来，又过了半天孩子各项反应正常，也能活动了。

问题 134 ▸ 孩子误服药物怎么办？

医生答疑（张晨美）

儿童常误服的药物有镇静剂如地西泮、氯丙嗪、氯氮平等，表现为嗜睡、昏迷；解热镇痛药如布洛芬、对乙酰氨基酚，表现为大汗淋漓；止泻药如复方地芬诺酯，表现为脸红和神志不清。

一旦发现孩子误服药品，如果孩子清醒首先可以通过刺激喉咙进行催吐，然后可以适当服用牛奶和豆浆，如果昏迷就需要平卧，头侧一边，马上带上药瓶及时去医院就诊，医生会根据具体情况予以洗胃灌肠和解毒药物等处理。

如果服用量不大，大部分可以成功救治，但如果大量药物摄入，会导致肝、肾等脏器功能损伤，严重的会引起脑萎缩，影响孩子的智力发育。

孩子 2 岁半，具备足够的行动力探索世界，但也是对世界缺失判断力的时候。因此家长们不应该因为孩子已经不需要大人的时刻陪伴而放松对意外伤害的警惕，家里的药物和其他毒物应放置在儿童不能接触的地方。

护理专家答疑（黄玉芬）

通过案例分析，小朋友晕倒的原因是误服药物。加强家长及看护人对药品的规范管理是预防儿童误服药物的关键；儿童用药应与家中成人用药分开存放；药品应集中存放，最好放在家庭急救箱中，防止儿童打开误食；将药品储存于儿童难以触及的地方，农村家长尤其应妥善保管农药等；若条件允许，应尽量使用有安全瓶盖的药物。

案例 135

小米 3 岁了，长得很可爱。有一天跟爷爷奶奶去公园玩，看见一条小花狗，小米很兴奋，就急匆匆地跑过去跟小狗玩。过了 5 分钟，爷爷奶奶发现小米哇哇地哭，而且右前臂局部皮肤有破口，一直在渗血。爷爷奶奶慌了神，这个时候应该怎么办？

问题 135 ▸ 孩子被狗咬伤了怎么办？

医生答疑（赵国强）

由狗、猫等恒温动物咬伤（图 2-106）引起的软组织挫裂伤，要防止狂犬病的发生。狂犬病是由狂犬病毒引起的一种侵犯中枢神经系统为主的急性人兽共患传染病。狂犬病毒通常由病兽通过唾液以咬伤方式传给人。按照目前的医疗水平，狂犬病还是不治之症，一旦发病，病死率为 100%。狂犬病的潜伏期长短不一，大多在 3 个月内，极少数可长达 10 年以上。潜伏期长短与年龄、伤口部位、伤口深浅、入侵病毒数量和毒力等因素相关。

图 2-106　狗咬伤

对于被狗、猫等恒温动物咬伤的创面，包括破损的皮肤，黏膜被其分泌物、血液、唾液等污染了，如何进行正规的处理呢？家长需要做好以下几点：

1. 要赶紧远离现场，降低进一步被伤害的风险。

2. 及时进行创面的冲洗消毒，包括前期大量的清水进行冲洗，然后用肥皂水或者碱性清洁剂再次清洗，时间大概 15 分钟，尽量将狗或猫的唾液或者分泌物冲洗干净。

3. 要反复挤压创面，让局部的污血能够清除，然后用干净的毛巾包裹。

4. 及早送犬伤门诊进行救治。对于不是毁容性创面或者大血管损伤导致的活动性出血，不建议创面缝合。通过反复消毒、多次换药让创面愈合；如果一定要清创缝合，先要在创面周缘进行狂犬病毒抗体封闭。部分创面较大者可能会遗留瘢痕，需要二次整形手术。

5. 立即接种狂犬病毒疫苗进行主动免疫，即使时间超过了 24 小时，只要狂犬病没有发生就要接种；狂犬病一旦发生，病死率为 100%。及时接种狂犬病毒疫苗，一般预后良好。

6. 必要时注射破伤风抗毒素。接种期间要保持饮食清淡，不要太劳累，活动有规律。

护理专家答疑（黄玉芬）

对于被狗咬伤的孩子，家长如何进行护理？

1. 按时吃药 按照医生的医嘱按时吃药。

2. 适当休息 多休息，减少外出活动时间，保持室内空气通畅，减少感染概率。

3. 创面护理 注意创面的观察与护理，不要污染创面，减少出汗，保持创面的干净，防止创面再次受伤。

4. 饮食 要清淡、易消化。打疫苗期间不要吃辛辣食物或者某些干扰类药物如地塞米松、泼尼松等，以免影响抗体产生。

5. 重点提示 如果创面敷料有渗血，要做好痕迹标志；如果痕迹持续增大，一定要第一时间去医院复诊，观察是否有小动脉破裂出血。

18 个月的男孩，在家中玩耍时不慎将茶几上的茶壶碰翻，杯中盛有刚倒不久的开水，男孩右手、前臂、上臂、下颌颈部及上胸部部分皮肤被烫伤（图 2-107），受伤部位皮肤起疱，局部破皮，患儿疼痛难忍，家长询问该如何处理?

图 2-107 儿童烫伤

问题 136 ▸ 孩子烫伤了怎么办?

医生答疑（赵雄）

孩子有明确的热源接触史，皮肤有发红、起疱、疼痛等表现，即可诊断为烫伤，根据损伤程度分为Ⅰ度、浅Ⅱ度、深Ⅱ度和Ⅲ度。接触时间短、温度不高的热水烫伤，仅引起皮肤潮红、疼痛表现，此为Ⅰ度；接触热水器皿、高温蒸气或者火焰导致的烫伤，会导致皮肤苍白，局部肿胀，感觉减退等，此为Ⅲ度；孩子被热水烫伤大多属浅Ⅱ度或深Ⅱ度，表现为皮肤的局部或大片起疱，疱皮脱落处可见鲜红（浅Ⅱ度）或红白相间（深Ⅱ度）基底，渗液较多，疼痛明显。

烫伤之后首先要去除热源，冷水冲洗30分钟后，根据损伤程度采取进一步治疗。Ⅰ度烫伤无需特殊处理，保持局部清洁，避免搔抓即可；小面积的Ⅱ度烫伤，就近的诊所或医院冲洗消毒后无菌敷料覆盖包扎，门诊定期换药；面积较大或特殊部位如面颈部、会阴部的Ⅱ度烫伤，以及Ⅲ度烫伤需住院治疗。

Ⅰ度烫伤一般1天内恢复，无瘢痕及色素改变；浅Ⅱ度烫伤得到及时及正规治疗后，1周左右愈合，遗留色素改变，若处理不当，导致创面加深或感染，会延迟愈合或不愈合，遗留瘢痕；深Ⅱ度烫伤根据损伤程度、面积大小、感染情况及孩子恢复能力等有不同的转归，多数在2～3周愈合，遗留瘢痕，3周不愈合者行植皮手术，术后1～2周恢复，部分家长不愿手术，继续保守治疗，1～2个月愈合，遗留严重瘢痕；Ⅲ度烫伤除部分小面积者瘢痕愈合外，均需手术植皮，遗留严重瘢痕。

护理专家答疑（虞露艳）

孩子不幸被烫伤后，家长一定要记住烫伤急救的5步法则：冲、脱、泡、盖、送。

1. 冲　烫伤部位用冷水冲淋30分钟左右，让热迅速散去，降低对深部组织的损害。

2. 脱　在充分的冲淋后，小心地去除衣物，可以用钝头剪刀剪开衣物，不要强行剥去衣物，以免弄破水疱。

3. 泡　对于疼痛明显者，可将伤处浸泡于凉水中，主要作用是缓解疼痛。

4. 盖　使用干净的纱布或毛巾覆盖伤口。

5. 送　立即送往医院做进一步处理。

无论烫伤程度如何，面积大小，不能在烫伤伤口表面涂抹酱油、牙膏等，这无异于在孩子的伤口上撒盐，只会增加创面感染的风险，也会影响医生对烫伤创面的评估。入院后应听从医护指导，配合治疗，减轻瘢痕增生的风险。

三
合理用药篇

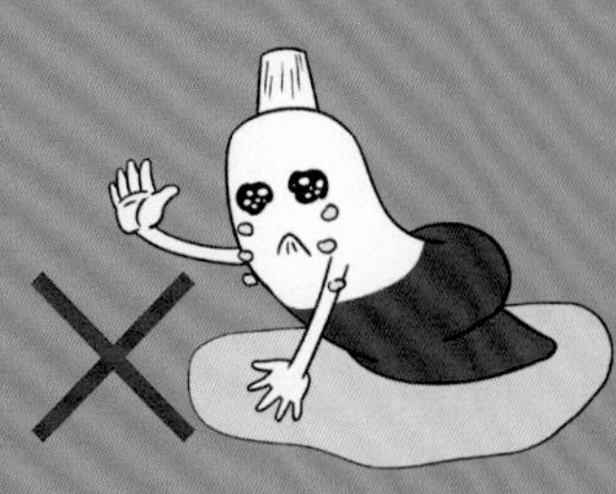

案例 137

患儿，男，4 岁，放学回家被家长发现发热，家长自行测量腋温 38.6℃，来电咨询药师：家中有布洛芬混悬液，但写着高热时使用，此种情况是否可以用药？

问题 137 ▸ 如何合理选择和使用退热药？

药师答疑（蔡志波）

退热药一般适用于高热（体温≥ 39℃或腋温超过 38.5℃）或发热伴有明显不适的儿童（图 3-1）。目前，世界卫生组织在全球范围内推荐的儿童安全退热药为对乙酰氨基酚和布洛芬。对乙酰氨基酚用于 3 月龄以上的儿童，布洛芬用于 6 月龄以上的儿童。注意 3 个月以内的婴幼儿是否应用退热药，需要由医生明确病因后再决定。

图 3-1　发热

若持续发热，对乙酰氨基酚可间隔 4 ~ 6 小时重复用药 1 次，24 小时不可超过 4 次；布洛芬可间隔 6 ~ 8 小时重复用药 1 次，24 小时不可超过 4 次。如果持续发热超过 3 天，尤其是温度明显升高或者出现新的症状，应及时去医院接受治疗。

患儿，女，2岁，持续高热2天，家长使用布洛芬混悬液退热，但退热效果不好，家中还备有对乙酰氨基酚滴剂，家长电话咨询药师。

问题 138 ▸ 退热药对乙酰氨基酚与布洛芬可否联合交替使用?

药师答疑（高向波）

一般不推荐乙酰氨基酚与布洛芬两种退热药的联合使用。首先，两种药交替或联合对疾病没有作用，不影响疾病的过程，明确病因针对处理，比单纯退热更重要。其次，联合用药增加了药物不良反应的发生风险，尤其是当孩子反复高热时，家长慌乱容易给错药，或者给错剂量。另外，很多时候退热效果不好跟没有足量使用退热药，或者跟孩子脱水有关。在没有充分补液的情况下，退热药的效果是非常差的。

但是在特殊情况下可考虑联合使用。比如患有流感、高热不退，并且全身酸痛明显，单一退热药效果不好，孩子状态很差时，可以考虑联合使用。但是需要满足3个前提：先建立在病因诊断的基础上；充分补液；单一药物足量使用无法缓解症状。

案例 139

孩子可能因为受凉，出现了流鼻涕、鼻塞、咽痛、咳嗽等感冒症状，家里正好有抗生素，家长想用但又害怕副作用，举棋不定。

问题 139 ▸ 感冒的孩子可以自行服用抗生素吗？

药师答疑（高向波）

无论是流感还是普通感冒，都是由病毒引起的，抗生素是抗菌类药物，只对细菌感染引起的炎症有作用，对病毒引起的炎症是无效的。所以，感冒不能用抗生素治疗（图 3-2）。需要医生明确诊断是细菌感染引起的炎症，家长才能给孩子服用抗生素。

图 3-2　感冒不能擅自用抗生素

抗生素不能预防呼吸道细菌感染，滥用反而会诱发耐药细菌的感染。家长要做好护理和卫生隔离，尽量预防交叉感染或继发细菌感染。

但是，有的孩子在感冒后，往往会因为抵抗力的降低，在感冒后期会出现扁桃体发炎、化脓、鼻窦炎（脓鼻涕不断），或者出现下呼吸道感染（咳嗽、黄痰、气管内有“呼噜呼噜”的声音）。家长要细心观察病情变化，一旦出现以上情况或其他并发症，要及时去医院就诊。只有感冒合并或者继发细菌感染时，才需要在医生的处方下服用抗生素，建议选用对儿童比较安全的青霉素类、头孢类等。

案例 140

患儿，女，3岁，诊断为支气管炎，医生给予开具抗生素，因患儿之前没有吃过抗生素，家长担心“是药三分毒”，想着能少吃就少吃，来电咨询药师。

问题 140 ▸ 消炎药用了3天，好转后是否可以自行停药？

药师答疑（高向波）

有些药物可以这样做，比如按需服用的退热药或止痛药。但是，对于有些针对病因进行治疗的药物，比如抗菌药物不能自行停药，因为感染性疾病的治疗需要一定的疗程，而每一种感染的疗程是不同的，医生会根据感染的细菌种类、耐药性、感染的部位和严重程度等决定疗程。如果治疗后症状刚刚好转就停药，可能造成治疗不彻底，病情出现反复，甚至诱发细菌耐药等，因此抗菌治疗一定要遵照医嘱足疗程给药（图3-3）。

图 3-3　遵医嘱用药

案例 141

患儿，男，1岁，体重10kg，诊断上呼吸道感染，医嘱头孢克洛干混悬剂0.125g（1包），一天3次，结果1次服用了0.625g（5包），需要如何处理？

问题 141 ▸ 头孢过量服用应该如何处理?

药师答疑（高向波）

头孢克洛干混悬剂为第二代口服头孢菌素，具有广谱抗菌作用。临床上广泛用于细菌引起的各类感染。头孢克洛安全性较好，偶尔过量服用对患儿身体影响或有限。但如果服用了头孢克洛正常量的 5 倍，应根据实际情况考虑洗胃、大量喝水与输液来降低头孢克洛可能带来的毒性，并密切关注病情，也建议患儿先做肝、肾功能检查。建议家长暂停当天后面的几餐用药，并多饮水加速排泄，注意观察出现不适及时就诊。

案例 142

患儿，男，1 岁半，诊断为支气管哮喘，医生给予开具孟鲁司特钠咀嚼片，家长来电咨询药师：说明书适应证上写着本品适用于 2 ~ 14 岁儿童哮喘的预防和治疗，但自己小孩才 1 岁多。

问题 142 ▸ 孩子的年龄不在药物说明书范围内，能服用这个药吗?

药师答疑（高向波）

孟鲁司特钠咀嚼片说明书适应证项目下指出，适用于 2 ~ 14 岁儿童。儿童用药项目下指出，孟鲁司特钠已在 6 个月 ~ 14 岁儿童中进行了安全性和有效性研究。研究表明，孟鲁司特钠咀嚼片不会影响儿童的生长速率。6 个月以下儿童患者的安全性和有效性尚未研究。

孟鲁司特颗粒剂型和咀嚼片剂广泛应用于儿童。咀嚼片适合2岁及以上儿童使用，口服颗粒剂适合6个月以上婴儿使用，可直接口服或混合在少量软食中服用。可见，孟鲁司特钠咀嚼片说明书中的适应证，是指咀嚼片剂这一剂型适合2～14岁儿童使用，并不是指2岁以下不能使用孟鲁司特钠。因为所在医院可能没有孟鲁司特钠颗粒剂型，所以医生开具咀嚼片，2岁以下儿童使用咀嚼片剂时，碾碎服用即可。

案例 143

患儿，女，2岁半，诊断哮喘，医生说三联雾化（布地奈德＋异丙托溴铵＋特布他林）与丙酸氟替卡松吸入气雾剂和硫酸沙丁胺醇吸入气雾剂合用效果一样。

问题 143 ▸ 哪一种吸入治疗方式对哮喘孩子影响更小？

药师答疑（高向波）

布地奈德、异丙托溴铵、特布他林是常用的雾化吸入药物（图3-4）。其中布地奈德是吸入型糖皮质激素，其不良反应发生率低，安全性较好。但由于给药方式的特殊性，吸入型糖皮质激素吸入后容易沉积在口咽部、喉部，可造成局部不良反应，因此使用后应立即漱口和漱喉，能有效减少局部不良反应。长期研究并未显示小剂量雾化吸入布地奈德对儿童生长发育、骨质疏松、下丘脑-垂体-肾上腺轴有明显的抑制作用。对于

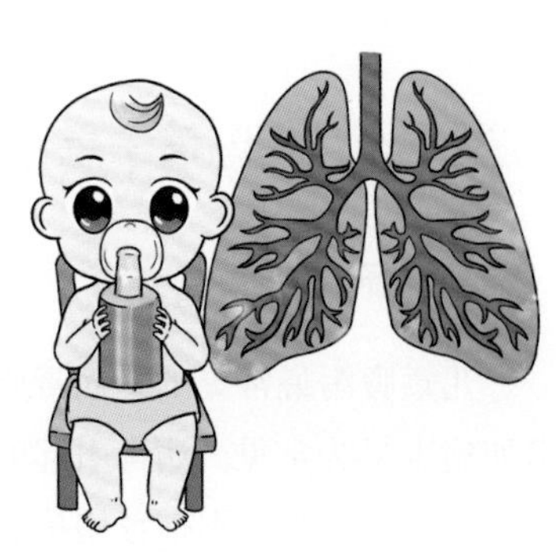

图3-4　雾化吸入给药

需要长期吸入大剂量吸入型糖皮质激素的患者，应定期检查患者的皮肤、骨骼、代谢等情况。

异丙托溴铵是一种短效抗胆碱药，其支气管舒张作用相对较弱，急性发作时异丙托溴铵不宜单独使用，宜在 β_2 受体激动剂基础上联合使用，支气管舒张作用更佳。

特布他林则是一种 β_2 受体激动剂，具有较强的支气管舒张作用。起效迅速、维持时间短。与吸入型糖皮质激素具有协同作用，是治疗急性哮喘的主要药物。

雾化吸入药物作用直接，对缓解支气管哮喘效果显著且迅速，但装置较大、携带不便，均次费用较高。相对而言，气雾剂吸入则使用方便、便于携带、价格较低，丙酸氟替卡松吸入气雾剂适用于哮喘长期治疗，硫酸沙丁胺醇吸入气雾剂适用于缓解急性哮喘症状。

不同的药物有不同的剂型，应根据哮喘病情、患儿年龄、经济方便多方面综合考虑，选择合适的给药方式，没有更好只有合适。

案例 144

患儿，女，1 岁，因腹泻来诊，诊断为病毒性腹泻，医生只开了口服补液盐，家长来电咨询药师。

问题 144 ▸ 腹泻孩子是否需要用消炎药和止泻药？

药师答疑（高向波）

儿童腹泻最常见的是病毒感染，病毒性腹泻以轮状病毒和诺如病毒最为常见。病毒引起的腹泻是自限性疾病，不吃药也能自动痊愈，所以不推荐用抗病毒药。另外，不是所有的细菌感染性腹泻都必须使用抗生素，是否用抗生素，需要看细菌的类型和孩子的情况，需要在医生、药师的指导下使用（图 3-5）。

图 3-5　勿擅自用药

腹泻时可以通过排便将病原菌排出体外，如果孩子一出现腹泻就马上用止泻药，会导致病原菌不能排出体外，反而会加重病情，所以一般情况下不推荐用止泻药。

案例 145

患儿，女，5 岁，诊断为肺炎，医嘱静脉滴注头孢噻肟，静脉滴注期间出现黄色水样腹泻。

问题 145 ▸ 头孢类抗生素（如头孢噻肟）输液治疗是否会引起腹泻？

药师答疑（高向波）

肺炎治疗过程中出现腹泻的情况较为普遍，多数与肺炎孩子发热、痰液吞下刺激肠道有关，也可能与抗生素相关性腹泻有关。后者是指使用抗菌药物以后出现的、无法用其他原因解释的腹泻。头孢噻肟作为抗菌谱广的第三代头孢菌素在临床广泛使用，有文献报道其引发的抗菌药物相关性腹泻发病率也相对较高。

如果排除其他原因，确认腹泻的原因是头孢噻肟引起的，可更换为抗菌谱窄、不容易引起抗菌药物相关性腹泻的抗菌药物治疗，或者在注射头孢噻肟的同时服用双歧杆菌活菌制剂来保持胃肠道菌群的正常。

案例 146

患儿，男，1 岁半，诊断为细菌性胃肠炎，医生开具头孢克洛、蒙脱石散和双歧杆菌三联活菌散，家长担心一起服用是否会有影响，遂来电咨询。

问题 146 ▸ 抗生素和微生态药物可以一起服用吗？

药师答疑（高向波）

微生态制剂往往是“活菌”，与抗菌药物同时服用会“杀死”这些活菌。因此两种药物应间隔 2～3 小时。先服用肠黏膜保护剂 / 吸附剂，一方面可以吸附消化道内的病毒、病菌及其产生的毒素，同时可以覆盖、修复和保护消化道黏膜，再服用微生态制剂，更能发挥其调节肠道菌群的作用，因此两种药物至少间隔 1 小时。如果三类药物都要服用，首先服用抗菌药物，以杀灭病原菌；1 小时后再服用吸附剂类药物，吸附和清除病原菌，1 小时后再服用微生态制剂，调节肠道菌群（图 3-6）。

图 3-6 用药间隔和药物间的相互作用

案例 147

患儿，男，1 岁，诊断湿疹，医生开具激素类药膏，家长担心是否有副作用，遂咨询药师。

问题 147 ▸ 激素药膏外用会影响小孩生长发育吗？

药师答疑（高向波）

很多家长有不同程度的“激素恐惧症”（图 3-7），担心小孩子用激素不安全，会影响孩子的生长发育，或者引起发胖等副作用，因此拒绝使用激素类药膏。事实上外用激素能缓解蚊虫叮咬造成的皮肤红肿、瘙痒，更是很多小儿多发皮肤病，如湿疹的一线用药，如果拒绝使用此类药物，会导致症状加重，甚至造成病情进展。首先，外用药膏中激素的含量相较于口服制剂和针剂来说是很低的。其次，外用激素类药膏只是作用于局部皮肤表面，通过致密的角质层才能使部分进入体内，而且在使用过程中会因与衣物的擦碰等因素损失一部分，实际上进入人体内的量是很少的。只要选用合适的中、弱效的激素药膏，一般是不会引起全身严重副作用的。

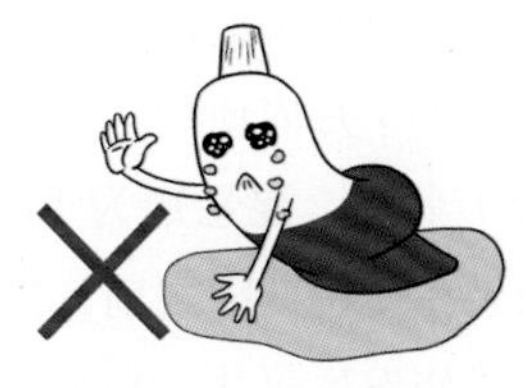

图 3-7　激素恐惧症

常用的弱效激素药膏包括 1% 或 0.25% 氢化可的松乳膏、0.05% 地奈德乳膏等。常用的中效激素药膏包括 0.1% 曲安奈德乳膏、0.1% 丁酸氢化可的松乳膏、0.1% 糠酸莫米松乳膏等。

案例 148

家长电话咨询药师：已经开封 2 个月的愈酚甲麻那敏糖浆，上次感冒的时候给孩子喝过，但还剩很多，是否可以喝？

问题 148 ▸ 开封 2 个月的糖浆还能继续用吗？

药师答疑（高向波）

药品有效期是指药品在一定贮存条件下，能够保持质量的期限，通常标注在药品的说明书和标签上。这里包括两个前提条件：①药品未开启；②药品在规定条件下贮存。使用期限是指药品在原有稳定性发生变化后（如多剂量包装药品首次开启后、药品在使用前进行了稀释或复溶、药品经重新包装或药物经配制后）仍能被使用的期限。

多剂量包装药品首次开启后，在整个使用过程中会被反复开启和关闭，增加了药品污染和物理化学降解的风险，所以药品一旦开启后使用期限要远远小于药品有效期。

对于糖浆剂、口服溶液剂、口服混悬剂、软胶囊剂等，并没有明确的规定及相关的研究结果，通常认为糖浆剂、口服液在开封后应在 1 个月内使用，瓶装药开封后为 2 个月，袋装颗粒或粉剂为 1 个月，混悬剂为 14 天，但都没有确定使用期限的依据。如果在使用期限之前，发现因储存和使用不当等人为因素造成的药物发生氧化、酸败、分解、潮解等问题，药物出现变质现象，就应当放弃。

本案中的家长反映愈酚甲麻那敏糖浆为糖浆剂已经开封2个月，建议不要使用。

案例149

小东因为发热、咳嗽、腹痛去医院就诊，医生开具了好几种药物，药品的用药指导单有的写着空腹服用，有的是饭后吃，家长来电咨询具体给药时间。

问题149 空腹吃药和饭后吃药究竟应该什么时候吃合适？

药师答疑（高向波）

空腹服药一般是指8小时以上没有进食的状态，如第2天早饭前就属于空腹，而饭后服用一般是指进食后15～30分钟（图3-8）。

图3-8　给药时间选择

其他常用的用法：

（1）饭前：是指进食前15～30分钟。

（2）睡前服：通常是指睡前 15～30 分钟服用，如镇静催眠药艾司唑仑片，在药物生效时使患者迅速入睡。

（3）必要时：是指按孩子的病情需要，决定是否需要服用的意思。如退热药、防晕车药等，医生经常会开具处方“必要时服”。退热药必要时服是指孩子腋下温度超过 38.5℃时需要服药。

（4）顿服：是指把某种药物的全量一次性服用。如用于驱虫的甲苯咪唑片，医生经常会开具处方“2 片顿服”。

案例 150

患儿，男，3 岁，发热就诊，医生开具了金莲清热泡腾片，家长不知道怎么让孩子吃下去，遂来电咨询。

问题 150 ▸ 泡腾片这么大，如何正确服用？

药师答疑（高向波）

泡腾片指药物与辅料（包含有机酸与碳酸氢盐）制成，溶于水中产生大量二氧化碳而呈泡腾状的片剂。其溶解后口感酸甜而清凉，易于服用，多用于可溶性药物的片剂，例如泡腾维生素 C 片、泡腾钙片等。

图 3-9　泡腾片的使用方法

泡腾片应用时宜注意：①泡腾片一般宜用 100～150ml 凉开水或温水浸泡（图 3-9），可迅速崩解和释放药物，应待完全溶解或气泡消失后再饮用；②不应让幼儿自行服用，严禁直接服用或口含；③药液中如有不溶物、沉淀、絮状物时不宜服用；④泡腾片贮存时应密闭、避免受热、受潮。

案例 151

男孩，4 岁，医生诊断支气管哮喘，给予开具妥洛特罗贴剂，家长来电咨询具体用法。

问题 151 ▸ 如何正确使用透皮贴剂？

药师答疑（高向波）

妥洛特罗贴剂用于缓解支气管哮喘、急性支气管炎、慢性支气管炎、肺气肿等气道阻塞性疾病所致的呼吸困难等症状。通常 1 日 1 次，粘贴于胸部、背部及上臂部均可。正确使用透皮贴剂方法如下（图 3-10）：

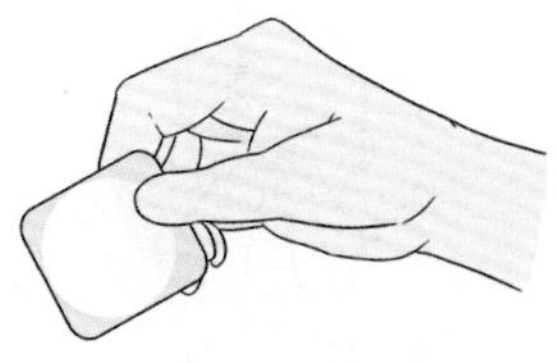

图 3-10　透皮贴剂的使用

（1）使用前将所要贴敷部位的皮肤清洗干净，并稍稍晾干。

（2）从包装内取出贴片，揭去附着的薄膜，但不要触及含药部位。

（3）贴于皮肤上，轻轻按压使之边缘与皮肤贴紧。

（4）皮肤有破损、溃烂、渗出、红肿的部位不要贴敷。

（5）不要贴在皮肤的皱褶处、四肢下端或紧身衣服底下。

（6）1 日或数日更换 1 次或遵医嘱。

案例 152

儿童鼻窦炎，医生经常会开具布地奈德鼻喷雾剂、糠酸莫米松鼻喷雾剂或丙酸氟替卡松鼻喷雾剂，家长经常咨询这些鼻喷雾剂的使用方法。

问题 152 ▶ 如何正确使用鼻喷雾剂？

药师答疑（高向波）

鼻喷雾剂（又称鼻喷剂）是专供鼻腔使用的气雾剂，其包装带有阀门，使用时挤压阀门，药液以雾状喷射出来，供鼻腔外用。对于有打喷嚏、流涕、鼻塞、鼻痒这些鼻炎症状的孩子，医生往往会开具处方鼻喷雾剂。正确使用方法如下（图 3-11）：

图 3-11　鼻喷雾剂的使用方法

（1）用药前清洁并擦干双手。

（2）帮孩子清洁一下鼻腔。如果有喷鼻剂和鼻腔冲洗剂（生理性海盐水等）同时使用，先使用鼻腔冲洗剂，5 分钟后再使用治疗性的喷鼻剂。

（3）摇匀药液后打开瓶盖，示指、中指按住药瓶的肩部，大拇指托住瓶底。

（4）喷嘴插入孩子鼻孔少许，另一只手按住孩子另一侧鼻孔。注意喷嘴应略朝鼻腔外侧，不能对着鼻中隔。

（5）按压药瓶，喷出药液。

（6）鼓励孩子用喷药的鼻孔吸气，用口呼气2～3次。

（7）另一侧鼻孔，重复步骤（4）和（5）。

案例153

患儿3岁，诊断为细菌性结膜炎，医生给予开具左氧氟沙星滴眼液，家长来电咨询具体用法。

问题153 ▸ 如何正确使用滴眼剂？

药师答疑（高向波）

滴眼剂是用药物（含中药提取物）制成供滴眼用的灭菌澄明溶液或混悬液。使用时（图3-12）应注意以下几点：

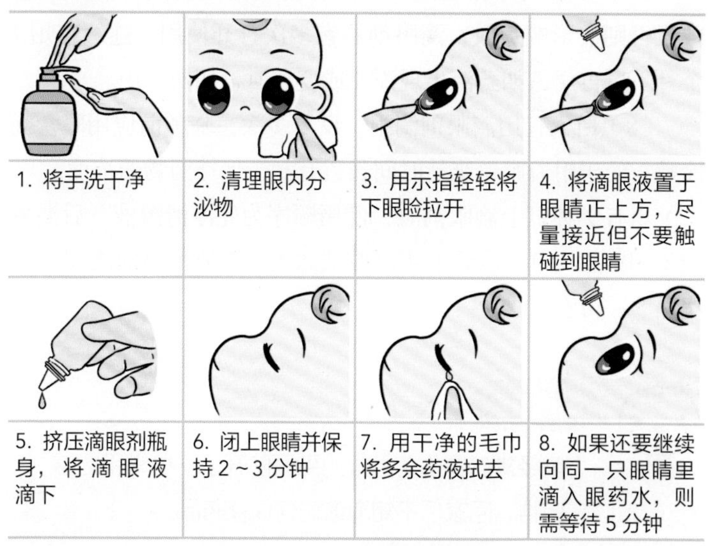

图3-12　滴眼剂的使用方法

（1）清洁双手，头后仰，眼向上望，用示指轻轻将下眼睑拉开成一钩袋状。

（2）将药液从眼角侧滴入眼袋内，每次滴 1 ~ 2 滴，滴眼时应距眼睑 2 ~ 3cm，勿使滴管口触及眼睑或睫毛，以免污染。

（3）滴眼后轻轻地闭上眼 1 ~ 2 分钟，用手指轻轻按压眼内眦，以防药液分流降低眼内局部用药浓度及药液经鼻泪管流入口腔引起不适。

（4）若同时使用两种药液，宜间隔 10 分钟以上。

（5）若滴入阿托品、氢溴酸毒扁豆碱、硝酸毛果芸香碱等副作用较大的药液，滴后应用棉球压迫泪囊区 2 ~ 3 分钟，以免药液经泪囊和鼻腔，经黏膜吸收后引起全身不良反应。

（6）一般先滴右眼后滴左眼，以免用错药，如左眼病较轻，应先左后右，以免交叉感染。角膜有溃疡或眼部有外伤、眼球手术后，滴药后不可压迫眼球，也不可拉高上眼睑，最好使用一次性滴眼液。

（7）如眼内分泌物过多，应先清理分泌物，再滴入或涂敷，否则会影响疗效；滴眼剂不宜多次打开使用，连续应用 1 个月不应再用，如药液出现浑浊或变色时，切勿再用。

（8）白天宜用滴眼剂滴眼，反复多次，临睡前应用眼膏剂涂敷，便于附着眼壁维持时间长，有利于保持药物的浓度。

当有 2 种以上滴眼剂时，使用顺序为先澄清溶液、后混悬液（用前摇匀），最后眼用凝胶或眼膏。2 种滴眼剂之间至少间隔 5 ~ 10 分钟。

案例 154

小滨经常感冒生病，妈妈到医院开了一些常用的感冒咳嗽药物，回家后不知道该如何保存药品。

问题 154 ▸ 储藏药品时，如何理解阴凉处、凉暗处、冷处、常温保存？

药师答疑（高向波）

一般药品的温度储藏（图 3-13）要求大致分为：冷处、常温、阴凉、凉暗处。冷处系指温度在 2 ~ 10℃的地方，最适宜的位置是冰箱的冷藏室；阴凉处系指温度不超过 20℃的地方；凉暗处系指避光并不超过 20℃的地方；常温系指 10 ~ 30℃的地方。

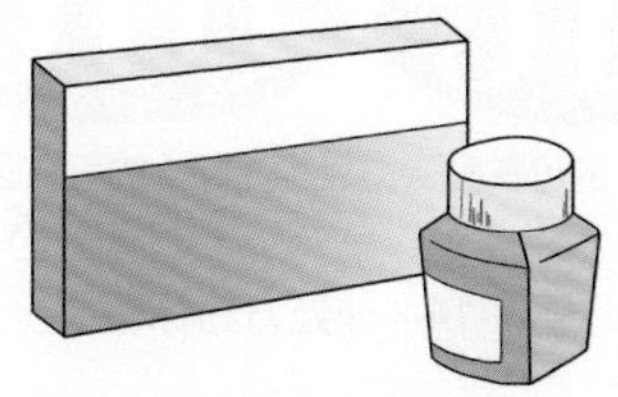

图 3-13　药品保存

案例 155

随着经济的发展和科学知识的普及，全球的人们越来越重视自身健康，也更乐于采用自我药疗的方式增进健康，如今，“大病去医院、小病去药店”的消费理念已日益得到人们的认同。“去药店”就是人们购买非处方药实行自我药疗的主要途径。

问题 155 ▸ 什么是非处方药？

药师答疑（高向波）

药品包装盒的右上角有 OTC 标识的药就是非处方药。

OTC 是英文“over the counter”的缩写。非处方药（OTC）就是不需要医生开方即可从药店直接购买和使用的药物，大都用于多发病、常见病的自行诊治，如感冒、咳嗽、头痛、发热、消化不良等。

非处方药通常都是临床使用时间长、被证明安全且有效的药物。理论上，乙类非处方药物（绿色标识）比甲类非处方药物（红色标识）更安全一些（图 3-14），但需要强调的是：没有绝对安全的药，只有科学合理用药，才是安全的。

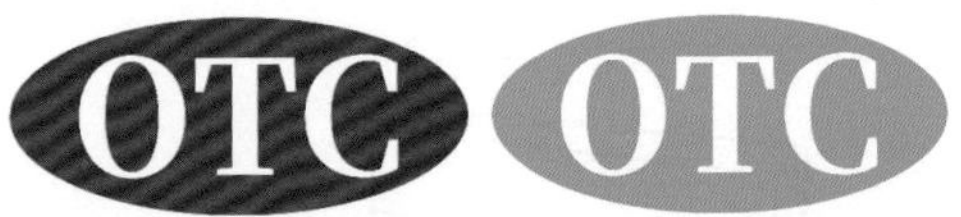

甲类（红）的可在医院、药店销售　　乙类（绿）的可在医院、药店、超市、宾馆等地方销售

图 3-14　非处方药标识

案例 156

孩子出现发热、感冒、腹泻、过敏等疾病，是很多家长都会碰到的事情，急急忙忙赶到医院，儿童医院也常常是人满为患，折腾几个小时，孩子劳累，家长揪心，还存在交叉感染的风险，在家中备个小药箱，有时可以解家长燃眉之急。然而市面上各种药物琳琅满目，让人眼花缭乱。

问题 156 ▸ 儿童小药箱可以准备哪些药物呢？

药师答疑（高向波）

儿童常用的药物（图 3-15）包括：

（1）退热止痛药：推荐对乙酰氨基酚和布洛芬，不推荐阿司匹林、赖氨匹林、安乃近、糖皮质激素。12 岁以下儿童禁用尼美舒利！

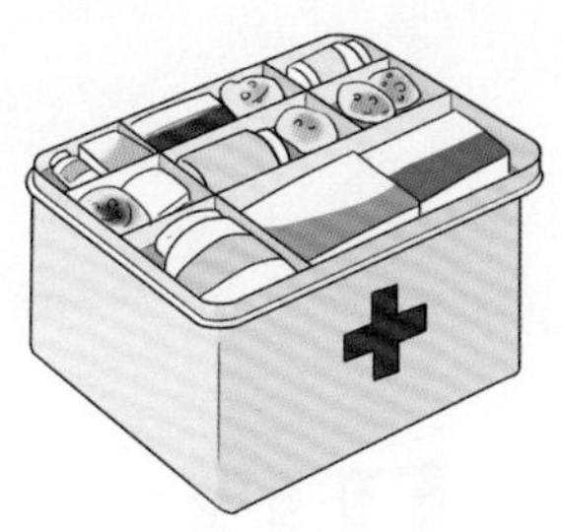

图 3-15　儿童小药箱

（2）祛痰药：盐酸氨溴索、乙酰半胱氨酸。

（3）抗过敏药：第二代抗组胺药，比如西替利嗪、左西替利嗪、氯雷他定、地氯雷他定；一般不推荐第一代抗组胺药，如马来酸氯苯那敏、苯海拉明、赛庚啶、异丙嗪。

（4）腹泻药：口服补液盐、蒙脱石散、益生菌。

（5）便秘药：开塞露、乳果糖。

（6）皮肤外用药：氧化锌软膏（外用，治疗尿布疹）、炉甘石洗剂（止痒）、丁酸氢化可的松或糠酸莫米松乳膏（激素类软膏，外用治疗湿疹）、红霉素眼膏或莫匹罗星软膏（外用抗菌）、硝酸咪康唑乳膏（外用抗真菌）。

（7）外伤用药：聚维酮碘、创可贴、酒精棉片，不推荐红药水、紫药水、双氧水！

四
中医篇

小聪今年 4 岁，上幼儿园后每个月都会感冒、咳嗽。最近小聪又感冒了，流清鼻涕，偶尔咳嗽有痰，没有发热，胃口也不太好。因为总是感冒，经常吃咳嗽糖浆、抗生素或者静脉输液，小聪的爸爸妈妈很想知道中药能不能治疗感冒、咳嗽？体质较差的孩子怎样治疗？

问题 157 ▸ 孩子反复感冒、咳嗽可用中药治疗吗？

医生答疑（吴芳）

中医认为感冒是感受外邪引起的一种常见的外感疾病，以发热、鼻塞流涕、喷嚏、咳嗽为主要表现。感冒又称伤风，一年四季均可发生，中医认为因小儿肺脏娇嫩，脾常不足，神气怯弱，容易感受外邪。

中医治疗小儿感冒以疏风解表为基本原则，根据不同的证型分别治以辛温解表、辛凉解表、清暑解表、清热解毒。

（1）风寒感冒常用荆芥、防风、羌活、苏叶等。

（2）风热感冒常用金银花、连翘、淡豆豉、淡竹叶、牛蒡子等。

（3）暑邪感冒常用香薷、金银花、淡豆豉、白扁豆、藿香等。

（4）时邪感冒常用金银花、连翘、羌活、黄芩、板蓝根、牛蒡子等。

故需中医医生诊治以后给孩子开出合适的方药。

中医除了内服中药以外，还可以进行外治疗法，如小儿推拿，常用的穴位有补脾经、清肺经、推四横纹、清天河水、退六腑、揉肺俞、捏脊等，也可用药浴，羌活、防风、苏叶、白芷、淡豆豉等煎水 3 000ml，候温沐浴，1 日 1 ~ 2 次。

若孩子有反复多次易感冒、易咳嗽的状况，可以选择冬病夏治三伏贴（图 4-1）和冬病冬治三九贴。该外治法属于中医“治未病”的疾病预防范畴。穴位敷贴的治疗时间主要选在无病或病情不严重的缓解期。通过贴敷温热药物，刺激特定穴位，达到温补阳气、散寒驱邪等作用。

图 4-1　三伏贴

案例 158

小宝今年 5 岁，平时经常感冒，每次一感冒妈妈就给她喝双黄连口服液。前几天小宝因为吹风扇着凉又感冒了，打喷嚏，流清鼻涕，还有几声咳嗽。妈妈又给孩子喝上了双黄连口服液，可是连喝两天，症状没有缓解，反而开始腹泻，低热。妈妈把小宝带到医院就诊。医生给小宝检查了身体，发现小宝流清鼻涕，打喷嚏，有低热，怕风，手脚凉，大便稀，每天 3 ~ 4 次，胃口差，嗓子不红不痛，舌质淡红舌苔白，脉浮，诊断为风寒感冒夹滞，建议小宝妈妈停止给孩子服用双黄连口服液，改喝午时茶颗粒。

问题 158 ▸ 孩子感冒了能喝双黄连口服液吗?

医生答疑（吴芳）

双黄连口服液是药店里比较常见的中成药类感冒药，但是孩子感冒能不能喝双黄连口服液要视情况而定。双黄连口服液主治风热感冒，如果孩子感冒了出现发热、流黄鼻涕、咳黄痰、咽喉肿痛、口渴等风热感冒的症状，那就可以用双黄连口服液来治疗，同类的药物还有小儿热速清颗粒、小儿豉翘清热颗粒等；如果孩子出现流清鼻涕、喷嚏咳嗽、无汗、发冷（或手足冷）等症状，嗓子也不红，这些都是风寒感冒的症状，这时是不能喝双黄连口服液的，而是要用辛温解表的风寒感冒药，比如风寒感冒颗粒、荆防颗粒、感冒清热咳嗽等。秋冬季节流感时行，可以用抗病毒口服液、连花清瘟颗粒等来治疗流行性感冒。夏天暑湿季节受凉感冒出现发热、无汗、头痛、胸闷、恶心、腹泻等症状的，属于暑湿感冒，可以服用藿香正气软胶囊（藿香正气水含有酒精，儿童要慎用）。孩子感冒还容易伴随消化不良（夹滞）、惊厥（夹惊）、痰喘等症状，风寒感冒夹滞可以选用午时茶颗粒，风热感冒夹滞可以选用小儿豉翘清热颗粒，感冒夹惊可以选用小儿金丹片，夹痰可以选用小儿七厘散、小儿化痰散（图 4-2）等。

图 4-2　中药汤

案例 159

患儿，男，5岁6个月，因“反复睡眠打鼾半年余”门诊就诊。患儿半年来入睡打鼾，张口呼吸，偶有憋气、鼻塞，无流涕，无喷嚏，无咳嗽，当地医院耳鼻喉科就诊查X线示腺样体增大A/N为0.85，扁桃体增大，建议手术治疗。家长转诊中医，胃纳正常，大便偏干。既往反复扁桃体炎。查体：咽红，扁桃体Ⅱ度肿大，双侧鼻腔畅，无明显分泌物，双侧鼻腔黏膜稍肿胀，心肺听诊无殊，舌红，苔根腻，脉细滑。

问题 159 ▸ 孩子有腺样体肥大、睡觉打呼噜，可以中医治疗吗？

医生答疑（吴芳）

腺样体也叫咽扁桃体或增殖体，位于鼻咽部顶部与咽后壁处（图 4-3），属于淋巴组织，表面呈橘瓣样。儿童时期易患急慢性鼻炎、过敏性鼻炎，若反复发作，腺样体可因炎症反复刺激而发生病理性增生，从而引起鼻塞、睡眠打鼾、张口呼吸等症状。中医治疗儿童腺样体肥大具有较好的疗效。腺样体肥大患儿多体形胖，饮食喜荤，体质阳热，痰、热、食互滞，外感触发。脾为生痰之源，肺为贮痰之器，根据不同证型辨证施治，急性期以清肺化痰、运滞散结、调畅气机等方法治疗儿童腺样体肥大，大多数患儿症状缓解无需手术；缓解期扶正祛邪，注重调理体质，

图 4-3　张嘴压舌查看

预防反复呼吸道感染的发作，达到标本同治的效果。腺样体肥大患儿应平衡膳食，少吃辛辣、油腻食物，多食新鲜蔬菜。

案例 160

患儿，男，8岁，因“反复咳嗽、喘息3年余”门诊就诊。患儿3年来咳嗽、喘息反复发作，用“沙美特罗替卡松吸入粉雾剂、孟鲁司特钠咀嚼片”治疗后近半年未急性发作，平时常有咳嗽、鼻塞、清涕等症状（图4-4），剧烈活动后气喘，胃纳正常，大便调，舌质偏淡，苔薄腻，脉细滑。查肺功能示轻度通气功能障碍，支气管舒张试验阳性。诊断：支气管哮喘。家长问医生“哮喘能根治吗？”

图4-4 感冒打喷嚏

问题160 ▶ 哮喘能根治吗？

医生答疑（吴芳）

中医认为，小儿哮喘的发生，不外内因和外因两大类。内因是由于小儿肺、脾、肾三脏功能不足，导致痰饮留伏，隐伏于肺窍，成为哮喘之夙根；外因则是与感受外邪，接触异物、异味有关。总而言之，哮喘的发作都是内有痰饮留伏，外受邪气引动而发。治疗哮喘虽说没有特效药，但完全可以通过正规治疗，使症状得到控制，部分孩子甚至可以得到根治。

中医治疗哮喘有很好的效果，急性发作期可以用中药汤剂控制症状。体质虚弱，每每由外感诱发的孩子在缓解期可以口服汤剂调理体质，冬季也可以配合膏方口服。

三伏天的“冬病夏治”和三九天的“冬病冬治”是中医传统的外治疗法，能够顾护人体的阳气，调节阴阳平衡，是中医治疗哮喘常用的外治手段。

不论是西医还是中医，哮喘的治疗都是一个长期的过程。小朋友应该在医生的指导下正规治疗，改变不合理的生活方式和饮食习惯，哮喘还是可以很好控制的。

案例 161

患儿，男，5岁，因“夜里出汗多6个月余”门诊就诊，患儿6个月来夜里出汗多，头背部尤其明显，白天出汗不多，无发热，无咳嗽，无呕吐及腹泻，平素易感，胃纳可，睡眠可，二便正常，否认慢性疾病史。体格检查：精神可，面色华，咽不红，肺、心、腹查体未见明显异常，舌淡红苔薄白，脉细。医生诊断：盗汗。

问题 161 ▶ 晚上孩子出虚汗怎么办？

医生答疑（吴芳）

小朋友新陈代谢旺盛、腠理又疏松，因此比成人容易出汗。但如果小朋友出汗程度很厉害，甚至把床单、枕套都给汗湿了，那肯定属于病理现象。医学上把这种夜间汗出异常的疾病叫盗汗（图 4-5）。睡觉时出汗，醒后汗止，就像被人偷（盗）走了一样，是不是很形象？盗汗多发生于 5 岁以下的小儿。中医学认为是由于阴阳失调、腠理不固而导致汗液外泄失常，多与阴虚有关，常伴有手足心热，口干、口渴等。

图 4-5 睡觉出冷汗

现在教大家一个治疗盗汗的小偏方：黑豆红枣汤。黑豆 15g，红枣 3～5 枚，将所有食材洗净，一起入锅，加水适量，文火煎煮，每日 1 剂，喝汤吃枣子；连续服用 1～2 周。

当然，如果除了盗汗还伴有咳嗽、低热等其他不适症状，还是需要到医院检查排除其他原发病。

案例 162

患儿，男，6 岁，因“反复流涕、喷嚏半年”门诊就诊。患儿半年来反复流涕，清涕，鼻塞，时有喷嚏，偶有咳嗽，晨起为主，每遇感冒、季节变换等因素加重，无发热，无头痛，无喘息，无吐泻，平素怕冷，纳寐可，小便正常，大便偏稀。查体：双鼻腔可见分泌物，咽不红，双侧扁桃体Ⅱ度肿大，无渗出，两肺呼吸音粗，未闻及干湿性啰音，心、腹查体无特殊。舌淡红，苔薄白，脉细。诊断：慢性鼻炎。家长问医生“孩子能吃膏方吗？”

问题 162 ▸ 孩子可以吃膏方吗？

医生答疑（吴芳）

膏方（图 4-6）是把中药饮片经过煎煮、浓缩，再加上饴

图 4-6　膏方

糖或者胶而成的半流质制剂，是中医的传统剂型之一，比如常用的川贝枇杷膏。“膏”比较适合慢性疾病的调理。

孩子可以吃膏方，但不是每个孩子都适合。临床上通常把膏方应用于体质虚弱需要中药长期调理的儿童，比如容易感冒、咳嗽、哮喘、鼻炎反复、慢性腹泻、生长迟缓、遗尿等。膏方口感好，补益效果比汤剂好，因此很受这一类小朋友和家长的欢迎。

很多家长会有这样的顾虑，孩子吃膏方会不会补过头，提前发育？

在这里要提醒大家，儿童吃膏方一定要找正规医疗机构有经验的医生，没有适应证者一定不能盲目地给孩子“补”。同时笔者在临床给小朋友开的膏方都是以“素膏”为主，基本不用阿胶、龟甲胶等动物胶收膏。小朋友脏气清灵，随拨随应，补益不宜过。

案例 163

小可今年 2 岁，添加辅食后一直胃口不好，不爱吃饭，喝奶也较少，偶尔还有点口臭，身材比较瘦小，大便 2 ~ 3 天 1 次，有时候大便还比较干，排便费力。小可爸爸妈妈也有带他来医院检查过，并没有太大问题，吃了益生菌和补锌的药物，胃口改善不太明显，爸爸妈妈很想知道中医方面有什么好办法？可以吃鸡内金吗？

问题 163 ▶ 孩子胃口不好可以吃鸡内金吗？

医生答疑（吴芳）

胃口不好即厌食，是小儿时期常见的一种病症，中医认为本病多由喂养不当、他病伤脾、先天不足、情志失调引起，其中以喂养不当引起最为常见。病变脏腑主要在脾胃，脾胃不和，纳化失职则造成厌食。中医治疗以运脾开胃为基本法则。

中医认为引起厌食的原因较多，有脾失健运、脾胃气虚、脾胃阴虚。不同的病因治疗原则不同，脾失健运者宜运脾和胃，常用苍术、陈皮、藿香、神曲、鸡内金等。脾胃气虚者宜健脾益气，常用党参、白术、茯苓、陈皮、黄芪、砂仁等。脾胃阴虚者宜滋脾养胃，常用沙参、麦冬、玉竹、石斛、白芍等。

鸡内金性甘、平，有消食健胃的作用，消食化积的作用较强，并可健运脾胃，适合治疗食积较重的孩子，但脾虚无积滞的孩子要慎用。研末服用效果比煎剂好，一般每次 1.5 ~ 3g。

另外，也可用小儿推拿治疗厌食，根据中医辨证来进行取穴，常用穴位有补脾经，揉板门，推掐四横纹，顺运内八卦，清天河水，推三关，捏脊（图 4-7），揉脾俞等。

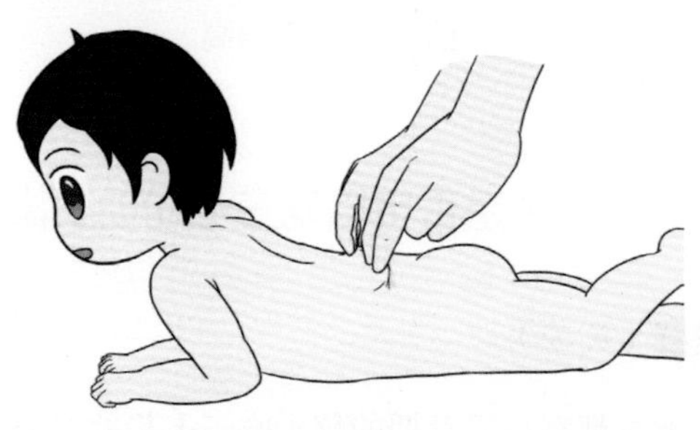

图 4-7　捏脊

案例 164

患儿，女，9岁，因“身高偏矮3年”于门诊就诊，患儿3年来身高较同龄人偏矮，身高118cm（图4-8），生长速度0.25cm/月，智力正常，无发热，无呕吐及腹泻，胃纳可，睡眠可，否认慢性疾病史。当地医院测骨龄8^+岁。专科检查：无特殊面容，甲状腺无肿大，身高118cm，体重23kg。医生诊断：矮小症。家长问医生：“9岁的孩子，个子矮，能吃三七粉助长高吗？”

图4-8　测量身高

问题 164 ▸ 儿童是否可以吃三七粉助长高？

医生答疑（吴芳）

很多地方都有给发育期的孩子吃三七粉的习俗。三七粉，别名田七粉，金不换。性温，味甘微苦，入肝、胃、大肠经，又称北人参，南三七。生长发育期服用的三七一般用制过的，即熟三七。生三七具有活血化瘀的作用，用于跌打瘀血、外伤出血等血症；熟三七则具有滋补的作用，可以用于身体虚弱、过度疲劳等。熟三七粉能够促进人体的生长，因此可以用于发育期的孩子以促进长高。性发育尚未启动的儿童不建议服用，盲目地补益反而会引起发育提前，事与愿违。

案例 165

小可 6 个月，家长 1 周前发现小可舌苔发黑，精神好，胃口好，没有恶心、呕吐，大便次数稍增多，糊状，色黄绿，小便正常，没有发热、咳嗽等，家长带小可去医院就诊，医生在查体时发现小可舌质淡红，舌体中部有灰黑色苔，其余查体无异常。询问病史得知因为小可 6 个月健康体检时发现血红蛋白偏低，考虑缺铁性贫血，医嘱除添加蛋黄等辅食外，还给予口服葡萄糖酸亚铁口服液。考虑到染苔的可能，建议家长暂停口服铁剂，清洁口腔，1 周后复诊，未再出现黑苔，故为染苔，后继续口服铁剂。

问题 165 孩子的舌苔发黑是怎么回事?

医生答疑（吴芳）

正常儿童舌质淡红润泽，舌面有干湿适中的薄白苔，新生儿舌红无苔，哺乳婴儿有乳白苔都属于正常现象（图 4-9）。儿童出现黑色或者灰色的舌苔，首先要排除染苔。染苔一般比较浮浅而不均匀，多在食用过一些含铁剂的食物或者药物比如补铁口服液、添加了铁剂的米粉，或者一些容易被氧化的食物比如苹果泥、土豆泥等后出现，除了舌苔发黑发灰，孩子没有其他不适的症状。家长可以用干净的纱布或者柔软的小刷子轻轻将舌苔刷除，同时避免食用这些食物，若灰黑舌苔不再出现，即可以确定黑灰舌苔为染苔。孩子若因积食舌苔厚而腻，则更容易使食物残留在舌苔上出现染苔，所以如果孩子舌苔灰黑而厚腻，同时又伴有口臭、腹胀、大便干或者稀，食欲缺乏等症状，就该给孩子清淡饮食，同时可以服用一些消食健脾的药物，促进舌苔的消退。

图 4-9　舌苔

案例 166

小松，男孩，5 岁，家长发现 3 年前小松反复出现舌苔花剥，形状不定，同时伴有食欲下降，盗汗，大便偏干等症状，体重偏轻，容易感冒发热，求助于中医。查体发现小明脸色萎黄，形体消瘦，手足心热，舌质淡红，地图色，舌苔中部花剥，脉细无力，辨证为脾气虚弱，胃阴不足，给予中药健脾益气养阴，同时配合补锌口服液，忌生冷，治疗 1 个月后，地图舌消失，食欲增进，二便调。

问题 166 ▸ 孩子出现地图舌是什么原因？

医生答疑（吴芳）

地图舌是指舌苔花剥，状如地图，是萎缩性舌炎的一种，中医也称为剥苔。西医认为地图舌形成的病因还不明确，部分正常人群也会出现地图舌，多与遗传、免疫功能异常、B 族维生素缺乏或者锌、铁等微量元素缺乏有关。中医认为，地图舌可由脾胃气阴不足所致，所以部分出现地图舌的孩子常伴有食欲缺乏、盗汗、乏力、手足心热、大便干结等气阴两虚的症状。如果孩子出现地图舌并且伴随有以上的症状，可以适当给予补充维生素、微量元素，同时可以用一些健脾益气养阴的药物比如石斛、沙参、麦冬、太子参等来调理。

案例 167

楠楠今年 2 岁，从添加辅食以后大便总是排出困难，4～5 天 1 次，常常需要用开塞露辅助排便，大便干结粗大，时有肛裂的情况，平时吃饭胃口也不是很好，不喜欢吃蔬菜，时有口臭，爸爸妈妈带楠楠到医院就诊，医生考虑是功能性便秘，给予口服乳果糖口服液，小麦纤维颗粒，益生菌，并嘱咐多吃蔬菜，多喝水。吃药后楠楠便秘情况有所改善，但楠楠喂药比较困难，停药后仍有反复便秘的情况出现，爸爸妈妈很想知道小儿推拿对孩子的便秘有用吗？

问题 167 ▸ 推拿对孩子便秘有用吗？

医生答疑（吴芳）

小儿推拿是根据小儿的生理病理特点，在其体表特定的穴位或部位施以手法，调整阴阳及脏腑功能，扶正祛邪，疏通经络，调和气血，从而达到治疗疾病、增强小儿抗病能力、促进小儿生长发育的目的。小儿推拿适用于12岁以下的儿童，特别是对6岁以下儿童效果明显，年龄越小效果越佳。故对于年龄较大的儿童可以配合内服中药汤剂。

推拿治疗小儿便秘具有较好的疗效，但需要中医医生根据每个孩子的体质进行辨证诊治以后，选定适合的穴位进行推拿治疗。常用的穴位包括：清脾经，推掐四缝穴（图4-10），清大肠（图4-11），运水入土，揉膊阳池，揉二人上马（图4-12），清天河水（图4-13），顺时针摩腹（图4-14），下推七节骨等。治疗1个疗程一般8～10次，每周2～3次。

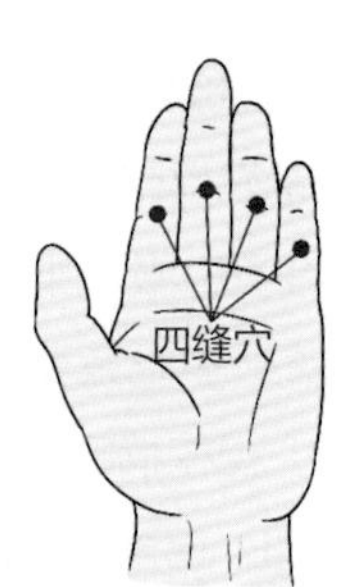

四缝穴：在手指，第2～5指掌面近侧指间关节横纹的中央，一手4穴

图4-10　四缝穴

示指桡侧缘，指尖至虎口呈一直线

图4-11　大肠经

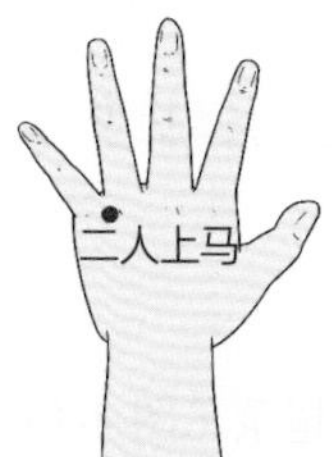

二人上马：左手手背，小指与无名指，骨缝中，由指根至腕横纹中点偏上，取凹陷处

图 4-12　二人上马

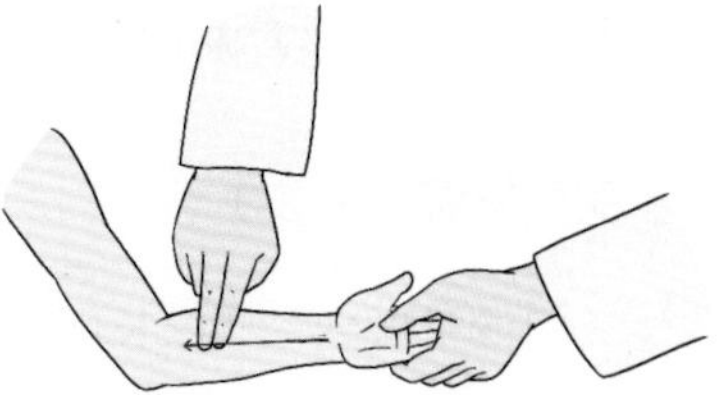

清天河水：位于前臂正中总筋至洪池（曲泽）呈一直线

图 4-13　清天河水

图 4-14　顺时针摩腹

案例 168

小美是个 8 岁的女孩子，平时不爱运动，爱吃炸鸡汉堡，现在 128cm 的身高体重有 60 斤。医生说小美要改变饮食运动习惯、控制体重，不然容易发生性早熟，甚至并发其他疾病。妈妈很是担心，问有什么适合孩子的减肥方法，既能减重，又不影响孩子的生长发育？

问题 168 ▸ 孩子偏胖、超重，中医有什么好的办法？

医生答疑（吴芳）

门诊常碰到一些家长问孩子偏胖、超重（图 4-15）有什么好的办法？

图 4-15　超重

这里给大家介绍一种中医治疗肥胖的方法——穴位埋线。穴位埋线是一种建立在针灸理论基础上的，将外科可吸收缝线埋入穴位中，对穴位形成缓慢、柔和、持久、良性刺激的治疗方法。它能从穴位局部和神经 - 内分泌中枢上调节脏腑功能，通过疏通经络气血，使之达到“阴平阳秘”的状态，进而抑制食欲、调整代谢，达到减肥的效果。穴位埋线减肥根据患儿体质的个体差异，进行合理有效的辨证选穴，在相应的穴位埋入可吸收缝线，调节代谢，从而达到减肥的效果。

埋线一般 2 周进行 1 次，不影响孩子正常的学校上课，此外还可治疗顽固性便秘、遗尿、鼻炎等。穴位埋线减肥治疗的同时应注意调整饮食结构，多食用蔬菜和蛋白质丰富的食物。每日坚持 1 次 30 分钟以上的运动。

最后要提醒大家的是穴位埋线只适用于单纯性肥胖的肥胖儿童，有原发疾病的首先还是要治疗原发病。

案例 169

暑假期间小鹏一直在家上网课，这两天妈妈发现小鹏看电脑总是眯着眼，有时候要靠很近才看得清电脑上面的字，偶有头晕（图 4-16）。妈妈带小鹏去眼科检查视力，医生告诉妈妈小鹏目前是假性近视，后期要注意用眼，防止变成真性近视。妈妈问有什么方法可以治疗假性近视？如果真性近视了有没有办法减轻？

图 4-16　近视加深，头晕

问题 169 ▸ 孩子近视了，可以中医治疗吗？

医生答疑（吴芳）

在防治近视方面，中医也有悠久的历史，如推拿、针刺、中药熏蒸、艾灸、耳穴等方法都能治疗近视，并且疗效明显，方便，无副作用。

这里重点给大家介绍一下绿色安全的推拿治疗近视的方法，推拿通过调节眼部经气，改善眼周血液循环，滋补肝肾、益气明目等手法，起到改善视力，防止近视度数加深的目的。

具体手法操作分为三部分：

1. 头面部四大手法 包括开天门、推坎宫、运太阳、揉耳后高骨，是推拿常用的起式手法，具有调节阴阳，醒脑明目的作用。

（1）开天门（图 4-17）：两拇指指腹交替从两眉正中到前发际。

图 4-17 开天门

（2）推坎宫（图 4-18）：从眉头推向眉尾。

图 4-18 推坎宫

（3）运太阳（图4-19）：太阳穴位于外眼角与眉梢连线中点后方凹陷处，将拇指指腹置于该穴揉动。

图4-19　运太阳

（4）揉耳后高骨（图4-20）：耳后高骨位于耳后乳突下方。

图4-20　揉耳后高骨

2. 按揉眼周穴位（图4-21）　睛明、攒竹、鱼腰、丝竹空、瞳子髎、球后、承泣、四白等眼周重点穴位。

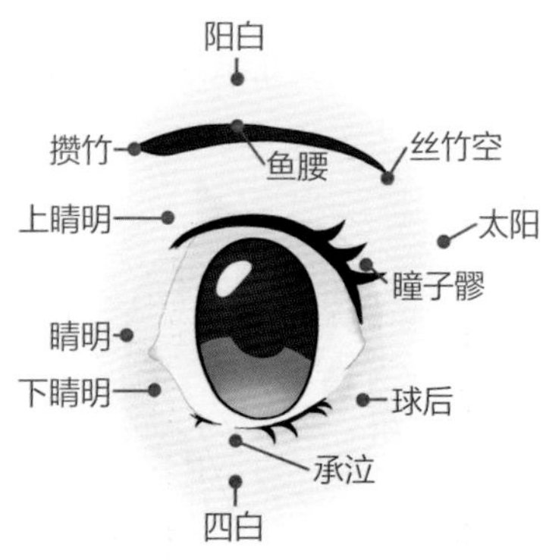

图 4-21　眼周穴位

睛明穴位于目内眦稍上方凹陷处，攒竹位于眉梢处，鱼腰位于眉毛中间位置，丝竹空位于眉尾，瞳子髎位于目外眦旁，球后是经外奇穴，位于眶下缘外 1/4 与 3/4 交界处，承泣位于眼球与眶下缘之间，四白位于眶下孔凹陷处。按揉眼周穴位可改善眼周组织气血运行，祛风明目，缓解眼疲劳，促进视力恢复。

3. 8 字揉法轮刮眼眶　示中指揉眼周穴位，呈“∞”，刮眼眶，患儿闭目，用双手拇指分别分推患儿上下眼眶。可调整睫状肌，改善眼周血液循环，恢复或改善视力。

建议家长给小朋友在家中 1 周做 2 次，每次 10 分钟左右，同时小朋友在家中每日自行做一次眼保健操。

案例 170

孩子出生的第 20 天，妈妈发现孩子的头总是歪向右侧，脸朝向左侧；有时帮孩子把脸朝向右侧后孩子立马自己转回左侧。在给孩子洗澡时，妈妈发现孩子右侧颈部凸起了一个硬块。妈妈很担心，孩子的头为什么总是歪向右侧，这个硬块又是什么？

问题 170 ▸ 孩子头总是歪向一侧，怎么办？

医生答疑（吴芳）

有些家长发现月子里的孩子头总是歪向一侧，躺着也不肯往同侧转头，出现这种情况家长要仔细观察孩子不肯转头的这侧颈部上是否有凸起的硬块，可通过摸孩子两侧颈部做对比，若发现一侧有包块凸出，应及时去医院行胸锁乳突肌 B 超检查，若确诊为先天性肌性斜颈，则应尽早开始推拿治疗。小儿推拿治疗肌性斜颈的效果越早越好，通过按、揉、弹拨、牵拉等手法促进局部肌肉的血液循环，有助于肿块的吸收消散，防止肌肉挛缩（图 4-22）和纤维化，改善患儿头颈部正常的旋转和侧屈功能。通过手法按揉还能改善大小眼、大小脸等症状。

图 4-22 肌肉挛缩

还有一种情况，家长竖抱孩子的时候发现脑袋总是往一侧歪，如果颈部两侧没有包块，向两侧转头也是灵活的，来医院后 B 超检查胸锁乳突肌也没有问题，那么这种情况可能要考虑姿势性斜颈（图 4-23）。引起姿势性斜颈的原因可能与单侧哺乳、单侧手抱、固定往一侧睡等有关，也可通过小儿推拿治疗，同时家长需改变引起斜颈的习惯，比如在日常喂奶、怀抱时多从反方向引逗孩子，让孩子向患侧多转头，以帮助矫正斜颈。

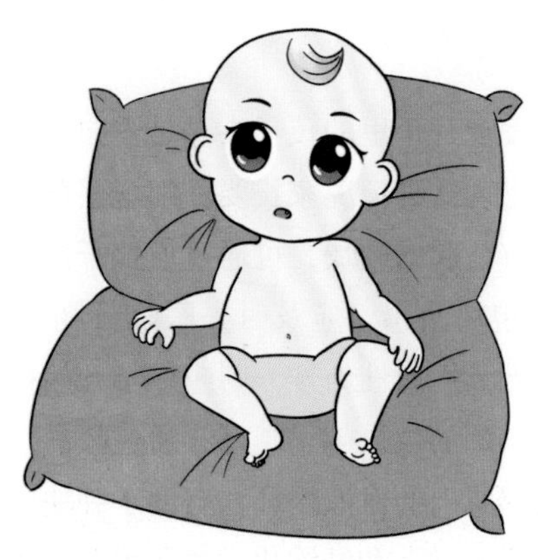

图 4-23　孩子斜颈

并非所有的斜颈都可以小儿推拿治疗，若肌性斜颈孩子推拿治疗超过 1 年后包块消散不明显或仍有头歪向一侧等，则需进行手术治疗，另外如骨性斜颈、眼性斜颈、神经性斜颈等需找相应专科医生诊断治疗。